Marvin Bower

# Die Kunst zu führen

McKinsey*Classics*

Band 2

Marvin Bower

# Die Kunst zu führen

*Übersetzung aus dem Englischen von*
*Arno Morenz*

REDLINE WIRTSCHAFT

Bibliografische Information der Deutschen Nationalbibliothek
Die Deutsche Bibliothek verzeichnet diese Publikation in der Deutschen
Nationalbibliografie. Detaillierte bibliografische Daten sind im Internet
über http://dnb.d-nb.de abrufbar.

ISBN-10: 3-636-01391-2 (Einzelband)
ISBN-13: 978-3-636-01391-0 (Einzelband)

ISBN-10: 3-636-01390-4 (Kassette)
ISBN-13: 978-3-636-01390-3 (Kassette)

Sonderausgabe 2006

© 2006 by Redline Wirtschaft, Redline GmbH, Heidelberg.
Ein Unternehmen von Süddeutscher Verlag | Mediengruppe.
www.redline-wirtschaft.de

© 1967 by Econ-Verlag GmbH, Düsseldorf und Wien

Die englische Originalausgabe erschien 1966 bei McGraw-Hill, New York
unter dem Titel The Will to Manage.

Übersetzung: Arno Morenz
Lektorat: Stephanie Walter, Landsberg am Lech
Umschlaggestaltung: Jarzina Kommunikations-Design, Köln
Umschlagabbildung: Thomas Jarzina, Köln
Satz: abavo GmbH, Buchloe
Druck: Ebner & Spiegel, Ulm
Printed in Germany

# Inhalt

Inhalt

7

# Die Kunst zu führen:
# eine historische Einführung

Als vor nunmehr knapp 40 Jahren die deutsche Übersetzung von Marvin Bowers (1903–2003) Buch: *The Will to Manage* unter dem Titel *Die Kunst zu führen* erschien, waren die Reaktionen verhalten. Schon zuvor waren Bowers Aussagen in England auf Skepsis gestoßen, unterstellte man ihm doch, wenig Neues, dafür aber viel Triviales niedergeschrieben zu haben.[1] Ähnlich äußerte sich Werner Siegert im Dezember 1967 im *Handelsblatt*: Er nahm an, dass der deutsche Leser geneigt sein könnte, Bowers Thesen als Binsenweisheiten abzutun, doch gestand er immerhin zu, angewandte Binsenweisheiten seien unter Umständen bedeutsamer als nicht angewandte komplexe Theorie. Mit dieser Vermutung sollte Siegert Recht behalten. Bowers Vorstellung von Führung wurde zu einem der erfolgreichsten »Markenartikel« der Unternehmensberatung überhaupt, und dies, obwohl sie, wie Bower selbstkritisch zugestand, wenig Originelles enthielt. Entscheidend wurden folgerichtig auch nicht einzelne Elemente oder Versatzstücke aus dem Buch; Bower trug vielmehr maßgeblich zur Verschiebung des Fokus der Unternehmensführung in Richtung Management und Organisation bei, während lange Zeit die technische Dimension des Produktionsprozesses das Managementhandeln bestimmt hatte.

Die grundlegende Bedeutung dieser Verschiebung ist heute kaum mehr nachvollziehbar. Längst sind sowohl die Betriebswirtschaftslehre als auch die Unternehmenspraxis

---

[1] Vgl. Christopher Vincent in: *Management Abstracts* 7 (1967), S. 29.

von einschlägigen Überlegungen geprägt, stehen Unternehmensphilosophie und Unternehmenskultur ebenso im Vordergrund wie strategische Organisations- und Personalentwicklung. Es war auch nicht so, dass derartige Problemfelder vor den sechziger und siebziger Jahren keine Rolle gespielt hätten: Nur sah man sie nicht als eigenständige Handlungsbereiche, sondern begriff sie von der materiellen Produktion her. Organisations- und Personalfragen standen lange im Schatten der technischen Zwänge der Produktionsprozesse. Die Organisation und die Personalrekrutierung wurden von Unternehmensleitern bestimmt, die zumeist einen technisch-naturwissenschaftlichen, gelegentlich juristischen, aber nur in Ausnahmefällen kaufmännischen Hintergrund hatten. Und das von der Produktionstechnik her abgeleitete Organisationsverständnis hatte sich bewährt, nicht zuletzt in Deutschland. Die Heterogenität der Märkte mit ihren unterschiedlichen Institutionen und Kundenerwartungen, die damit verbundene Vielfalt und die technische Komplexität der Produkte begünstigten zwischen 1870 und 1970 technokratisch-funktionale Unternehmensorganisationen, wie sie geradezu prototypisch Carl Duisberg um 1900 in den Leverkusener Farbenfabriken entwickelt hatte. Erst die Öffnung der Märkte und die Zunahme der internationalen Konkurrenz in den sechziger und siebziger Jahren ließ Organisationsfragen wieder aktuell werden – und nun zeigte sich, dass man allein mit Erfahrung und Tradition kaum mehr weiterkam.

Es war somit kein Zufall, dass die entsprechenden Impulse zunächst aus den USA kamen. Die US-amerikanischen Unternehmen waren traditionell größer als ihre europäische Konkurrenz; auf dem großen Binnenmarkt der USA herrschte in der Regel aber auch eine sehr viel härtere Konkurrenz, die bewältigt sein wollte. Eigentum und Kontrolle waren dort lange voneinander getrennt; familiärer Kapitalismus war ganz im Gegensatz zu Europa, und insbesondere zu Deutschland, die Ausnahme. Schon in der Weltwirtschaftskrise der dreißiger Jahre traten bei US-Unternehmen Organisationsfragen in einer Weise in den Vordergrund, wie sie Europa erst dreißig Jahre später kennen lernen sollte. Hier sammelte auch der junge Jurist und Betriebswirt Marvin Bower seine ersten Erfahrungen mit der Beobachtung, dass die Gläubiger-Komitees aus Investmentbankern, die angeschlagene Unternehmen kontrollieren sollten, diese gerade mit ihren Organisationsproblemen allein ließen. Offenkundige Management-Fehler wurden demzufolge nicht behoben, obwohl gezielte Hilfestellung hierzu hätte beitragen können. Mit diesen Eindrücken trat Bower 1933 in die 1926 gegründete Unternehmensberatung von James O. McKinsey ein. Nach dessen Tod im Jahre 1937 gründete der inzwischen zum Leiter der New Yorker Niederlassung aufgestiegene Marvin Bower gemeinsam mit seinen New Yorker Partnern McKinsey & Company, von 1950 bis 1967 war er Managing Director. In seinem Buch fanden somit mehr als dreißig Jahre an Erfahrung mit Unternehmensberatung in den USA ihren Niederschlag; Jahre, die vor allem durch die Auseinandersetzung mit Organisationsfragen und Management-Verhalten bei großen US-Unternehmen bestimmt waren.

Bowers Plädoyer für einen bewussten und zielgerichteten Umgang mit derartigen Fragen war für Europa neu, wenn auch, wie gesagt, an sich gar nicht originell. Neu war zudem auch die Stringenz, mit der Bower für ein rationales Management-Verhalten eintrat, das ganz auf die Erfordernisse einer planvollen Organisation abgestimmt sein sollte. Auf deutsche Unternehmen, in denen Führung noch immer als Frage der unternehmerischen Persönlichkeit begriffen wurde, musste ein derartiger Ansatz fremd wirken. Und in der Tat annoncierte die Zeitschrift *Capital* das Buch in ihrem dritten Heft 1967 folgendermaßen: »Bower in Firma McKinsey & Co. predigt programmiertes Management, erklärt Manage-Motivationen und regt an, den Beruf nicht als Berufung für eine Persönlichkeit, sondern als Funktion einer Institution (des Unternehmens) zu betrachten. Beispiel: Ein Büro sei nicht Umgebung für einen Manager, sondern er ein Teil des Büros. Interessant, um US-Manager zu verstehen.« Ob diese namentlich nicht gekennzeichnete Annoncierung auf einer wirklichen Lektüre des Textes beruhte, sei dahingestellt. Interessant ist die Hervorhebung des Unterschieds im Managementverständnis, auch wenn der Stern des Persönlichkeitskultes auch in Deutschland bereits sank. Hier lag denn auch die eigentliche Bedeutung des Buches für deutsche Leser. Im Geiste des rationalen Planungsdenkens jener Zeit gab es auf sich neu stellende Fragen von Organisation und Führung eine programmatisch andere Antwort, als man sie bisher gehört hatte. Und es lenkte die Aufmerksamkeit explizit auf Fragen von Organisation, Personal und Management und nahm sie als eigenständige Probleme wahr.

Wie sah nun Bowers Botschaft aus? Ohne der Lektüre vorauszugreifen, kann man sie im Kern so zusammenfassen: Bower beschreibt ein gut geführtes Unternehmen als ein sich selbst beobachtendes und optimierendes System, dessen Kohäsion vom »Führungswillen« des Managements, dessen Fähigkeit zur Formulierung eines klaren Management-Systems und der daraus folgenden Einbettung jeder Hierarchieebene in den Gesamtzusammenhang der Management-Prozesse abhängt. Das Unternehmen ist in diesem Bild kein Netzwerk, sondern eine deutlich hierarchisch gegliederte Struktur, in der die oberste Ebene ihre Grundsätze und Handlungsanweisungen erfolgreich und inhaltsgetreu in den unter ihr arbeitenden Ebenen abbilden und umsetzen muss, um den Erfolg des Unternehmens zu gewährleisten beziehungsweise zu optimieren. Im Rahmen des expliziten Unternehmensleitbilds sind die wesentlichen Bestandteile des Management-Prozesses die folgenden: eine klare strategische Planung und ihre Implementierung; eine absolut rationale Organisationsstruktur, die persönliche Idiosynkrasien unterbindet; eine entsprechende Personalauswahl und Personalpolitik, die mit dem Ziel, die besten Mitarbeiter zu gewinnen und zu fördern, strikt an fachlicher Eignung und transparenter Karrierestrukturierung orientiert ist; eine konsequente Durchführung beschlossener Maßnahmen; schließlich das aktive Einbeziehen der Mitarbeiter in diesen rational optimierten Prozess. Diese Überlegungen sind zweifellos auch von den Organisationsmoden der sechziger Jahre (Operations Research, Kybernetik, automatische Steuerung et cetera) beeinflusst, aber Bower behält doch seine eigene Note bei, wenn er wiederholt unterstreicht, dass es letztlich auf den »Willen zur Führung« ankomme, und dies auch klar formuliert: »Der äußerste Prüfstein des Willens zur Führung ist der Wille zur Entlassung.«[2] Damit ergibt sich bei Bower eine Kombination aus rationaler Organisation und bewusster Führung, die gleichsam in einen gegenseitigen Ermöglichungszusammenhang gebracht werden: Einerseits sind Manager keine eigenwilligen Persönlichkeiten, sondern erfüllen – möglichst brillant, auf jeden Fall aber hochbegabt und willensstark – Organisationsrollen. Andererseits sind es gerade Begabung und Willensstärke, die ein systematisches, programmiertes Management und eine entsprechende Organisation erst möglich machen. Bower war sich überdies bewusst, dass dieses Programm so abstrakt formuliert sein musste, dass es laufend Anpassungen zulässt. Die dauerhafte Bereitschaft, die eigenen Leitsätze zu

2 Marvin Bower, *Die Kunst zu führen*, Düsseldorf 1967, S. 206.

überdenken, war für ihn von großer Bedeutung, wobei er als einzigen Parameter der Änderung *Tatsachen* akzeptierte, deren vorurteilsfreie Wahrnehmung gleichsam sein erkenntnistheoretisches Programm war. In dieser heute (im Zeitalter des Konstruktivismus) ein wenig naiv anmutenden Tatsachenorientierung kommt gleichwohl ein weiteres konstitutives Moment seiner Führungsphilosophie zum Ausdruck: *Nüchternheit.* Auch dies dürfte manchem europäischen Unternehmer, der einem wortreichen Kult um seine Person nicht abgeneigt war, doch eher fremd erschienen sein.

Bowers Buch ist kein wissenschaftliches Werk. Ein solches zu verfassen hatte er auch nicht beabsichtigt, obgleich es zu zeitgenössischen und späteren Arbeiten im Bereich der Organisations- und Managementlehre zahlreiche Anknüpfungspunkte gab und gibt. Insofern ist es müßig, darüber zu streiten, inwieweit Bowers Bild vom Unternehmensalltag mit einer organisationswissenschaftlichen Unternehmensanalyse kongruent ist. Hier wird man eher skeptisch sein, denn die Entscheidungssicherheit, die Bowers Programmatik vorgibt, muss sich unter letztlich unkontrollierbaren parametrischen Bedingungen erst bewähren – und diese offene Flanke kann eben auch eine noch so bewusste Planung nicht schließen. Auch dürften Zweifel dahingehend bestehen, ob das sehr von der Unternehmensspitze her gedachte Führungsverständnis im sozial unübersichtlichen und von mikropolitischen Auseinandersetzungen geprägten Alltag eines Unternehmens so ohne Weiteres umsetzbar ist. Nur: Die wissenschaftlich skrupulöse Sicht trifft hier gar nicht den Kern der Sache, da es Bower ja nicht um eine wissenschaftliche Analyse, sondern um die praktische Führung eines Unternehmens geht. Und dabei spielt praktische Führungs- und Entscheidungsfähigkeit (selbst wenn sie nur »fingiert«, also unterstellt, ist) wahrscheinlich keine zu geringe Rolle, so dass die Bewährung des Bower'schen Konzeptes im Unternehmensalltag und gerade nicht in der wissenschaftlichen Literatur erfolgt.

Der spektakuläre Erfolg von Unternehmensberatung dürfte daher eher zugunsten eines Ansatzes sprechen, der die Paradoxien der Unternehmensführung lebenspraktisch in Entscheidungsprogramme transformiert und damit Entscheidungssicherheit ermöglicht – auch wenn die Rezepte von gestern in der Zukunft wieder umgestoßen werden können. Im Kern aber geht es – zumal unter den Bedingungen stark zunehmender Marktkomplexität – um die Herstellung von Entscheidungsfähigkeit. Und dazu dürfte Bower wesentlich beigetragen haben.

*Prof. Dr. Werner Plumpe*
*(Lehrstuhl für Wirtschafts- und Sozialgeschichte,*
*Johann-Wolfgang-Goethe-Universität, Frankfurt am Main)*

# Vorwort des Übersetzers

Während die so genannte »technologische Lücke« zwischen den Vereinigten Staaten und Europa noch heißumstrittenes Thema ist, bezweifeln wenige den Vorsprung der Neuen Welt, was Konzeptionen und Methodik der Unternehmensführung und -organisation anbelangt. Ein Beweis dieser These ist die zunehmende Verbreitung amerikanischer Managementliteratur in Europa, in welcher das vorliegende Buch einen besonderen Platz einnimmt.

Die Besonderheit des Werkes liegt in der Fülle der ihm zugrunde liegenden Erfahrungen einer Reihe der erfolgreichsten amerikanischen Großunternehmen, deren Leitung der Autor in seiner Beratertätigkeit aus nächster Nähe hat beobachten können. Diese Großunternehmen verkörpern nicht nur den Vorsprung in der Kunst zu führen, sondern veranschaulichen auch seine maßgeblichen historischen Wurzeln:

- die frühzeitige und weitgehende Trennung von Eigentum und Leitung der großen Unternehmen und damit der frühzeitige und breite Einsatz des leistungsorientierten »professional manager«;
- der marktbedingte, weitaus größere Rahmen der US-Konzerne und damit die Stellung von organisatorischen Problemen, welche in diesem Ausmaß in Europa erst jetzt aktuell werden;
- umfassende Kartellgesetze und Publizitätsvorschriften, die sowohl das einzelne Unternehmen stärkerem Wettbewerbsdruck aussetzen als auch die Qualität der Geschäftsleitung offenkundig werden lassen.

Alle diese Voraussetzungen für den Antrieb zur Steigerung unternehmerischer Leistung, zur ständigen Überprüfung der Relevanz herkömmlicher Methoden sind auch in Europa in zunehmendem Maße erfüllt. Gerade in Deutschland wird durch die Reformen des Aktiengesetzes und die Öffnung des großen EWG-Marktes der Abstand zur äußeren Datenstellung der USA immer geringer. Das vorliegende Buch dürfte deshalb europäischen Unternehmensführungen eine Fundgrube für Anregungen zur Bewältigung der Entwicklungen in diesem neuen Kräftefeld sein.

*New York, Arno Morenz*

# Vorwort

Es war einmal, doch vor nicht allzu langer Zeit, ein sehr begabter junger Manager, der zum Generaldirektor einer sehr großen Tochtergesellschaft in einem sehr großen Unternehmen befördert wurde. Leider zeigte es sich, dass die Gewinnlage dieser Tochtergesellschaft äußerst unzureichend war. Ihre Produkte unterschieden sich nämlich kaum von den Produkten ihrer Konkurrenten, und die Kapazität der betreffenden Industrie übertraf die Nachfrage.

Als er merkte, in welche missliche Lage er geraten war, wurde der bisher stets Erfolg gewohnte, fähige junge Manager recht unglücklich. Er entschied, dass er etwas unternehmen müsse. Er wusste nur noch nicht, was. Da er aus einem Bereich kam, der völlig andere Erzeugnisse herstellte, war er auf diesem Markt ein Neuling. Er versammelte deshalb seine 15 leitenden Angestellten in einem nahe gelegenen Motel, um die Misere mit ihnen zu erörtern. »Lassen wir das Zahlenmaterial zunächst beiseite«, sagte er zu ihnen. »Ich möchte, dass Sie nachdenken – und ich möchte, dass Sie hauptsächlich über Kunden und Märkte und darüber nachdenken, was außerhalb unserer Firma vor sich geht.«

Die zweitägige Konferenz erwies sich leider nicht als besonders ertragreich, denn die 15 Geschäftsführer waren nicht gewohnt, lange zu überlegen, weil das Unternehmen bisher ohne Konzeption, Grundsätze oder Leitbild geführt worden war. Stattdessen hatten sie eifrig Zahlen zusammengetragen und aufbereitet, erpicht, ihre persönlichen Positionen zu stärken. Die Preise wurden denen der Konkurrenz angepasst, damit die Fabriken weiterliefen. Mit anderen Worten, sie hatten ihre Geschäfte ad hoc, wie sie gerade kamen, nach den Erfordernissen des Tages und verquickt mit persönlichen Machtkämpfen geführt.

Doch der fähige junge Manager ließ sich nicht entmutigen. Nach zwei Wochen lud er seine 15 leitenden Angestellten in ein anderes Motel für weitere zwei Tage ein. Wiederum hielt er sie an, intensiv über ihr Unternehmen nachzudenken, besonders über Kunden, Märkte und die Kräfte außerhalb des eigenen Unternehmens. In dieser zweiten Sitzung kamen ihnen allmählich Ideen, und in den folgenden Konferenzen wurden Resultate erarbeitet. Sie fanden wieder zu den einfachen, traditionellen Methoden der Unternehmensführung zurück, beschlossen und handelten nach Grundsätzen, die jetzt auf einmal selbstverständlich erschienen. Sie setzten sich mit Problemen auseinander, die sie seit langem geahnt hatten, denen sie jedoch nicht systematisch und konsequent entgegengetreten waren.

Der fähige junge Manager veranlasste seine 15 Leute, diese so selbstverständlichen Dinge gründlich und folgerichtig im Rahmen eines umfassenden Gesamtprogramms zu verrichten. Und der fähige junge Manager brachte sie dazu, weil er einen sehr stark ausgeprägten *Führungswillen* besaß.

Innerhalb eines Jahres kletterten die Gewinne der Gesellschaft kräftig – nach kurzer Zeit lagen sie um 70 Prozent höher. Nun war der fähige junge Manager nicht mehr bestürzt. Im Gegenteil: Er war sehr zufrieden. Und die Mitglieder der Geschäftsleitung seines Unternehmens waren noch zufriedener. Nach weiteren Jahren hervorragender Bewährung wurde der fähige junge Manager erneut befördert.

Moral: Der Schlüssel zum unternehmerischen Erfolg ist die Führungskraft mit einem ausgeprägten Willen zu führen, durch den die anderen fähigen Mitarbeiter mit einfachen und herkömmlichen Führungsmethoden zu zweckmäßiger und fruchtbarer Tätigkeit veranlasst werden. Die Maßnahmen müssen in ein Führungsprogramm eingebettet sein, das die Eigenart und die Umweltbedingungen der Firma berücksichtigt.

Um diese Moral geht es in unserem Buch. Die Geschichte des tüchtigen jungen Managers ist nämlich keine Fabel. Sie ist ein wahrheitsgetreuer Bericht über eine Unternehmerkarriere im Mittelwesten.

Aus dieser Erzählung und aus den Erfahrungsberichten vieler anderer erfolgreicher Manager habe ich versucht, Erkenntnisse abzuleiten, wie einfache grundlegende und bekannte Führungsmethoden systematisch angewendet werden können, um größere wirtschaftliche Erfolge zu erzielen. Kurzum, dieses Buch ist nicht technischer Art, sondern ein (hoffentlich lesbarer) Beitrag zur Frage, wie man Unternehmen erfolgreich führen kann.

Ich beschäftige mich hauptsächlich mit den durch Erfolg als richtig erwiesenen Prinzipien für die Anwendung bestehender Kenntnisse und nicht mit der Erarbeitung neuer Erkenntnisse. Weder die von mir erörterten Management-Methoden noch die Art ihrer Anwendung sind neu. Ich brauche mich jedoch nicht zu entschuldigen, weil ich diese nicht mehr neuen Grundsätze behandele, denn gerade sie sind es, auf denen ein System für erfolgreiches Management am besten aufgebaut werden kann.

Andererseits ist man sich über die Bedeutung des Willens zur Führung noch keineswegs überall im Klaren. Obwohl die systematische Unternehmensführung seit einiger Zeit eine allgemein anerkannte Konzeption ist, wird sie in sehr vielen Unternehmen nicht ausreichend verstanden oder bewusst betrieben. Noch weniger anerkannt ist der Wert eines Managementsystems, um den Führungswillen wirksam durchzusetzen.

Meine These ist nicht nur, dass der Manager bestehendes »Know-how« besser nutzen lernen sollte, bevor er neue Techniken ausprobiert. Vielmehr behaupte ich, dass sich alte und neue Methoden des Managements als wirksamer erweisen, wenn sie durch ein Prinzip fest verbunden und in ein System eingebaut werden, das beiden erhöhten Wirkungsgrad verleiht. Systematisiertes Management vermag jedes Unternehmen in die Lage zu versetzen, mit den enormen technischen, sozialen und politischen Veränderungen seiner wirtschaftlichen Umwelt Schritt zu halten. Ich konzentriere mich dabei auf solche Aspekte der Unternehmensleitung, in die ich aufgrund direkter Beobachtung und Analyse der Erfahrungen erfolgreicher Gesellschaften wertvolle Einblicke erhalten habe – Erfahrungen, die ich durch Fallbeispiele illustrieren möchte.

Da sich dieses Buch vorwiegend auf meine persönlichen Erfahrungen als Unternehmensberater stützt, ist ein kurzer Rückblick wohl angebracht. Lassen Sie mich deshalb diese Erfahrung kurz erörtern; danach werde ich mich in den Hintergrund zurückziehen, wohin jeder Autor gehört, der nicht gerade eine Autobiographie schreibt.

Jahre hindurch habe ich mit kleinen Gruppen von Beratern die Probleme des Spitzenmanagements erfolgreicher Unternehmen in einer weiten Palette von Branchen bearbeitet. Diese Unternehmen waren ebenso groß wie erfolgreich. Die meisten der Firmen, mit denen ich während der letzten 15 Jahre zusammengearbeitet habe, waren zweifellos tonangebend in ihrer Branche, an erster, zweiter oder dritter Stelle, was den Umsatz und die Gewinne angeht. Die Aufgabe einer Beratergruppe besteht darin, die Situation des Unternehmens zu überprüfen, Vorschläge zu entwickeln, welche diese Situation verbessern, und die Unternehmensleitung zu überzeugen, die empfohlenen Verbesserungen durchzuführen. Im Wesentlichen handelt es sich bei dieser Arbeit um

Planziele, Strategien, Firmenpolitik, Organisationsstruktur und Management-Methoden, welche die wettbewerbliche Stellung des Unternehmens festigen, dessen Gewinne erhöhen und die Kontinuität erfolgreicher Unternehmensleitung gewährleisten.

Zu diesem Zweck analysieren wir die wirtschaftliche Wirklichkeit des Unternehmens und seiner Umwelt. Wir verschaffen uns Wissen über die Stärken und Schwächen des Klienten im Wettbewerb und über das unternehmerische Leitbild des Managements, das die Unternehmung zum Erfolg geführt hat. Wir beobachten und analysieren die Arbeitsweise des Managements. Wir besprechen auf vertraulicher Basis die Erfolge und Fehlleistungen des Unternehmens und einzelner Angestellter. Wir prüfen verschiedene Möglichkeiten zur Lösung von Problemen und Verbesserung der Leistung.

Alle Unternehmensberater verfügen über ein ungewöhnliches Laboratorium für Management-Methoden, da sie mit den Problemen und Möglichkeiten des Managements in einem breiten Querschnitt von privatwirtschaftlichen und öffentlichen Organisationen »leben«. In dieser Hinsicht habe ich ungewöhnliches Glück gehabt. In mehr als 30 Jahren meiner Tätigkeit als Unternehmensberater habe ich viel Zeit hinter den Kulissen zahlreicher erfolgreicher Unternehmen bin den USA und Europa verbracht. Da außerdem meine eigene Laufbahn zeitlich mit dem Aufstieg der Unternehmensberatung als Berufsgruppe parallel lief, haben nur wenige andere Männer vergleichbare Möglichkeiten gehabt, aus der Nähe zu beobachten und zu analysieren, wie große und erfolgreiche Unternehmen geleitet werden.

Meiner Ansicht nach hat jeder Manager die Verpflichtung, die Kraft, die Produktivität und die charakterformenden Eigenschaften unseres privatwirtschaftlichen Systems nach besten Kräften zu fördern. Deshalb fühle ich selbst mich verpflichtet, die Quintessenz meiner Erfahrungen anderen zugänglich zu machen.

Ergänzend zu meinen eigenen Erfahrungen als Berater habe ich mich der Erfahrung meiner Kollegen bedient – vor allem um meine eigenen Ansichten zu kritischen Problemen zu überprüfen. Einige von ihnen stimmen nicht in allen Fragen mit mir überein. Das darf nicht erstaunen, da man bei McKinsey & Co. nichts von Patentlösungen hält. Deshalb sind letzten Endes die Gedanken und Empfehlungen dieses Buches meine eigenen.

Da die Unterlagen hauptsächlich im Laufe meiner Beratertätigkeit gesammelt worden sind, haben zahlreiche hervorragende Führungskräfte aus den Kreisen unserer Klienten unwissentlich zu diesem Buch beigetragen. Wenn der erfolgreiche Unternehmer auch in der Regel seinen Erfahrungsschatz gerne mit anderen teilt, wäre eine Identifizierung dieser Persönlichkeiten oder ihrer Unternehmen ohne ihre Erlaubnis kaum angebracht. Ich habe mir deshalb die Verwendung jeder Information, die vertraulichen Charakters sein könnte, von dem Klienten genehmigen lassen. Wo dies nicht möglich war, habe ich die Namen und Umstände unkenntlich gemacht.

Eine Anzahl meiner Kollegen haben mir durch Kritik und Anregungen geholfen. Warren Cannon, D. Ronald Daniel, C. Lee Walton und Arch Patton haben besonders nützliche Beiträge geleistet. Gilbert H. Clee, Raymond J. Klemmer, J. Roger Morrison und Howard H. Williams haben beträchtlich zu den Kapiteln über die Planung beigetragen. Roland Mann hat ausgezeichnet redigiert. Allen bin ich sehr dankbar.

Obwohl ich viele ihrer Vorschläge übernommen habe, bleibt die Verantwortung für das Endergebnis natürlich bei mir. Tatsächlich bin ich sicher, dass keiner von ihnen –

Management-Experten mit selbstständiger Meinung – mit allem was ich sagen werde, übereinstimmt.

Doch glaube ich, dass dieses Destillat der Erfolgsgeschichte gut geführter Unternehmen jedem Manager oder angehenden Manager von Nutzen sein kann und hoffe deshalb, dass Ihr »Lesewillen« bis zum Ende des Buches anhalten wird.

*Marvin Bower*

# 1 »Wo ein Wille ist ... «

Vor einigen Jahren wurde ich gebeten, vor einer Gruppe von Investment-Bankiers und Börsenmaklern einen Vortrag über Management-Probleme ihrer Branche zu halten. Bei der Sammlung des Materials habe ich erneut erfahren, wie wichtig der Wille zur Führung als Voraussetzung für die erfolgreiche Leitung jedes Unternehmens ist.

Ich habe vorher ungefähr ein Dutzend Teilhaber führender Investment-Banken und Maklerfirmen befragt. Fast einheitlich antworteten sie mir, dass sie selbst und ihre Partner der Führung ihrer Firmen nicht genügend Aufmerksamkeit widmen könnten, weil sie zu sehr mit der »Produktion« beschäftigt seien, das heißt mit der Anwerbung neuer Klienten, der Vorbereitung neuer Emissionen, der Ausführung von Kundenaufträgen et cetera. Einige dieser leitenden Männer erklärten sogar stolz, dass sie nicht an ein systematisches Management glauben. Viele von ihnen schienen Management mit dem Papierkrieg der Verwaltungsangestellten auf der unteren Ebene gleichzusetzen.

Offensichtlich arbeiten die Teilhaber dieser Firmen hart und wirkungsvoll, aber hauptsächlich im Alleingang und nicht als Manager. Da jedoch die meisten Investment-Banken kleinere Unternehmen sind, haben viele von ihnen großen Erfolg, obwohl keiner der Partner sich um die Aufgaben eines wirklichen Managements kümmert. Aber trotz des Erfolges ihrer Firmen machten sich nachdenklichere Partner Sorgen.

Nachstehend einige ihrer Kommentare:

»Ich fürchte, dass der Charakter unserer Firma sich ändert, ohne dass wir es überhaupt merken. Wir nehmen einfach jedes Geschäft, das uns begegnet, mit.«

»Es geht uns sehr gut – eigentlich zu gut. Wir interessieren uns so sehr für den Gewinn und die Entscheidungen des Tages über neue Emissionen, dass uns nicht genügend Zeit verbleibt zu entscheiden, welche Art von Geschäft wir eigentlich anstreben sollten und wie wir diese Art von Geschäften gewinnbringend gestalten können.«

»Ich habe versucht, einige meiner älteren Partner zur Abgabe der ›Produktion‹ an andere und zur Übernahme von Aufgaben des Managements zu interessieren. Aber es geht uns so gut, dass ich ein Rufer in der Wüste bleibe.« Kommentare von Mitgliedern der Vereinigung der Investment-Bankiers, die meine Rede hörten oder darüber lasen, bestätigen übrigens, dass diese Befürchtungen in der Branche weithin geteilt wurden.

Im Börsenhandel hat im Gegensatz zum Investment-Bankgeschäft einfach die Größenordnung viele Partner gezwungen, Management-Prozessen mehr Aufmerksamkeit zu widmen. Dementsprechend hat sich ein ausgeprägter Wille zum Führen entwickelt, und einige *haben* bereits sehr brauchbare Management-Systeme erstellt. Konkurse und unfreiwillige Fusionen im Börsenhandel haben ebenfalls die Verbreitung der Erkenntnis beschleunigt, dass Führen eine besondere Art von Tätigkeit ist und die Beschäftigung mit der Entwicklung von Management-Methoden erfordert. Konkurse und unfreiwillige Zusammenschlüsse in guten Zeiten sind ein zu hoher Preis für die Vernachlässigung von Management-Aufgaben.

Der Wille zur Unternehmensführung ist in jeder Firma zur Erzielung eines vollen Erfolges notwendig. In seinem großartigen Buch »Meine Jahre bei General Motors«[3] berichtet Alfred P. Sloan, jr. von den brillanten Strategien des

---

[3] Alfred P. Sloan, jr., *My Years with General Motors,* Doubleday & Company, Inc., New York, 1964, S. 4.

William C. Durant zur Schaffung dieses größten Unternehmens der Welt. Aber, meint er, »Mr. Durant hatte als großer Mann eine große Schwäche – er war Schöpfer, aber nicht gleichzeitig Manager ... Dass er General Motors zwar geschaffen hat, aber nicht in der Lage war, das Unternehmen zu führen ... das ist eine Tragödie in der amerikanischen Unternehmensgeschichte«. – Was Mr. Sloan bei GM einführte, war der *Wille zur Führung*.

Was viele andere, sonst hervorragende Spitzenmanager am hundertprozentigen Erfolg hindert, ist Mangel an Willen zur Führung.

## Wille und Weg

Einfache Notwendigkeit kann in jeder Unternehmensleitung den Willen zur Führung erzeugen. Umgekehrt löst der Wille zur Führung dann seinerseits systematische Bemühungen zur Entwicklung wirkungsvoller Management-Methoden aus. Das Sprichwort hat Recht: »Wo ein Wille ist, da ist auch ein Weg«.

Bevor wir uns jedoch näher mit einer Untersuchung des Willens zur Führung beschäftigen, wollen wir uns vergewissern, dass wir uns über die Bedeutung des Begriffs Management einig sind. Die oben zitierten Kommentare der Investment-Bankiers führen uns zu einer brauchbaren Definition: Management ist die Tätigkeit oder Aufgabe, die Ziele einer Organisation festzulegen und Menschen und Mittel der Organisation so einzusetzen und zu steuern, dass diese Ziele erfolgreich erreicht werden.

Man kann eine Firma in der Flut der Umstände treiben lassen, den externen und internen Kräften ausgeliefert. Oder man kann ein Unternehmen führen. So hat der neue Generaldirektor einer besonders erfolgreichen internationalen Unternehmung mir einmal gesagt: »Wir sind entschlossen, unser Wachstum zu kontrollieren und wollen nicht einfach mitgerissen werden«. Das ist der Wille zu führen.

Der Wille zu führen ist nicht gleichbedeutend mit dem Willen zum Erfolg. Das Bestreben, den Erfolg eines Unternehmens zu sichern, ist unter Generaldirektoren und leitenden Angestellten fast immer vorhanden. Lassen Sie mich den Unterschied am Fall einer sehr großen, jedoch nur mäßig erfolgreichen Gesellschaft im Mittelwesten aufzeigen. Der Generaldirektor wünscht den Erfolg des Unternehmens und setzt sich dafür ohne Rücksicht auf persönliche Opfer ein. Er arbeitet viele Stunden, um über die laufenden Geschäfte informiert zu sein, er unternimmt gewagte Schachzüge und trifft brillante Entscheidungen über bedeutende Programme und Investitionen. Er dirigiert weitreichende und wirksame Bemühungen zur Umsatzsteigerung und Kostensenkung. Er wechselt Positionen und Menschen häufig aus.

Trotz der überragenden Persönlichkeit dieses Mannes ist dies nicht einfach ein Fall von Ein-Mann-Management. Die Größe des Unternehmens verbietet das von selbst. Vernünftige Methoden der Geschäftsführung sind in vielen einzelnen Abteilungen selbstverständlich. Die neuesten Techniken im Verkauf, in der Produktion und in der Finanzierung werden ständig angewendet. Das Unternehmen machte frühzeitig Gebrauch von Anlagen der elektronischen Datenverarbeitung und Techniken der Unternehmensforschung. So genannte »moderne Management-Methoden« werden allgemein und wirkungsvoll angewandt. Dennoch schenkt der Generaldirektor selbst dem eigentlichen Management-Prozess wenig beziehungsweise gar keine Aufmerksamkeit.

Infolgedessen sind Umsatzsteigerung und Kostensenkung die einzigen Ziele auf allen Leitungsebenen. Aber nicht einmal für diese selbstverständlichen Ziele gibt es eine Strategie, um sie zu erreichen. Die Führungskräfte der unteren Leitungsebenen warten auf Zeichen von oben. Sie erkennen die hohen unsichtbaren Kosten plötzlicher Änderungen in der Vorrangigkeit von Aufgaben durch den Generaldirektor, aber über diese Dinge wird traditionsgemäß nicht gesprochen. Da keine allgemeingültigen Grundsätze zur Unternehmensführung vorhanden sind, warten die Mitarbeiter einfach auf Anordnungen.

Unter sich sind sich die meisten darin einig, dass die Gesellschaft bedeutend erfolgreicher sein könnte, wenn ihr brillanter Chef der Entwicklung und dem Einsatz von Management-Techniken mehr Aufmerksamkeit widmen würde. Er ist jedoch mit Tagesentscheidungen so beschäftigt, dass er keine Zeit für die Verbesserung der Management-Prozesse erübrigen, geschweige denn diese auch nur annähernd in ein System bringen kann. Obwohl die Ergebnisse des Unternehmens befriedigen, sind sie im Vergleich mit denen der Konkurrenten nicht gerade spektakulär. Es geht dem Unternehmen aber so gut, dass sein oberster Chef bisher nicht zur Entwicklung eines Willens zur Unternehmensführung gezwungen wurde.

Würde er diesen Willen entwickeln, würden sich seine eigenen Fähigkeiten vervielfachen. Die produktiven Energien Hunderter von Führungskräften würden genutzt. Die Gewinne würden kräftig steigen. Kurzum, sein intensiver Wille zum Erfolg würde noch bessere Ergebnisse erwirtschaften.

Der Wille zum Erfolg ist eben nicht das Gleiche wie der Wille zu führen. Beide sind notwendig. Ich glaube aber, dass der Wille zu führen eine wesentliche Voraussetzung für hervorragende langfristige Erfolge von Unternehmen mit mehr als 300 Beschäftigten ist. In der Tat wird sich der Erfolg *jedes* Unternehmens vergrößern, wenn der Wille seiner leitenden Mitarbeiter zum Erfolg von einem ausgeprägten Willen zur Führung begleitet wird. In diesem Falle werden sie der Aufstellung und dem Einsatz von Führungsmethoden ihre volle Aufmerksamkeit widmen, um diese Entschlossenheit in wirkungsvolle Aktionen umzusetzen. Sie werden alles tun, das Unternehmen zu lenken, anstatt sich von ihm lenken zu lassen. Kurzum, ich glaube, dass der Erfolg in der Unternehmensführung weitgehend davon bestimmt wird, wie wirkungsvoll, entschlossen und konsequent die Geschäftsführung einfache Konzeptionen durchsetzt. Viele Führungskräfte schrecken vor dem Bemühen zurück, »wissenschaftliches Management« einzuführen, weil sie instinktiv wissen, dass Management nicht wissenschaftlich sein kann. Der fähige Manager weiß aber, dass »organisiertes und systematisches Management« ein durch und durch realistischer Weg zum größeren Erfolg eines Unternehmens ist.

## Die Doppelrolle des Managers

Es sollte von vornherein klargestellt sein, dass die Entwicklung von Management-Prozessen und das Treffen von Tagesentscheidungen zwei verschiedene Tätigkeiten sind. Tägliche Entscheidungen gehören in den Verantwortungsbereich jeder Führungskraft, gleichgültig auf welcher Leitungsebene. Aber je höher ihre Position ist, desto bedeutsamer wird eine andere verantwortliche Aufgabe – nämlich jene der Einführung und Verbesserung von Management-Prozessen. Ein Meister oder ein Bezirksverkaufsleiter mag zum Beispiel 90 Prozent seiner Zeit auf Tagesentscheidungen und den Rest darauf verwenden, die Management-Prozesse in seinem Verantwortungsbereich zu verbessern. Am anderen Ende der Skala wird der Generaldirektor eines Milliarden-Unternehmens wahrscheinlich 30 Prozent seiner Zeit auf Tagesroutine und 70 Prozent auf die Einrichtung und Verbesserung von Management-Prozessen seines Unternehmens verwenden.

Ich kenne eine andere Gesellschaft im Mittelwesten, eine Firma mit mehr als einer Milliarde Dollar Umsatz und vielen Interessenbereichen, deren oberster Chef den Löwenanteil seiner Zeit auf die Prüfung von Entscheidungen verwendet, die unten getroffen worden sind (die Etats von Abteilungen, Investitionen und so weiter) und auf das Überprüfen der Ergebnisse der einzelnen Gruppen. Weil er sich für Aufgaben nach seiner eigenen Wahl wenig Zeit nimmt, finden allgemeine Management-Prozesse nur geringe Beachtung. Wiederholt hat er zum Beispiel die Ausarbeitung von grundlegenden Programmen für die Zukunft zweier ertragsschwacher Konzernbereiche verschoben. Die anteilige Zeit, die jener Generaldirektor auf Tagesentscheidungen verwendet, ist vielleicht einer Führungskraft der mittleren Leitungsebene angemessen. Er aber vernachlässigt einen wesentlichen Teil seiner Aufgabe.

Jeder Manager, allen voran der Generaldirektor, ist für die Aufstellung, Pflege und Verbesserung von Management-Prozessen verantwortlich. Er wird seiner Aufgabe nicht voll gerecht, wenn er sich auf Entscheidungen beschränkt, die ihm vorgelegt werden, sich Mitarbeiter auswählt und deren Arbeit lediglich koordiniert und kontrolliert. Das ist seine Routinearbeit. Natürlich ist sie wichtig – so wichtig, interessant und anspruchsvoll, dass sie des Generaldirektors andere, wesentliche Verantwortung für die Einführung von Management-Prozessen beiseite zu schieben oder gar zu verdrängen vermag. Solange er seine Doppelrolle nicht erkennt und nicht einen adäquaten Führungswillen entwickelt hat, wird der Generaldirektor weder die Zeit noch die Energie, noch die Aufmerksamkeit aufbringen, die erforderlich sind, den richtigen Führungsweg zu finden.

Lassen Sie mich ein anderes Beispiel einfügen, um diese wichtige Feststellung zu veranschaulichen. An einem winterlichen Spätnachmittag saß ich in dem Büro des Generaldirektors einer in ihrer Branche führenden Gesellschaft. Der

Arbeitstag war vorbei, mein Gegenüber in nachdenklicher Stimmung. »Können Sie sich vorstellen«, meinte er, »dass ich mich in diesem Unternehmen von der Pike auf emporgearbeitet habe, und dass während der ganzen Zeit niemand mir irgendetwas sagen konnte, was man als Generaldirektor zu tun hat? Tatsächlich hat mir nicht einmal jemand etwas darüber erzählt, was zu einem wirksamen Manager gehört, obwohl ich diese und jene Anweisung über meine unmittelbaren Pflichten bekam.«

Was er meinte, war natürlich, dass niemand ihm etwas über Management-Prozesse erklärt hatte. Eindeutig wurde er seinen Routineaufgaben gerecht, Entscheidungen zu treffen und Mitarbeiter anzuleiten. Umsatz, Marktanteil und Gewinne seiner Unternehmung gediehen prächtig. Er wusste aber, dass selbst diese guten Ergebnisse irgendwie noch verbessert werden konnten. Intuitiv fühlte er, dass seine Aufgaben weiter reichten, als nur Entscheidungen zu treffen, wie wichtig diese auch sein mochten, und Führung zu erstellen, wie dynamisch sie auch sei. Er wurde sich allmählich der Verpflichtung bewusst, Management-Systeme nicht nur anzuwenden, sondern auch aufzubauen. Kurzum, er war dabei, den Willen zur Führung zu entwickeln und nach besseren Methoden der Unternehmensleitung zu suchen.

Ich möchte zusammenfassend sagen: Die Aufgabe des Managers besteht nicht nur darin, wirtschaftliche Ergebnisse durch gründlich durchdachte und schöpferische Entscheidungen zu erzielen. Eingeschlossen ist ebenfalls die Aufgabe, Management-Systeme zu entwerfen, durch die alle Angehörigen der Organisation zur Verwirklichung der Unternehmensziele und zum Erfolg des Unternehmens beitragen. Um diese zweite und so wesentliche Verantwortung dauerhaft im Bewusstsein zu verankern, sollte sich jede Führungskraft der Beurteilung von William Durant durch Alfred Sloan erinnern: »Er konnte aufbauen, aber nicht verwalten.«

## Systematisches Management

Also: wo ein Wille zur Führung ist, da ist auch ein Weg. Ich bin überzeugt, dass der beste Weg, den Willen zur Unternehmensführung in wirksames Handeln umzusetzen, die auf System fußende Methode ist: Die Spitzenmanager entwerfen ihr eigenes Management-System, das auf die Natur und Bedürfnisse des Unternehmens zugeschnitten ist, und setzen dieses System dann resolut im Tagesablauf durch.

Mit einem Management-System meine ich ein System von ineinandergreifenden und voneinander abhängigen Management-Prozessen, welche sich als Bestandteile des Systems zu einer einheitlichen Konzeption der Unternehmensführung verbinden. Das System bildet den begrifflichen Rahmen für aufeinander abgestimmte Grundsätze und Richtlinien, der die einzelnen Management-Prozesse zusammenschweißt. Als Teil eines Systems hat jeder einzelne Prozess einen verstärkten Effekt. Das Ergebnis ist eine schlagkräftige Gesamtanstrengung, die wesentlich wirksamer ist als die Summe der Einzelteile. Menschen können wirkungsvoller handeln, wenn sie von Grundsätzen geleitet werden. Wenn sie wissen, was sie tun sollen, brauchen sie nicht auf Anweisungen zu warten. Und wenn diese Grundsätze durch ein klar verständliches System zusammengehalten werden, wird menschliches Handeln zweckmäßiger und produktiver.

Die der Systematisierung der Führung zugrunde liegende Konzeption – das Zusammenwirken der einzelnen Prozesse – wird meines Erachtens am besten durch die Bezeichnung »programmiertes Management« umschrieben. Zur vollen Ausnutzung des programmierten Management muss jedem Mitarbeiter das System dauernd gegenwärtig sein, und er muss das Zusammenspiel der einzelnen Prozesse verstehen. Auf allen betrieblichen Ebenen müssen die Führungskräfte die Teilprozesse kennen und wissen, wie diese einzeln und als Teile des Systems ablaufen. Sie müssen begreifen, dass als Bestandteil eines durchdachten Systems programmierten Managements jeder einzelne Vorgang nicht nur von anderen gefördert wird, sondern dass er seinerseits andere Vorgänge unterstützt.

Die Befolgung eines solchen Systems vermindert den Anteil von Ad-hoc-Entscheidungen. Zwar müssen auch in einem Unternehmen mit einem maßgeschneiderten Management-System viele Entscheidungen ad hoc getroffen werden, aber der Anteil solcher Entscheidungen ist wesentlich niedriger, da ein System koordinierter Richtlinien viele Entscheidungen und Handlungen vorwegnimmt. Zusätzlich verleiht das System einzelnen Entscheidungen und Handlungen mehr Gewicht, weil es gleichzeitig andere Handlungen und Entscheidungen innerhalb des Systems beeinflusst beziehungsweise von ihnen beeinflusst wird. Auf diese Weise arbeiten Wille und System im Sinne der Erfolgsmaximierung zusammen. Der Wille erzeugt die Entschlossenheit zur Errichtung eines Systems. Einmal errichtet, setzt das System den Willen in effektive Handlung um. Wirkungsvolles Handeln stärkt wiederum den Willen zur Führung. So sagte der hervorragende Chef eines großen und rasch wachsenden Unternehmens: »Wir haben uns entschieden, unsere Firma durch die Einrichtung eines Führungssystems in den Griff zu bekommen – wir konnten dies auf keine andere Weise erreichen.«

## Management mit anderen Methoden

Das Konzept des programmierten Managements gewinnt beträchtlich an Überzeugungskraft, wenn es anderen Methoden der Führung gegenübergestellt wird.

*Ad-hoc-Management:* Diese Methode ist durch völligen Mangel an spezifischen Merkmalen, Konzeption und Ausrichtung gekennzeichnet. Grundsätze gibt es nicht. Jede Entscheidung wird unabhängig getroffen, wobei wenig auf Unternehmensziele, Strategie, Unternehmenspolitik oder andere Entscheidungen geachtet wird. Herkömmliche Methoden des Managements werden natürlich angewandt, jedoch fehlt es am bewussten Bemühen, sie konsequent zu befolgen oder gar sie zu entwickeln und zu integrieren. Stattdessen lassen jene, die das Unternehmen lenken sollten, sich von ihm treiben. Erfordernisse des Tages sind tonangebend. »Laissez-faire« ist die einzige Gesamtpolitik. Es fehlt am Willen zur Unternehmensführung; vorhanden ist lediglich der Wunsch nach Gewinn.

Natürlich gibt es kein Unternehmen, dessen Leitung einzig und allein auf Ad-hoc-Entscheidungen beruht. Bis zu einem gewissen Grade werden in der Regel die Handlungen durch »Erfahrung« und Präzedenzfälle bestimmt. Eine Art von Führungsphilosophie – wenn sie auch nur darin besteht, »das zu tun, was der Chef will« – wird zumeist als Orientierungshilfe für gemeinsam arbeitende Menschen entstehen. In einem Unternehmen mit programmiertem Management, das ein koordiniertes System von Grundsätzen zum Steuern von Entscheidungen und Aktionen aufweist, herrscht schlechthin weniger Anlass, sich an den Notwendigkeiten des Augenblicks zu orientieren.

*Management nach den Erfordernissen des Tages:* Diese Methode ist weniger subjektiv als das Management ad hoc, aber auch hier sind die leitenden Angestellten zu sehr an kurzfristigen Gewinnen interessiert, anstatt ihr tägliches Handeln einer langfristigen Strategie unterzuordnen. Diese Art von Management führt zwar häufig zu Gewinnen, jedoch selten zu langfristigem Erfolg.

*Stückwerk-Management:* Diese Methode lässt in bescheidenem Ausmaß Führungswillen erkennen, doch fehlt es an Anstrengungen, die Management-Prozesse zu integrieren.

Einmal will die Unternehmensleitung mehr Umsatz, kurze Zeit danach drängt sie auf Kostensenkung. Dieser Wechsel der Akzente verwirrt die ausführenden Mitarbeiter und vermindert die Chancen auf maximalen Erfolg.

*Personenbezogenes Management:* In den auf diese Weise geführten Unternehmen wird von »oben« in erster Linie auf persönliche Fähigkeiten, Haltung und Sonderwünsche Einzelner geachtet. Die Anpassung der Handlungsweise und Haltung des einzelnen Mitarbeiters an die koordinierten Grundsätze eines Management-Systems wird ersetzt durch die Anpassung der Führungsmethoden an den Einzelnen. Das kann so weit gehen, dass die Unternehmenspolitik geändert oder ein Verantwortungsbereich vergrößert beziehungsweise verringert wird, nur um den Fähigkeiten oder der Haltung eines Mannes gerecht zu werden. Hauptziel des Managements ist, die Leute zufriedenzustellen und die Fluktuation von Mitarbeitern niedrig zu halten.

Diese Lösung besticht durch ihre honigsüße Vernunft: Sie wird von Managern bevorzugt, die nichts von sachlichem Management halten, weil »wir eine frohe Familie um uns scharen wollen«. Sie sind von der Vorstellung beseelt, dass als Alternative zum personenbezogenen Management nur die Zwangsjacke einer Organisation mit unbeugsamen Prinzipien bleibt, die der persönlichen Entfaltung keinen Raum mehr lässt.

Das ist jedoch eine allzu bequeme Vereinfachung. Systematisches Management erlaubt selbstverständlich eine vernünftige Berücksichtigung unterschiedlicher persönlicher Fähigkeiten. Dagegen schafft das personenbezogene Management anstelle von wirklicher Zufriedenheit und Produktivität nur Verwirrung unter den Angehörigen des Unternehmens. Da es dieser Methode an Grundsätzen und Fairness mangelt, hat sie auch keine Anziehungskraft für Mitarbeiter, denen nicht daran liegt, persönliche

Vorteile auf Kosten der Interessen des Unternehmens zu ergattern.

*Machtbezogenes Management:* Hierunter soll eine besondere Form des personenbezogenen Managements verstanden werden. Entscheidender Faktor dieses Systems ist der relative Stand in der Hierarchie beziehungsweise die Macht Einzelner, die sich auf Lebens- oder Dienstalter, Popularität oder Einfluss auf die Unternehmensleitung gründet. Die Angehörigen der Führungsgruppe richten in einer solchen Unternehmensordnung ihre Entscheidungen an den augenblicklichen Machtverhältnissen aus und drehen ihr Mäntelchen nach dem Wind. So könnte etwa die Geschäftsleitung einer Werbeagentur ihre Politik zugunsten eines Kontakters ändern, weil er einen großen Werbeetat »in der Tasche« hat.

Diese Praxis fördert interne Kabalen, weil die Menschen sehr bald erkennen werden, dass das Weiterkommen vom Ausbau einer persönlichen Machtposition abhängt. Natürlich gebricht es einem dem Machtkampf verschriebenen Management an Prinzipien und Sachlichkeit, und tüchtige Mitarbeiter werden sich kaum damit abfinden.

*Ein-Mann-Management:* Diese bekannte Methode kann sehr leicht alle anderen Formen des Managements einschließlich des systematischen Managements nichtig machen. Ihr besonderes Kennzeichen ist ein dominierender Generaldirektor, der die meisten wichtigen Entscheidungen allein trifft und kaum delegiert. Anstatt rechtzeitig im Einklang mit der Unternehmenspolitik zu handeln, warten die Untergebenen auf Dienstanweisungen. Der Rücklauf von Informationen ist gering, wodurch der Mann an der Spitze von den Tatsachen und Meinungen isoliert wird. Die Menschen können sich nicht entfalten, und die Kontinuität effektiven Managements ist selten gewährleistet. Glücklicherweise sind die Nachteile dieser Methode gewöhnlich so offensichtlich und selbst dem »Potentaten« erkennbar, dass die Chancen auf Abänderung beträchtlich größer sind als in den anderen vorstehend skizzierten Fällen.

Allen Alternativen zum programmierten Management sind zwei Kardinalfehler gemeinsam. Einmal sind die verschiedenen Management-Prozesse nicht klar definiert und können deshalb nicht von den Untergebenen verstanden und weiterentwickelt werden. Es fehlt an Richtlinien für Entscheidungen und Handlungen, und an der Grundlage für die faire Durchsetzung koordinierten Handelns.

Zum anderen – was viel wichtiger ist – wird das Zusammenspiel der Management-Prozesse nicht erkannt und deutlich gemacht. Beispielsweise wird zu wenig darauf geachtet, ob und inwiefern eine vorgesehene Richtlinie oder eine Veränderung in der Organisation sich mit den Zielen des Unternehmens oder seiner Untergruppen in Übereinstimmung befindet. Wenn einmal eine vernünftige Unternehmenspolitik oder eine organisatorische Veränderung beschlossen ist, werden die Mitarbeiter oft nicht nachdrücklich genug über die zugrunde liegenden Überlegungen informiert. Die Wechselwirkung aller Management-Prozesse wird nicht genügend unterstrichen, sofern sie überhaupt erkannt wird.

Kurzum, diese anderen Methoden des Managements sind formlos oder schwammig. Es fehlt ihnen an Grundsätzen. Sie sind unbestimmt und unklar. Sie werden tüchtigen Menschen nicht gerecht, Menschen, die wissen wollen, wo sie stehen, die produktiv sein wollen, die nicht illegitime Macht suchen und nicht nach persönlichen Vorteilen haschen. Im Vergleich mit programmiertem Management stellen diese Methoden unwirksame Leitungsmechanismen und schwache Durchführungsmittel dar. Weder stimulieren sie den Willen zur Führung noch setzen sie ihn in tatkräftige Handlung um.

## Wie überwindet man Hindernisse im Führungswillen?

Demgegenüber besitzt das programmierte Management Eigenschaften, die imstande sind, die Wirkung des Führungswillens auf sämtlichen Ebenen zu gewährleisten und die Faktoren zu überwinden, welche seine Entwicklung und Anwendung behindern.

Langjährige Beobachtung hat mich davon überzeugt, dass das, was die meisten Manager davon abhält, einen stärkeren Willen zur Führung zu entwickeln, ihre natürliche Abneigung ist, disziplinarische Maßnahmen gegenüber Untergebenen zu ergreifen oder deren Gefühle zu verletzen. Jedoch zeigt die ganze Geschichte der Organisation in jeder Zivilisation, dass die Produktivität des einzelnen Mitglieds einer Gruppe nur durch persönlichen Einsatz und/oder Disziplin sichergestellt werden kann. Mit anderen Worten: Wenn der Einzelne sein Bestes zum Erreichen der Ziele der Gruppe geben soll, muss er dazu entweder inspiriert oder genötigt werden.

Natürlich zögert ein Manager dann, Leistungen zu verlangen, wenn es irgendwie unfair scheint oder unangenehm berührt, eine bestimmte Forderung zu stellen und sie durch eventuelle disziplinarische Maßnahmen durchzusetzen.

Unter solchen Umständen ist die Versuchung groß, eine unangenehme Geschichte durchgehen zu lassen oder einen Kompromiss einzugehen, nach dem Grundsatz, dass es besser sei, möglichst niemanden zu ärgern. Leider werden selten Probleme gelöst, indem man sie aufschiebt oder Kompromisse schließt, und je länger disziplinarische Maßnahmen hinausgezögert werden, desto stärker gilt es dann, durchzugreifen. Die Kosten der Verzögerung und die Reaktion auf härtere Disziplin werden den Führungswillen noch mehr beeinträchtigen.

1 »Wo ein Wille ist ...«

41

Meiner Ansicht nach kann jede qualifizierte Unternehmensleitung traditionelle Management-Prozesse in ein individuelles System programmierten Managements verwandeln – in ein System, das bei entsprechender Anwendung neue Ideen stimulieren und neue Anforderungen ermöglichen wird, indem es den Führungskräften erleichtert, selbst Entscheidungen zu treffen und von ihren Untergebenen selbstständiges Handeln zu verlangen.

Diese Erkenntnis möchte ich nochmals anders ausdrücken, weil sie so wichtig ist: Jedes Unternehmen und jeder Geschäftsbereich kann sich ein Management-System auf den Leib schneidern, das zur weitestgehenden Hingabe an die Fern- und Nahziele sowie an die Planung auf allen betrieblichen Ebenen inspiriert und den Führungskräften die Abneigung nimmt, die strategischen Planungen und Durchführungen im Einklang mit festgelegten Richtlinien und, wenn notwendig, mit disziplinarischen Maßnahmen durchzusetzen. Ein solches System ist das Rückgrat des Führungswillens und verstärkt seine Durchschlagskraft. Der Wille zur Führung seinerseits wird wiederum das System kräftigen.

Benjamin Disraeli, der große britische Premier, hat einmal gesagt,»Das Geheimnis des Erfolges ist Beständigkeit im Zielbewusstsein«. Programmiertes Management trägt dazu bei, jene»Beständigkeit im Zielbewusstsein« zu entwickeln, indem es die Mitarbeiter inspiriert und notfalls anweist, ein koordiniertes System von Grundsätzen zu befolgen, die auf das Erreichen der Unternehmensziele ausgerichtet sind.

Zwar erleichtert das System dienstliche Anordnungen, aber es vermindert gleichzeitig ihre Notwendigkeit. Fähige Führungskräfte werden deshalb das System hauptsächlich dazu benutzen, ihre Mitarbeiter zu wirkungsvoller Arbeit anzuregen. Je besser das System ist, desto mehr Freiheit bringt es dem Einzelnen. Wer einmal weiß, was, warum, wie erledigt werden soll, dem muss es nicht mehrmals gesagt, anbefohlen oder auf andere Weise beigebracht werden.

Systematisches Management erweckt zunächst den Eindruck, einschränkend zu wirken. In der Praxis ist das Gegenteil der Fall. Das System bringt den Menschen die Freiheit, selbstständig zu arbeiten. Es gestattet ihnen ein höheres Maß an eigenen Entscheidungen und Selbstkontrolle. Mit anderen Worten, es fördert die Selbstständigkeit. Selbstständige Initiative als Leitmotiv für alle Tätigkeiten ist die beste Kraftquelle für ein Management-System. Deshalb arbeiten Menschen unter einem System programmierten Managements mit größerer Begeisterung – und größerem Erfolg.

Ein vernünftig aufgebautes Management-System richtet das Hauptaugenmerk der Führung auf das Erreichen des Ziels, nicht auf Vollkommenheit der Methode, auf das Ergebnis, nicht auf den Weg dorthin, auf Resultate, nicht auf Vorschriften. Eine solche Konzentration der Interessen verleiht dem Unternehmen größere Reaktionsfähigkeit gegenüber seiner Umgebung und seiner Zukunft.

Ich hoffe also, dass das Wort »System« im Management nicht Gedanken an einengende Vorschriften und bürokratische Kontrolle einflößt. Im Gegenteil, ein wirksames Management-System erweckt Dynamik und befreit die Menschen von bedrückender Bürokratie.

Ein gut strukturiertes Management-System ist dauerhaft, erleichtert aber gleichzeitig notwendige Änderungen. Es bildet einen flexiblen Rahmen, innerhalb dessen seine verschiedenen Bestandteile verändert werden können, ohne das Gleichgewicht des Systems als solches zu gefährden. Neue Leitsätze, Pläne und Programme können ohne weiteres eingeführt, verstanden, angepasst und eingesetzt werden.

1  »Wo ein Wille ist …«

Das System arbeitet unverändert weiter, selbst wenn innerhalb der Komponenten erhebliche Veränderungen stattfinden. Die Erkenntnis dieser Tatsache schafft ein Betriebsklima der Aufgeschlossenheit gegenüber Neuerungen. In einer mit System geführten Unternehmung sind die Mitarbeiter bereit, Veränderungen ohne große Umstände zu akzeptieren und sie so schnell wie möglich in die Tat umzusetzen. In einer Zeit schneller technologischer Wandlungen sind interne Flexibilität und Reaktionsfähigkeit dem Management wertvolle Hilfen.

Schließlich ist ein fundiertes Management-System in seiner Struktur und Anwendung unkompliziert. Seine Bestandteile sind herkömmliche Management-Prozesse. Angelpunkt des Systems ist das Verständnis dafür, wie alle diese Prozesse funktionieren und miteinander in Wechselbeziehung stehen. Ein mittels eines Management-Systems geführtes Unternehmen entwickelt einen Rhythmus, der die Wirksamkeit seiner Führung sowohl als Mittel des Wettbewerbs wie auch als Aktivum erhöht.

## Management-Prozesse: Bestandteile des Systems

Um ein grundsätzliches Verständnis der Komponenten sicherzustellen, auf denen ein Management-System aufgebaut ist, wollen wir kurz einen Blick auf die klassischen Management-Prozesse werfen – auf den Weg also, wie Dinge durch Aktionen von Gruppen gehandhabt werden. Nach meiner Erfahrung haben nur wenige Führungskräfte außerhalb der größten und erfolgreichsten Unternehmen einen ausreichenden Begriff von diesen Prozessen und ihrer Bedeutung. Nur überdurchschnittliche Manager wissen, dass jede sinnvolle Handlung des Managements die Anwendung eines oder mehrerer dieser grundlegenden Prozesse voraussetzt.

Die Prozesse sind der gemeinsame Nenner für die Führung jedweder Gruppe. Sogar ein Familienausflug ist schon ein Unternehmen, das Management-Entscheidungen erfordert: Wann und wohin fahren, welche Ausrüstung mitnehmen, ob eine Ausnahme von den normalen Schlafzeiten der Kinder gemacht werden soll, was die Aufgaben jedes Kindes sind und welche Art von Betragen von den Kindern erwartet wird. Ehe der Ausflug vorbei ist, kann fast jeder herkömmliche Management-Prozess eine Rolle gespielt haben. Für das Erreichen von Zielen jeder Gruppe oder Organisation – Familie, Kirche, Schule, Behörde oder Wirtschaftsunternehmen – müssen im Wesentlichen die gleichen Prozesse angewandt werden.

Die Management-Prozesse jedes Unternehmens – von der internationalen Ölgesellschaft bis zur örtlichen Gemischtwarenhandlung – sollten auf ihren wichtigsten gemeinsamen Nenner gebracht werden: den Menschen. Kein Unternehmen, unabhängig von Typ oder Größe, kann seinen Erfolg auf lange Sicht maximieren, wenn sich seine Management-Prozesse nicht mit den Ambitionen und Fähigkeiten, den Stärken und Schwächen, der Gleichgültigkeit und den Ängsten seiner Menschen auseinandersetzen.

Unter den vier »M«, die in der Management-Literatur bereits klassisch geworden sind – »Men, Materials, Money and Management« – liegt der Nachdruck auf »Men«; denn Menschen planen, entscheiden und handeln. Hauptaufgabe des Managements (und besonders auch des Management-Systems) ist, Menschen zu veranlassen, die anfallenden Aufgaben wirkungsvoll und im Interesse des Unternehmens zu erledigen – und zwar gern. Das System muss ihnen die Entscheidung erleichtern, welche Tätigkeiten auszuführen sind und wie diese Tätigkeiten gut auszuführen sind. Schließlich soll das System dem Unternehmen helfen, qualifizierte Leute anzuziehen und zu halten. Im Brennpunkt des Interesses dieses Buches stehen deshalb Menschen – und Menschen stehen im Mittelpunkt der meisten Management-Prozesse, über die ich schreibe.

Vierzehn grundsätzliche und bekannte Management-Prozesse sind die Komponenten, aus denen für jedes Unternehmen ein Management-System gebildet werden kann.

1. *Festlegung des Unternehmensziels:* Entscheidung über die Geschäftsbereiche, in denen das Unternehmen oder seine Sparten tätig werden sollen, und über andere Gegebenheiten, die das Unternehmen leiten und charakterisieren sollen, wie etwa ständiges Wachstum. Ein Unternehmensziel ist gewöhnlich dauerhaft und zeitlos.

2. *Planung der Strategie:* Entwicklung von Konzepten, Ideen und Plänen zur erfolgreichen Erreichung der Ziele und zur siegreichen Begegnung mit der Konkurrenz. Die strategische Planung ist Teil der Gesamtplanung und schließt die Management- und Durchführungsplanung ein.

3. *Die Festsetzung von Nahzielen:* Entscheidung über Erfüllungsziele, die kurzfristiger und nicht so umfassend wie das Unternehmungsziel sind, jedoch als spezifische Unterziele dem Planen für die Durchführung strategischer Entscheidungen dienen.

4. *Entwicklung eines Firmenleitbildes:* Festlegung von Prinzipien, Wertvorstellungen, Haltungen und ungeschriebenen Richtlinien, die insgesamt umreißen, »wie es bei uns gemacht wird«.

5. *Aufstellung der Firmenpolitik:* Beschlussfassung über die Grundsätze, die das Verrichten aller wesentlichen Tätigkeiten zur Ausführung der Strategie im Einklang mit dem Leitbild des Unternehmens bestimmen sollen.

6. *Planung der Organisationsstruktur:* Entwicklung eines Organisationsplanes – das Hilfsmittel, welches es den Menschen ermöglicht, beim Verrichten ihrer Aufgaben in Übereinstimmung mit Firmenstrategie, -leitbild und -grundsätzen zusammenzuarbeiten.

7. *Personalbeschaffung:* Erfassung, Auswahl und Ausbildung von Mitarbeitern – einschließlich eines ausreichenden Anteils hochqualifizierter Talente – um die Stellen im Organisationsplan zu besetzen.

8. *Festlegung von Vorschriften:* Beschlussfassung darüber, wie alle wichtigen und wiederkehrenden Handlungen ausgeführt werden sollen.

9. *Beschaffung von Betriebsanlagen:* Beschaffung von Anlagen, Ausrüstung und anderen physischen Mitteln, die zum Ausüben der Unternehmenstätigkeit erforderlich sind.

10. *Beschaffung von Kapital:* Sicherstellung, dass dem Unternehmen für die Beschaffung der physischen Mittel und als Betriebskapital genügend Geld und Kredite verfügbar sind.

11. *Festlegung von Maßstäben:* Aufstellen von Leistungsmaßstäben, die es dem Unternehmen ermöglichen, seine langfristigen Ziele zu erreichen.

12. *Erstellung von Management-Programmen und Durchführungsplänen:* Entwicklung von Programmen und Plänen zur Steuerung von Tätigkeiten und dem Einsatz der betrieblichen Mittel. Wenn Programme und Pläne in Einklang mit der Strategie, der Firmenpolitik, den Verfahrensweisen und Maßstäben stehen, versetzen sie die Mitglieder der Organisation in die Lage, festgelegte Ziele zu erreichen. Dies sind Abschnitte im Rahmen der Gesamtplanung, die auch strategische Planung einschließt.

13. *Bereitstellung von Leitungsinformationen:* Beschaffung von Informationen und Zahlen, um den Mitarbeitern

das Befolgen von Strategien, Firmenpolitik, Verfahrensweisen und Programmen zu ermöglichen, sie bezüglich der innerhalb und außerhalb des Unternehmens arbeitenden Kräfte wachsam zu halten und um ihre eigene Leistung anhand von feststehenden Plänen und Maßstäben zu messen.

14. *Aktivierung der Mitarbeiter:* Erlassen von Anordnungen und Sicherstellung der für ihre Ausführung nötigen Motivation, sodass Mitarbeiter auf allen Ebenen in Übereinstimmung mit Leitbild, Grundsätzen, Verfahrensweisen und Leistungsmaßstäben zur Erfüllung der Ziele des Unternehmens arbeiten.

Der Einbau dieser vierzehn Komponenten in ein maßgeschneidertes Management-System ist Aufgabe jedes Unternehmensführers und jedes Managers in einer Schlüsselstellung. Dieses System zu stützen, zu befolgen und durchzusetzen, ist wesentlicher Bestandteil der Arbeit jeder Führungskraft – gleichviel auf welcher Leitungsebene.

Der Wert sorgfältiger Beachtung von Grundsätzen hat sich in vielen Fällen gezeigt, in denen der Erfolg die wirksame Zusammenarbeit von Gruppen erfordert. Ein Beispiel ist die Football-Meisterschaft von 1964. Die Baltimore Colts gingen als starke Favoriten gegenüber den Cleveland Browns ins Spiel, aber die Browns gewannen schließlich mit 27:0. Auf die Frage, wie das wohl möglich war, antwortete Trainer Blanton Collier vor Journalisten: »Wir haben noch einmal von vorn angefangen.« Die beiden Wochen vor dem Endspiel, erklärte er, wurden damit zugebracht, den Profis einfachste Football-Regeln beizubringen, obwohl sie gerade eine Saison mit 14 Spielgewinnen hinter sich hatten. Auch im Geschäftsleben legen die »Champions« sehr viel Wert auf Grundsätzliches.

Grundsätze machen sich offensichtlich nur bezahlt, wenn sie auch tatsächlich angewandt werden. Die Cleveland Browns hätten das Spiel nicht gewonnen, wenn sie nicht die Grundsätze, an denen sie sich in zweiwöchigem Training vervollkommnet hatten, dann während des Spiels überlegen angewandt hätten. Die Wichtigkeit der richtigen Anwendung von Grundsätzen bei der Führung eines Unternehmens ist auch einmal in einer Rede von Frederic G. Donner, Vorsitzender der General Motors Corp., zum Ausdruck gekommen. Mr. Donner sagte in einem Vortrag kurz nach Bekanntgabe des Jahresgewinns von General Motors im Jahre 1965 in Höhe von 2 Milliarden Dollar bei einem Umsatz von 20,7 Milliarden Dollar:

Prinzipien, Firmenpolitik und Methoden sind nur dann wirksam, wenn das Management eines Unternehmens sie versteht und in sinnvoller Weise in Beziehung zu den täglichen Aufgaben des Unternehmens setzt. Die Anwendung ist der Angelpunkt, das Ergebnis, der endgültige Beweis. Im Falle von General Motors glaube ich, dass die Ergebnisse diese Art der Wirtschaftsführung rechtfertigen.[4]

Mir liegt daran zu zeigen, dass systematisches Management entscheidend dazu beiträgt, jene Art der Anwendung von Grundsätzen zu erreichen, die Mr. Donner beschreibt und als Angelpunkt bezeichnet.

## Erfolge messen

Da ein Management-System hauptsächlich bezweckt, den leitenden Angestellten zu helfen, ihr Unternehmen mit größerem Erfolg zu führen, müssen wir uns darüber klar werden, was mit Erfolg gemeint ist. Ich glaube, dass wirt-

---

[4] Frederic G. Donner, »The Development of an Overseas Operating Policy«, McKinsey Foundation Lectures, Columbia University, 28. April 1966.

schaftlicher Erfolg am besten an drei Kriterien gemessen werden kann:

1. *Umsatzsteigerung und Marktanteil:* Steigt der wertmäßige Umsatz alljährlich? Vergrößert das Unternehmen den Marktanteil seiner Produkte und Dienstleistungen? Dies sind die Kriterien der Wettbewerbsposition.
2. *Langfristige Rendite des investierten Kapitals:* Unter den verschiedenen Maßstäben für Rentabilität scheint diese am besten die Interessen der Aktionäre, der Arbeitnehmer und der Volkswirtschaft wiederzugeben.
3. *Kontinuität wirksamen Managements:* Kein Unternehmen kann wirklich erfolgreich sein, wenn es nicht über Führungskräfte verfügt, die das Unternehmen »in alle Ewigkeit« erfolgreich weiterführen können.

Es gibt noch andere Kriterien wirtschaftlichen Erfolges: Erfolg der Produkte, Verhalten der Arbeitnehmer, öffentliches Ansehen, Sozialverantwortung. Meine Beobachtung erfolgreicher Unternehmen hat mich jedoch davon überzeugt, dass jedes Unternehmen mit wachsendem Umsatz und Marktanteil, steigender langfristiger Rendite und Kontinuität wirkungsvollen Managements jene anderen Erfolgskriterien ebenfalls automatisch erfüllen muss.

Ein erfolgreiches Unternehmen muss flexibel sein. Die Unternehmensführung soll ihr Verhalten ständig ihrer Umgebung anpassen, modernste Herstellungsmethoden anwenden, Kosten niedrig halten, die Vorteile neuester Management-Techniken nutzen et cetera. Programmiertes Management kann die leitenden Mitarbeiter in die Lage versetzen, die Notwendigkeit von Änderungen zu erkennen und erforderliche Anpassung an neue Umstände vorzunehmen. Es erleichtert die Übernahme von Verbesserungen der Management-Techniken. Neue Methoden können mit Leichtigkeit in das System eingefügt werden. Durch seinen integrierten Charakter gewährleistet das System selbst, dass neue Techniken in einer ausgewogenen Weise angewendet werden, ohne die häufige Übertreibung der Betonung des Neuen.

Der dramatische Umschwung des Ergebnisses bei Eastern Airlines zwischen 1963 und 1965 legt von der Macht der Flexibilität systematisierten Managements in den Händen einer fähigen Führung beredtes Zeugnis ab. 1963, nach vielen Jahren andauernder Rückläufigkeit, wies Eastern Airlines ein Defizit von 37,8 Millionen Dollar aus. Zwei Jahre später war das Unternehmen nicht nur aus den roten Zahlen heraus, sondern erzielte einen Nettogewinn von 29,7 Millionen Dollar. Dieses bemerkenswerte Ergebnis wurde in einer Industrie erwirtschaftet, die durch außerordentlich schnellen Zuwachs an technologischen Neuerungen gekennzeichnet ist und zu ihrer Bewältigung modernste Management-Techniken erfordert. Unter der Führung seines neuen Generaldirektors, Floyd Hall, fand das neue, fähige und aggressive Management-Team von Eastern Airlines zum Erfolg zurück, indem es bekannte Grundsätze des Managements in einem dynamischen und ausgewogenen System vereinte. Offensichtlich verlieh Halls Wille zur Führung dem neuen Programm Rückgrat, Sinn und Antrieb. Das Ergebnis aber, wie er öffentlich sagte, wurde durch nichts Magischeres als die Anwendung herkömmlicher Management-Methoden erreicht. Er drehte sogar einen Film, um die Wichtigkeit und den Wert der konsequenten und guten Erfüllung einfacher Aufgaben zu demonstrieren.

Programmiertes Management ist also eine Methode, die den Erfolg unter sich ändernden Bedingungen anstrebt. Sie ist nicht starr und unbeweglich. Wie jede andere Methode des Managements ist sie nur so gut wie die Menschen, die sich ihrer bedienen. Systematische Unternehmensführung ermutigt aber die Menschen auf allen Fähigkeitsstufen, ihre besten Kräfte mit Initiative, Ideenreichtum und Schaffensfreude zu verbinden.

Wesen und Vorteile des programmierten Managements werden deutlicher, wenn wir seine Bestandteile näher untersuchen. Dabei wollen wir mit dem Leitbild des Unternehmens beginnen, weil dies alles Übrige beeinflusst.

# 2   Das Leitbild des Unternehmens: »So wird es bei uns gemacht«

In meinem Büro hängt ein abstraktes Bild, das ich einmal in London an einer Mauer von Picadilly erstanden habe. Auf diesem Markt verkaufen Künstler ihre Werke an Wochenenden unter freiem Himmel. Gemessen am Preis von 43 Dollar ist es sicherlich kein großes Kunstwerk. Aber es zeigt eine sehr ansprechende Darstellung von Kreisen, Dreiecken und anderen abstrakten Figuren in kräftigen Farben. Als Mr. Eves, der Künstler, mir als Titel »Kräfte am Werk« nannte, kaufte ich es sofort.

Mit seinem kleinen Metallschild, das den Titel des Bildes und den Namen des Künstlers trägt, erinnert mich das Gemälde ständig daran, dass jede erfolgreiche Organisation ihre Aufmerksamkeit ständig der Notwendigkeit zuwenden sollte, sich den auf sie einwirkenden Kräften anzupassen – das heißt, dem »Kräfte-am-Werk«-Element ihres Leitbildes. Aber bevor wir dies erörtern, wollen wir allgemein den Begriff des Leitbildes einer Unternehmung als Komponente des Management-Systems untersuchen und andere wesentliche Bestandteile einer erfolgreichen »Unternehmensphilosophie« herausstellen.

## Bedeutung und Bestandteile des Leitbildes des Unternehmens

Im Laufe der Jahre habe ich festgestellt, dass manche Manager – besonders die Spitzenkräfte der erfolgreichsten Unternehmen – oft von ihrer »philosophy« (Leitbild) reden. Sie sprechen zum Beispiel von etwas, das ihr »Leitbild verlangt«, oder von einem Vorgang im Unternehmen, der »nicht im Einklang mit unserem Leitbild steht«. Sie unterstellen dabei, dass jedermann weiß, was mit »unserem Leitbild« gemeint ist und woraus es besteht.

Aus der weitverbreiteten Verwendung dieses Ausdrucks möchte man schließen, dass er die grundsätzlichen Leitsätze umfasst, nach denen sich die Menschen in einem Unternehmen richten sollen – formlose, ungeschriebene Richtlinien, wie die Mitarbeiter sich verhalten, wie sie handeln sollen. Nimmt ein solches Leitbild erst einmal Gestalt an, so hat es starke Auswirkungen. »Wenn ein Mitarbeiter zum anderen sagt: »so geht das bei uns nicht«, sollte der so angesprochene diesen Rat unbedingt beherzigen. Wenn gar ein Vorgesetzter das Gleiche dem Untergebenen sagt, tut dieser gut daran, es als Dienstanweisung aufzufassen.

Dieser von vielen Unternehmen verwendete Ausdruck »Philosophie« wird in diesem Zusammenhang in der Literatur nicht besonders ausführlich behandelt. Die folgende Definition aus einem Nachschlagewerk trifft allerdings genau zu: »Allgemeine Gesetze zur rationalen Erklärung jedes Vorgangs«. In diesem Sinne entsteht die »Philosophie« oder das Leitbild eines Unternehmens aus einer Reihe von Gesetzen und Richtlinien, die sich empirisch – oder durch bewusste Führung – als Muster für erwartete Verhaltensweisen allmählich herausschälen.

In einer Betrachtung über das Leitbild der International Business Machines Corporation meinte Generaldirektor Thomas J. Watson, jr. zum Beispiel:

Ich bin fest davon überzeugt, dass jede Organisation zum Überleben und zum Erfolg einer Reihe vernünftiger Leitsätze bedarf, auf denen alle Entscheidungen und Handlungen aufbauen.

Ferner bin ich davon überzeugt, dass der wichtigste Faktor für den unternehmerischen Erfolg die gewissenhafte Befolgung dieser Leitsätze ist ...

Mit anderen Worten: Leitbild, Geist und Antrieb einer Organisation sind für deren Erfolg wichtiger als technologische und wirtschaftliche Mittel, Organisationsstruktur, technische Neuerung und Wahl des richtigen Zeitpunkts. Alle diese Faktoren bestimmen den Erfolg wesentlich. Ich bin aber davon überzeugt, dass sie in ihrer Wirkung noch übertroffen werden durch die Intensität, mit der die Menschen einer Organisation an deren Grundregeln glauben und sie loyal befolgen.[5]

Einige typische Beispiele solcher Leitsätze als Richtlinien für alles Handeln sollen diesen Begriff erläutern. Wenn sich auch die Leitsätze von Unternehmen zu Unternehmen unterscheiden, so kann man doch fünf herausgreifen, die nach meiner Meinung den erfolgreichsten Unternehmen gemeinsam sind:

1. Hohe ethische Maßstäbe für die äußeren und inneren Beziehungen des Unternehmens sind Voraussetzung für den maximalen Erfolg.

2. Entscheidungen müssen auf objektiv untersuchten Tatsachen beruhen. Damit meine ich einen Entscheidungsprozess, der von Tatsachen ausgeht und genau durchdacht ist.

3. Das Unternehmen muss ständig den Kräften seiner Umgebung angepasst werden.

4. Die Mitarbeiter müssen aufgrund ihrer Leistung, nicht aufgrund ihrer Staatsangehörigkeit, Persönlichkeit,

---

5   Thomas J. Watson, jr., *A Business and Its Beliefs,* McGraw-Hill Book Company, New York, 1963, S. 5–6.

Ausbildung, oder persönlichen Eigenschaften beurteilt werden.

5. Das Unternehmen muss mit einem Gefühl für die Dringlichkeit der wettbewerblichen Erfordernisse geführt werden. Zusammen mit anderen Leitsätzen ergänzen diese fünf allgemein gültigen Regeln die mehr formalen Management-Prozesse. Eine kurze Erörterung jeder einzelnen Maxime soll beweisen, wie nützlich und bedeutungsvoll das Leitbild einer Unternehmung sein kann, wenn hieraus wirksame Richtlinien entwickelt werden, die klarstellen,»wie es bei uns gemacht wird«.

## Hohe ethische Maßstäbe

Wenn ich den Wert hoher ethischer Maßstäbe im Unternehmen hervorhebe, will ich keine offenen Türen einrennen, sondern einige feine Nuancen herausstellen, die gelegentlich selbst Führungskräften mit ausgeprägten Prinzipien entgehen.

Der ganze Zweck eines Management-Systems ist es, Mitarbeiter zu inspirieren und anzuhalten, die Strategie eines Unternehmens unter Befolgung der Leitsätze, Verfahren und Programme auszuführen. Gerade deshalb darf kein Manager die zahlreichen, quasi eingebauten Leitmotive übersehen, die jeder von Haus aus gut erzogene Mitarbeiter hat. Da zum Beispiel jeder nach ethischen und moralischen Grundsätzen erzogene Mitarbeiter instinktiv im Einklang mit diesen Leitsätzen handelt, wäre ein Management kurzsichtig, den großen praktischen Wert dieser dominanten Verhaltensweisen zu übersehen.

Ein Unternehmen mit hohen ethischen Maßstäben hat gegenüber einem Konkurrenten mit niedrigen Wertvorstellungen drei entscheidende Vorteile:

- Das Unternehmen mit hohen Grundsätzen erzeugt größere Antriebskraft und Leistung, weil die Mitarbeiter wissen, dass sie die rechte Entscheidung entschlossen und vertrauensvoll treffen können. Wenn über eine notwendige Entscheidung Zweifel bestehen, können sie sich auf die richtungsweisenden ethischen Prinzipien verlassen. Ich denke dabei an drei in ihren jeweiligen Industriezweigen führende Unternehmen, deren innere Triebkräfte weitgehend auf der Tatsache beruhen, dass der Mitarbeiter vertrauensvoll in jeder Situation unverzüglich das Richtige tun kann. Ebenso weiß er aber auch, dass jede Handlung, die auch nur geringfügig von diesen Prinzipien abweicht, allgemein verurteilt werden würde.

- Das Unternehmen mit hohen Grundsätzen zieht wertvolle Menschen an. Hieraus ergibt sich ein wesentlicher Vorsprung im Wettbewerb. Ein fähiger Mann bevorzugt das Unternehmen mit Grundsätzen, weil er lieber mit Menschen zu tun hat, denen er vertrauen kann. Arbeitgeber mit fragwürdigen Geschäftsgebaren lehnt er ab. Er wird sich bei der Stellungssuche oder beim Wechsel die Mühe machen, dies herauszufinden. Deshalb müssen Unternehmen ohne hohe ethische Maßstäbe mehr bezahlen, um fähige Mitarbeiter zu gewinnen und zu halten. So müssen tatsächlich einige große Unternehmen mit höheren Gehaltsangeboten nach fähigen Leuten suchen, weil einfach die niedrigen Maßstäbe in den zwischenmenschlichen Beziehungen eine »Dschungel-Atmosphäre« mit wenig angenehmem Betriebsklima schaffen.

- Das Unternehmen mit hohen Grundsätzen verfügt über bessere und gewinnbringendere Beziehungen zu Kunden, Konkurrenten und zur Öffentlichkeit, weil man sich darauf verlassen kann, dass es stets rechtmäßig handeln wird. Durch seine moralisch immer einwandfreien

Handlungen schafft es sich in der Öffentlichkeit einen entsprechend guten Ruf, Bei der Wahl zwischen verschiedenen Lieferanten werden sich die Kunden im Zweifelsfalle für eine solche Gesellschaft entscheiden. Die Konkurrenten haben keine Möglichkeit zu ungünstigen Aussagen. Die Öffentlichkeit wird ihrem Tun, ihrer Werbung und anderen Äußerungen aufgeschlossen gegenüberstehen.

Nehmen wir das Beispiel der Kosmetikfirma Avon Products, Inc. Seit 1954 ist der Reingewinn von Avon alljährlich im Durchschnitt um mehr als 19 Prozent gestiegen. 1963 betrug die Rendite 34 Prozent. Nach einem *Fortune*-Artikel vom Dezember 1964 wollte sich David H. McConnel, der Gründer von Avon, unbedingt von der Schar ambulanter Händler unterscheiden, die damals den Hausfrauen minderwertige Erzeugnisse verkauften, um dann auf Nimmerwiedersehen zu verschwinden. Nach den gleichen Grundsätzen setzte der Sohn des Gründers die Arbeit seines Vaters fort. Unter Zitierung von Kommentaren von Konkurrenten und Lieferanten zu den hohen ethischen Maßstäben des Unternehmens wird in dem Artikel erwähnt, dass Avons gegenwärtiger Chairman John A. Ewald und President Wayne Hicklin sowie ein inzwischen verstorbenes Mitglied der obersten Geschäftsleitung »alles getan haben, um sicherzustellen, dass die hohen ethischen Maßstäbe von McConnel auch während des Wachstums der Organisation verbreitet und befolgt würden.«
Eigentlich sollte kein Anlass bestehen, diese allgemein anerkannten Werte herauszustreichen. Aber allzu oft werden sie nach meiner Beobachtung als selbstverständlich vorausgesetzt. Ich erwähne sie, um damit Führungskräfte dringend aufzufordern, nach Wegen zu suchen, die solche Grundsätze zu einem deutlich *erkennbaren* Element des Firmenleitbildes machen. Niemand protzt gerne mit seiner

Ehrlichkeit und Vertrauenswürdigkeit; die Führungskräfte eines Unternehmens sollten jedoch getrost ihre Entschlossenheit bekunden, innerhalb ihrer Organisation auf der Beachtung hoher ethischer Maßstäbe zu bestehen. Das ist das beste Fundament für ein gewinnbringendes Firmenleitbild und für ein erfolgreiches Management-System.

## Tatsachen als Grundlage für den Entscheidungsprozess

Meine amerikanischen Leser werden sich einer Fernseh-Serie namens »Dragnet« erinnern, die seinerzeit sehr geschätzt wurde. Friday, ein Polizeidetektiv von Los Angeles, war der Held, der jedes Geheimnis entschleierte.

Jeder Fall erforderte den Besuch von Friday und seinen Mitarbeitern bei einer Reihe von Zeugen. Öffnete dann eine Frau die Tür, war sie häufig erschrocken, wenn sie ihre Ausweise zeigten. Friday versicherte ihr dann stets: »Ma'am, wir interessieren uns doch nur für die Tatsachen.«

Wer Entscheidungen zu treffen hat, muss die Tatsachen kennen. So selbstverständlich dies klingen mag, die Bedeutung der auf Tatsachen beruhenden Entscheidung als ein Element des Leitbildes eines Unternehmens kann nicht genug betont werden.

Bis zu einem gewissen Grad geht natürlich jedes Unternehmen bei Entscheidungen von Tatsachen aus. Andernfalls würde es prompt versagen. Wie bei vielen anderen Konzepten für gutes Management hängt aber der Wert einer auf Tatsachen beruhenden Problemlösung vom Grad und der Wirksamkeit ihrer Anwendung ab. Ein Gradmesser hierfür sind die häufigen Diskussionen zwischen Mitarbeitern über die Frage *wer* Recht hat und nicht *was* richtig ist.

Nach meinen langjährigen Erfahrungen in zahllosen Unternehmen nutzen nur die erfolgreichsten unter ihnen Fakten wirklich richtig, um strategische Pläne zu entwickeln und Entscheidungen zu fällen. Zu viele leitende Angestellte gehen mit vorgefassten Meinungen an Probleme heran und verkörpern die Klischee-Vorstellung »mein Entschluss ist gefasst, nun kommen Sie mir nicht noch mit Tatsachen«. Zu viele, auch erfolgreiche, Führungskräfte überbewerten ihre eigenen Meinungen und Urteile, sodass sie Tatsachen ignorieren oder unterschätzen. Einige wimmeln ihre Untergebenen sogar ab, wenn diese ihre Aufmerksamkeit auf Tatsachen lenken, die eine ihren Vorstellungen zuwiderlaufende Handlung erforderlich machen würde.

In einem Unternehmen, das in seiner Branche umsatzmäßig an der Spitze steht, führte die Unterdrückung von Tatsachen als Richtschnur des Handelns zur allmählichen Verschlechterung der Gewinnsituation. Wegen der vorgefassten Meinung der Unternehmensleitung über das ehrwürdige Vertriebssystem der Gesellschaft wurde blindes Vertrauen auf dieses System ein Eckpfeiler des Leitbildes. Man konzentrierte sich auf Umsatzsteigerung und vernachlässigte die Tatsachen bezüglich der Leistung einzelner Produkte und der Meinung der Verbraucher. Die Unternehmensleitung ließ jedem Vertreter freie Hand, solange er in seinem Gebiet den Marktanteil behielt.

Schließlich aber gingen die Gewinne vor einigen Jahren so stark zurück, dass ein neuer Generaldirektor bestellt wurde. Er diagnostizierte als Hauptproblem eine »verkehrte Geisteshaltung« unter den leitenden Angestellten. Seine Lösung bestand darin, alle Pläne und Entscheidungen künftig auf offenherzige Diskussion der Tatsachen zu gründen. Dieses Verfahren brachte wesentliche Änderungen der Erzeugnisse und Vertriebskanäle wie auch einen gewissen

Umsatzrückgang mit sich, führte aber eine beträchtliche Verbesserung der Gewinnlage herbei. Langfristig jedoch dürfte der Marktanteil dieser Gesellschaft fast zwangsläufig wieder ansteigen, weil Produkte und Kundendienst jetzt leistungsfähiger sind. Fast alle diese Veränderungen wurden möglich, weil die Angehörigen des Managements auf allen betrieblichen Ebenen jetzt gewohnheitsmäßig faktische Informationen erhalten, sie objektiv beurteilen und entsprechend handeln.

Das Beispiel der General Motors Corp. als der Welt größtes und erfolgreichstes Privatunternehmen unterstreicht diese Feststellung. Am 30. Dezember 1949 brachte *U. S. News and World Report* ein Exklusiv-Interview mit Charles E. Wilson, der damals Generaldirektor von General Motors war und später Verteidigungsminister der USA wurde. In diesem Interview, das wegen eines »weitverbreiteten Interesses an der Führung von Großunternehmen« veranstaltet wurde, nahm Mr. Wilson zur Bedeutung einer auf Tatsachen beruhenden Ausrichtung der Entscheidungen wie folgt Stellung:

Da vernünftige Menschen im Angesicht von Tatsachen relativ leicht zur Übereinstimmung oder zu der richtigen Entscheidung gelangen, beginnen wir bei uns mit der Sammlung von Tatsachen zu jedem anstehenden Problem. Wir sind bemüht, uns nicht vorschnell zu entscheiden. So werten wir die Fakten aus, und jeder, der etwas dazu zu sagen hat, hat seine Chance. Natürlich warten wir nicht zu lange. Wenn ein Haus brennt, muss man sofort löschen – in anderen Fällen nehmen wir uns aber ein wenig Zeit.

Sechs Jahre später, im Jahre 1955, rief ein Unterausschuss des Senats Mr. Harlow Curtice, damals Generaldirektor von General Motors, bei einer Untersuchung der Praktiken des Automobilhandels als Zeugen auf. Während seiner Aussage führte Mr. Curtice vier Gründe für den

Erfolg seines Unternehmens an. Einer davon war das an Tatsachen orientierte Vorgehen, worüber er Folgendes sagte:

Der zweite wesentliche Grund für den Erfolg von General Motors ist unsere Einstellung gegenüber Problemen. Diese ist eigentlich eine Art Geisteshaltung. Man könnte sie so definieren, dass wir alle Phasen im Geschehen unseres Unternehmens aus dem Blickwinkel des Forschers betrachten. Dazu ist erstens die Sammlung aller Tatsachen erforderlich, zweitens die Analyse, in welche Richtung die Tatsachen zeigen, und drittens der Mut, aufgezeigten Spuren zu folgen, selbst wenn diese in unbekannte und unerforschte Bereiche führen. Wer eine solche Einstellung hat, ist nie mit dem augenblicklichen Zustand zufrieden. Aus diesem Blickwinkel kann alles und jedes – Erzeugnis, Herstellung, System, Verfahren und Betriebsklima – verbessert werden.

Diese Geisteshaltung lässt sich wahrscheinlich am besten als kritisch-fragend bezeichnen.

Es mag überheblich klingen, aber ich glaube wirklich, dass wir diesen forschenden Geist bei General Motors zu einem einmaligen Niveau entwickelt haben. Wir sind immer auf der Suche nach Wegen, wie man alles besser und besser machen kann.

Neun Jahre nach dieser Zeugenaussage von Mr. Curtice verdeutlichte das Buch von Mr. Sloan über General Motors, dass auch er bei der Entwicklung des Leitbildes dieses großartigen Unternehmens die Bedeutung der Tatsachen für den Entscheidungsprozess betont hat:

Wesentlicher Teil des Leitbildes unseres Managements ist die auf Tatsachen gegründete Beurteilung des Geschäftes. Die letzte Stufe bei einer unternehmerischen Entscheidung ist natürlich Intuition. Vielleicht gibt es systematische Wege, die Logik der Unternehmensstrategie oder des Entscheidungsprozesses zu verbessern. Die wirkliche Arbeit hinter jeder unternehmerischen Entscheidung besteht aber im Aufsuchen und Erkennen der Tatsachen und Umstände bezüglich der Technologie, Märkte und dergleichen in ihren sich ständig ändernden Formen ... In unserer Gesellschaft herrscht eine Atmosphäre von Objektivität und Freude am Unternehmen. *Eine der großen Stärken unseres Unternehmens ist seine objektive Organisationsform. Damit unterscheidet es sich von jener Form, die sich in der Subjektivität einzelner Persönlichkeiten verliert.*

Für die Gesundheit jeder Organisation ist es von größter Bedeutung, dass sie sich ständig über die Subjektivität erhebt.[6]

Jede dieser drei öffentlichen Stellungnahmen der drei Generaldirektoren von General Motors während eines Zeitraumes von 15 Jahren unterstreicht die Bedeutung der auf Tatsachen beruhenden Problemlösung für den Erfolg dieses Unternehmens. Und ich kann bezeugen, dass in seinem alltäglichen Entscheidungsprozess die Tatsachen genauso realistisch und genauso wirksam berücksichtigt werden, wie es diese drei Generaldirektoren beschrieben haben.

Über den auf Tatsachen gegründeten Entscheidungsprozess kann und soll man zwar reden, man kann ihn aber nicht gesetzlich vorschreiben. Fakten zu sammeln, zu analysieren und ihrer Logik zu folgen ist der einzige Weg, eine solche tatsachenorientierte Methode einzuführen. Im Idealfall beginnt der Aufbau dieses Verfahrens an der Spitze. Je höher die Leitungsebene, desto durchgreifender wird ihr Beispiel wirken. Aber auch jeder Abteilungsleiter oder Leiter einer Unterabteilung kann die tatsachenorientierte Methode in seinem Bereich anwenden. Wenn er auf Tatsachen besteht und den Tatsachen entsprechend handelt, werden die

---

[6] Alfred P. Sloan, jr., *My Years with General Motors,* Doubleday & Company, Inc., New York, 1964, S. xiiii – xxiv.

Untergebenen seinem Beispiel folgen. Ihre Moral und auch ihre Leistung werden sich verbessern.

Beim Einführen und Anwenden einer solchen Methode muss jeder Manager sich vergegenwärtigen, wie leicht man dem Fließen der Tatsachen einen Riegel vorschieben kann. Er braucht nur merken zu lassen, dass er nicht aufnahmewillig, dass seine eigene Erfahrung unantastbar ist, oder dass er Urteile lieber ohne Kenntnis der Tatsachen fällt. Je nachdem, wie nachdrücklich er das tatsachenorientierte Vorgehen abgelehnt hat, wird der Zufluss faktischer Informationen von seinen Untergebenen dünner werden oder gar versiegen. Natürlich wird man ihm nicht sagen, dass man Tatsachen unterschlägt. Stattdessen wird man einfach die Ansichten des Chefs wiederholen und seiner eigenen Meinung den Anschein des Objektiven geben. Das verführt den Chef zu der Ansicht, dass er faktisch begründete Entscheidungen trifft.

In Großunternehmen müssen die leitenden Angestellten die Vorrangstellung der Tatsachen dauernd betonen und unterstützen. Denn je zahlreicher die Stationen des Dienstweges sind, auf dem die Tatsachen schließlich zu dem entscheidenden Mitarbeiter gelangen, desto größer die Gefahr, dass sie unterdrückt, verwässert oder »entschärft« werden, damit sie dem »hohen Chef« nicht missfallen. Deshalb muss die Unternehmensleitung ausdrücklich nach Tatsachen verlangen, will sie nicht riskieren, außerhalb der Ereignisse zu stehen. Wenn Spitzenkräfte keine sichtbaren Anstrengungen machen, Tatsachen zu suchen, ihnen auf den Grund zu gehen und tatsachenorientiert zu handeln, werden wesentliche Probleme der Unternehmensleitung vorenthalten bleiben. Die Qualität ihrer Entscheidungen wird sinken, das Unternehmen wird allmählich den Kontakt zur Umwelt verlieren.

Ich kenne eine große Gesellschaft, die von einem außerordentlich dominierenden Generaldirektor geleitet wird. Sein

Glaube an seine eigene Urteilskraft ist so ausgeprägt, dass die Mitarbeiter auf allen Leitungsebenen nur überlegen, was »er« tun würde und welche Entscheidungen er wahrscheinlich treffen wird. Da unwillkommene Tatsachen ihn oft nicht erreichen, begeht er kostspielige Fehler. Seine Entscheidungen könnten ohne weiteres besser sein, würde er die Informationskanäle offen halten und dadurch das Fließen der Tatsachen zu ihm hinauf gewährleisten.

Aber kein Strom ist leicht zum Aufwärtsfließen zu bringen. Gerade in einem großen Unternehmen kann sich der Chef leicht von harten äußeren und inneren Gegebenheiten abriegeln und seine Entscheidungen in angenehmer Abgeschlossenheit treffen, während das Unternehmen auf gefährliche Klippen zusteuert. Die gleiche Möglichkeit der Isolierung von der Wirklichkeit besteht, wenn auch in etwas kleinerem Ausmaß, auf niedrigeren Ebenen der betrieblichen Hierarchie.

Deshalb erfordert die Einführung und Aufrechterhaltung des tatsachenorientierten Vorgehens ständiges Hegen und Pflegen. Soll die Methode eine wirksame Kraft innerhalb des erfolgreichen Managements sein, gilt es sie auch richtig anzuwenden. Mangelnde Anwendung oder gar Missbrauch führen schnell zu ihrer Verkümmerung.

Wenn diese Methode jedoch voll entwickelt und auf allen betrieblichen Ebenen aktiv eingesetzt wird, ist sie ein machtvolles Instrument des Managements. Dies sind einige ihrer Vorteile:

• *Bessere Entscheidungen.* Werden Tatsachen übersehen, ignoriert oder unterschätzt, bestätigen sie sich oft selbst in einer unerbittlichen Weise. Eine gute Entscheidung kann nur getroffen werden, wenn sich der Entscheidende – wie gut auch immer seine Urteilskraft sein mag – um die Tatsachen bemüht. Eine sachliche Atmosphäre regt zum besseren Denken und zur besseren Vorbereitung von Entscheidungen an, weil sie den Geist offen und wachsam erhält.

- *Größere Flexibilität.* Ist die tatsachenorientierte Methode eingeführt, ändern sich Pläne und Entscheidungen mit den Tatsachen. Neue Tatsachen gestatten dem Manager, eine frühere Entscheidung zu korrigieren; bei beiden Entscheidungen hat er konsequent gehandelt, indem er sich einfach durch Tatsachen leiten ließ. In solcher Atmosphäre passt man sich ständig der Wirklichkeit neu an, und dies ist gewiss eine wesentliche Voraussetzung für erfolgreiches Management.

Mit zunehmendem Tempo technologischer Wandlungen wird die tatsachenorientierte Methode ein noch wesentlicherer Bestandteil des erfolgreichen Managements werden. Sich auf den Wechsel einzustellen ist lediglich ein Anpassen an neue Bedingungen, das heißt an neue Tatsachen. Wie Mr. Curtice sagte, muss ein Unternehmer den Mut haben, den aufgezeigten Weg selbst dann zu beschreiten, wenn er auf wenig vertrautes und unerforschtes Gebiet führt.

- *Höhere Arbeitsmoral.* Ganz allgemein Tatsachen zu respektieren und sie objektiv auszuwerten trägt unausweichlich die Barrieren zwischen den Entscheidungsebenen ab. Wenn jeder fühlt, dass »wir alle in einem Boot sitzen, dass wir die Fakten finden und ihnen begegnen müssen und das tun wollen, was die Tatsachen erfordern«, wird das Fließen von tatsächlichen Informationen nach oben angeregt und Untergebene werden ermutigt, ihre Meinung zu äußern. In einem Unternehmen, in dem die tatsachenorientierte Methode kompromisslos angewendet wird, entwickelt sich schnell ein

Corpsgeist. Wenn jedermann darauf bedacht ist, herauszufinden, »was richtig ist« und nicht, »wer Recht hat«, ersetzt die Diskussion Streitereien und persönliche Meinungsverschiedenheiten. Persönliche Kontroversen werden auf ein Mindestmaß beschränkt.

## Kräfte am Werk

Bestandteil eines erfolgreichen Firmenleitbildes ist ein Feingefühl für die äußeren das Geschäft beeinflussenden Kräfte und für die notwendige Anpassung des Unternehmens an seine Umwelt. Dies ist nichts weiter als ein Aspekt des tatsachenorientierten Vorgehens, denn die Kräfte, die ein Geschäft beeinflussen, sind Tatsachen – und zwar besonders wichtige. Erfolgreiche Manager sind ständig bemüht, die Tätigkeit ihres Unternehmens an diejenigen äußeren Kräfte anzupassen, die dessen Zielsetzung, Strategie, Produkte, Menschen und Einrichtungen berühren. Diese äußeren Kräfte am Werk können wirtschaftlicher, technologischer, sozialer oder politischer Natur sein. Wenn sich Gesetze, Marktbedingungen, Wertvorstellungen der Kunden, Maßnahmen der Konkurrenz oder die öffentliche Meinung ändern, muss das Unternehmen seine strategischen Pläne, Produkte, Grundsätze, Einrichtungen, Struktur und/oder sein Arbeitspotential ändern. Wenn die Kosten steigen, müssen Preise, Produktionsmethoden, Löhne, Gemeinkosten oder die Organisation verändert werden. Und wenn die äußeren Wandlungen beträchtlich sind, muss die Anpassung strategischer, nicht taktischer Art sein.

Dies wurde in einer Rede des Generaldirektors von Batton, Barton, Durstine and Osborn, Inc., Thomas C. Dillon, an dem klassischen Fall des Dinosauriers anschaulich dargestellt:

Wie alle Lebewesen muss das Unternehmen sich seiner Umgebung anpassen, und wenn es sich Änderungen in dieser Umgebung nicht anpasst, stirbt es aus. Das Unternehmen, das ausstarb, glich dem Dinosaurier. Als er sich wesentlichen Änderungen im Klima der Erde und im Konkurrenzverhalten der anderen Tiere und des pflanzlichen Lebens gegenübersah, war der Dinosaurier nicht fähig, strategische Anpassung an seine Umgebung vorzunehmen … Durch Jahrhunderte haben Unternehmen gelebt und sind gestorben wie Dinosaurier, unfähig, sich ihrer Umgebung mit der notwendigen Schnelligkeit durch strategische Maßnahmen anzupassen, um zu überleben.[7]

Ein erfolgreiches Management ist ein nach außen blickendes Management. Es sucht nach Tatsachen, welche die Notwendigkeit für Änderungen aufzeigen; es ist gegenüber seiner Umgebung feinfühlig, und dies vor allem gegenüber den Bedürfnissen der Kunden, ihren Wertvorstellungen und Verhaltensweisen, auf denen der Erfolg des Unternehmens letztlich beruht. Ein solches Management stellt sich den Problemen. Es nimmt neue Gelegenheiten wahr.

Klassische Beispiele für die Notwendigkeit der Anpassung sind die Fälle der Eis-Hersteller und der Hersteller von Kutschen. Als der elektrische Kühlschrank den Eisschrank ersetzte, haben sich einige Eisfabrikanten ins Kohle- und später ins Ölgeschäft gerettet, die meisten sind jedoch ausgeschieden. Nur wenige Hersteller von Kutschen haben den Triumphzug des Automobils überlebt.

Eine Studie der First National City Bank New York aus dem Jahre 1964 unterstreicht ebenfalls die Notwendigkeit strategischer Anpassungsmaßnahmen für einen dauerhaften Erfolg. Durch eine Analyse der 100 größten amerikanischen

---

[7] Thomas C. Dillon, »Foot Dragging Made Easy«, Rede vor der American Marketing Association, Dallas, Texas, 16. Juni 1964.

Produktionsunternehmen (nach den Aktiva) in den Jahren 1919 bis 1963 kommt die Studie zu dem Ergebnis, dass weniger als die Hälfte von ihnen während dieses Zeitraumes in der Gruppe der größten Hundert verblieben sind. Sogar zwischen 1948 und 1963 verschwand jede fünfte Gesellschaft von der Liste der ersten Hundert, und die Rangstellung der meisten anderen veränderte sich radikal.

In dem Bericht über diese Studie bemerkt der »Monthly Economic Letter« der Bank für August 1964: »Die überlebenden Unternehmen sind in der Hauptsache solche, die sich gegenüber Änderungen in der Wirtschaft als anpassungsfähig erwiesen ... Eine Spitzenstellung in der Wirtschaft kommt weder von selbst, noch ist sie dauerhaft, sondern sie erfordert ständige Aufgeschlossenheit für die sich ändernden Bedürfnisse des Landes.«

Eine der besten Eigenschaften unseres auf Wettbewerb aufgebauten Gewinn- und Verlustsystems ist zweifelsohne die Art und Weise, wie es dauernden Wandel fördert und erzwingt und damit die Menschen in den Genuss neuer oder verbesserter Produkte, Methoden oder Dienstleistungen und/oder niedrigerer Preise bringt. Aber der Erfolg verlangt, dass ein Unternehmen sich nicht nur selbst in Schwung hält, sondern gegenüber den äußeren Kräften wachsam bleibt, aus neuen Gelegenheiten Kapital schlägt und notwendige strategische oder taktische Änderungen an seinen Produkten, Dienstleistungen, Einrichtungen, Tätigkeiten, Finanzen, Menschen und Preisen vornimmt. Die erfolgreichsten Unternehmen sind gegenüber den äußeren Kräften am Werk sensibel und nehmen solche Änderungen schnell vor. Ein wachsames und anpassungsfähiges Unternehmen verhält sich wie ein Chamäleon, nicht wie ein Dinosaurier.

Sie sind vielleicht nicht im Besitz eines Bildes, das Sie ständig an die Kräfte erinnert, die Ihr Unternehmen beeinflussen. Aber um maximale Erfolge zu erzielen, muss das

Unternehmen allen äußeren Änderungen gegenüber aufgeschlossen sein, entweder zur Erschließung neuer Möglichkeiten oder zur Abwehr von Gefahren. Das Unternehmen an
solche Änderungen anzupassen, ist zweifelsohne eine Aufgabe des systematischen Managements.

## Beurteilung der Menschen nach ihrer Leistung

Erfolgreiche Unternehmen beurteilen ihre Mitarbeiter auf
der Grundlage ihrer Leistungen, nicht ihrer persönlichen
Eigenschaften. Die Bewertung der Leistung ist ein wichtiges
Element im Leitbild des Unternehmens, weil sie sachlicher
und weniger subjektiv ist als die Beurteilung nach Eigenschaften und Fähigkeiten. Deshalb steht diese Denkweise der
tatsachenorientierten Methode sehr nahe.

Auch die Entscheidung über eine Einstellung ist am
fundiertesten, wenn sie sich soweit wie möglich auf die
bisherigen Leistungen des Betreffenden stützt. Wenn es natürlich um die Besetzung einer bestimmten Position geht, tut
man gut daran, die persönliche Qualifikation und Fähigkeiten zu spezifizieren, die zur Verrichtung dieser Tätigkeit
notwendig sind. Ob aber eine bestimmte Person diese
Qualifikation tatsächlich besitzt, wird am besten auf Grund
des Berichts über ihre Ausbildung und über ihre früheren
Tätigkeiten und Leistungen entschieden.

Der bekannte Psychologe John Dewey soll davon überzeugt gewesen sein, dass Charakter und Fähigkeiten eines
Menschen bereits weitgehend festgelegt sind, wenn er drei
Jahre alt ist. Wenn diese Ansicht auch für Eltern entmutigend
sein mag, ist sie im Geschäftsleben doch wichtig. Jedenfalls
stützen die Erfahrungen von mir bekannten Unternehmen
die These, dass »wir heute werden, was wir morgen sind.«

Ich glaube deshalb, dass das, was ein Mensch in seiner Vergangenheit getan hat, der verlässlichste Hinweis darauf ist, was er in der Zukunft leisten wird. Wenn er ein wirkungsvoller Denker, Ausführer oder Anführer als Kind, in der Schule oder bei seinen bisherigen Tätigkeiten war, wird er die gleichen Eigenschaften wahrscheinlich mit in die Position bringen, für die er in Betracht gezogen wird. (Die Erfolgsleiter eines Menschen ist gewöhnlich eine verlässlichere Ausgangsbasis für Voraussagen als die Erfolgsleiter eines Unternehmens, weil auch ein tüchtiges Management es vielleicht nicht vermag, dem Unternehmen gleich tüchtige Nachfolger zuzuführen.)

Ist ein Mitarbeiter einmal angestellt, so ist seine Arbeitsweise eindeutig der beste Hinweis für seine Beurteilung, Entlohnung und Beförderung. Eine »gute« Persönlichkeit oder eine »gute« Ausbildung bedeutet zum Beispiel wenig, wenn sich diese Merkmale nicht in überlegener tatsächlicher Leistung widerspiegeln. Leistung ist auch die beste Grundlage für die Entscheidung zu einer Entlassung.

Ein weiterer wichtiger Grund, dieses Element in das Unternehmensleitbild einzufügen, ist seine allgemein akzeptierte Fairness. Die Beurteilung eines Menschen auf der Grundlage seiner Leistung stimmt mit unseren ethischen Wertvorstellungen überein. Auf diese Weise wird die Person mit gutem Aussehen und angenehmer Persönlichkeit nicht wegen dieser Faktoren allein bevorzugt.

Wegen ihrer anerkannten Fairness erhöht die Praxis der Leistungsbeurteilung von Menschen die Wahrscheinlichkeit, dass Vorgesetzte gegenüber ihren Untergebenen die für das Befolgen des Management-Systems notwendige Disziplin walten lassen. Die Beurteilung von Menschen nach ihrer Leistung trägt zum Überwinden der natürlichen Abneigung der Menschen bei, Disziplin unmittelbar anzuwenden.

In den folgenden Kapiteln werde ich andere Bestandteile des Systems behandeln, die wirksame Disziplin erleichtern. Nichts aber ist wichtiger als in das Unternehmensleitbild das Prinzip einzubeziehen, aufgrund dessen die Menschen nach dem beurteilt werden, was sie tun, und wie gut sie es tun. Dieses Vorgehen bei der Beurteilung von Menschen sollte ein wesentlicher Bestandteil von dem werden, »wie es bei uns gemacht wird«.

## Sinn für die Dringlichkeit wettbewerblicher Erfordernisse

Aufgrund meiner persönlichen Vergleiche zwischen der Verwaltung führender amerikanischer und britischer Unternehmen glaube ich, dass die größere Wirksamkeit des Managements in den amerikanischen Unternehmen hauptsächlich auf dem ausgeprägten Sinn für die Dringlichkeit wettbewerblicher Erfordernisse beruht, der in den meisten unserer erfolgreichen Unternehmen herrscht. Der Herzog von Edinburgh hat das vor der Industrial Co-partnership Association in London im Jahre 1961 so ausgedrückt: »Die Konkurrenz des Auslandes ist eine Tatsache; sie wird sich verstärken, und soll es uns gut gehen, müssen wir ganz einfach entsprechend arbeiten. Die übrige Welt schuldet es uns wahrhaftig nicht, für unseren Unterhalt aufzukommen«.

Management-Techniken sind sicherlich weniger bedeutsam als das Anerkennen der Dringlichkeit wettbewerblicher Erfordernisse. Selbst die modernsten Management-Methoden erreichen keine volle Wirksamkeit, wenn sie nicht im Geiste des Wettbewerbszwanges übernommen und angewendet werden. So sagte der verstorbene Charles E. Wilson, damals Generaldirektor von General Motors, vor einem internationalen Management-Kongress:

Zu oft sind Besucher Amerikas von unseren Produktionsbändern und unseren fortschrittlichen Herstellungsmethoden der Massenfertigung übermäßig beeindruckt und glauben, dass die physische Organisation unserer Arbeit der Kern unseres amerikanischen Wirtschaftssystems Ist. Sie verwechseln Form mit Inhalt, wenn sie glauben, dass sie durch das einfache Installieren von Fließbändern und fortschrittlichen Herstellungsmethoden automatisch eine gleich wirksame Produktion zu den niedrigen Kosten wie in der amerikanischen Industrie erhalten. Wenn sie nicht die übrigen Grundsätze unseres Systems verstehen und beherzigen, werden sie von ihren eigenen Ergebnissen sehr enttäuscht sein …

Erster Grundsatz unseres amerikanischen industriellen Systems ist die Anerkennung des Wettbewerbs. Der persönliche Wettbewerb und auch der Wettbewerb zwischen den Unternehmen und Wirtschaftsorganisationen reizt Millionen von Amerikanern dazu an, die Methoden zu verbessern und mehr mit dem gleichen menschlichen Einsatz zu erreichen.[8]

Was können die Leiter eines Unternehmens tun, um ein Empfinden für wettbewerbliche Erfordernisse zu entwickeln? Abgesehen von ihrer eigenen Wachsamkeit gegenüber den äußeren Kräften am Werk habe ich bei wettbewerbsorientierten Spitzenmanagern folgende wesentliche Eigenschaften beobachtet:

1. Der wettbewerbsorientierte Manager ist auf prompte Erledigung seiner Aufgaben eingestellt. Er betrachtet Zeit als sein wichtigstes Gut und verhält sich entsprechend. Er »trödelt nicht herum«. Gleichzeitig arbeitet er mit ruhiger Zweckmäßigkeit und nicht in überstürzter Hast.

---

[8] Charles E. Wilson, »Productivity – The Key to Prosperity and Peace«, Rede vor der First Conference of Manufacturers, New York City, 3. Dezember 1951.

2. Der wettbewerbsorientierte Manager arbeitet mit Hingabe. Typischerweise arbeitet er härter und wirksamer als seine Untergebenen. Er gibt in seinen Arbeitsgewohnheiten ein gutes Beispiel, nicht, um ein Beispiel zu geben, sondern weil er Freude an seiner Tätigkeit hat.

3. Der wettbewerbsorientierte Manager ist entscheidungsfreudig. Nachdem er die Tatsachen gesammelt und das Problem durchdacht hat, trifft er eine ausgewogene Entscheidung. Er weiß, dass er auch Fehler macht, aber er weiß, dass dies auch seinen Konkurrenten passiert; er zieht das Risiko eines Fehlers dem der unnötigen Verzögerung vor. Er weiß, dass er es sich leisten kann, manchmal falsch zu liegen, vorausgesetzt, dass er jede Gelegenheit zur Korrektur von Irrtümern ergreift.

Ich erinnere mich eines Managers, der gewohnheitsmäßig sofort Entscheidungen traf, die nicht immer vernünftig waren. In einer Unterhaltung mit ihm erfuhr ich, dass er unmittelbar nach Absolvierung des College ein Jahr lang Schiedsrichter für Baseball war. So fiel er in die Gewohnheit, geschäftliche Entscheidungen mit fast gleicher Geschwindigkeit zu treffen. Als er sich darüber klar wurde, erkannte er, dass ein Manager – im Gegensatz zum Schiedsrichter – die Gelegenheit hat, Tatsachen zu sammeln und zu untersuchen, seine Meinung zu ändern und seine Fehler zu korrigieren. Also begann er, sich ein wenig mehr Zeit für Entscheidungen zu nehmen, und er verbesserte seine durchschnittliche Treffsicherheit beträchtlich.

1. Der wettbewerbsorientierte Manager erfasst Gelegenheiten und schöpft sie aus. Er ist mehr am Aufbau von Stärken als am Abstützen von Schwächen interessiert. Er widmet dem Aufbau der Position seines eigenen

Unternehmens mehr Zeit als der Abwehr von Maßnahmen der Konkurrenz. Deshalb liegt ihm systematisches Management.

2. Der wettbewerbsorientierte Manager ist auf der Suche nach Problemen und stellt sich ihnen. Er weiß, dass Zeitverlust bei einem schwierigen Problem die Lösung noch erschwert. Kann es nicht sofort gelöst werden, hilft er sich durch die Entwicklung von besonderen Stärken des Unternehmens und umgeht das Problem, während er auf einen besseren Zeitpunkt für die Lösung wartet.

3. Der wettbewerbsorientierte Manager scheut vor schwierigen Personalentscheidungen nicht zurück. Er ist sich bewusst, dass es gegenüber dem Unternehmen und dem Betroffenen fairer ist, ihn eher zu früh als zu spät zu entlassen, falls eine schwache Leistung nicht verbessert werden kann (was oft möglich ist). Der wettbewerbsorientierte Manager ist fair und nicht rücksichtslos. Er ist sich bewusst, dass ein Management-System nicht arbeitsfähig ist, wenn es nicht faire und vernünftige Personalentscheidungen ermöglicht.

Faire Personalentscheidungen werden oft überraschend gelassen selbst von demjenigen aufgenommen, dem sie Nachteile bringen. Ich erinnere mich des Falles eines führenden Verkäufers in einem großen Industrieunternehmen, der viel Zeit auf Rennbahnen verbrachte. Wegen seiner großen Aufträge, die nach Meinung des Marketing-Direktors an seine Person geknüpft waren, wurden jahrelang keine Schritte zu seiner Ablösung unternommen. Als ihn schließlich ein neuer Marketing-Direktor entließ, sagte der Vertreter, dass er sich schon lange gewundert habe, warum dieser Schritt nicht früher unternommen wurde. Die Wertschätzung der Kunden gegenüber dem Unternehmen nahm zu und Aufträge gingen nicht verloren.

4. Der wettbewerbsorientierte Manager konzentriert sich
   darauf, den Marktanteil seines Unternehmens mit Gewinn zu vergrößern. Jede seiner Handlungen zielt darauf ab, langfristig eine stärkere Position im Wettbewerb aufzubauen; so handelt er schon jetzt entsprechend.

Dies sind einige der Eigenschaften eines Managers, der
Wettbewerbsorientiert denkt. Der unermüdliche Antrieb,
»es jetzt zu erledigen«, ist notwendig, um in unserer
Konkurrenzwirtschaft zu überleben. Mehr noch als es Management-Techniken als solche tun, macht dieser Antrieb aus
unserem System das beste bisher entdeckte Mittel, die
materiellen Wünsche und Bedürfnisse der Menschen gewinnbringend zu erfüllen und die psychischen Vorteile der Arbeit
selbst zu gewährleisten. Dieser Antrieb kann durch ein
Management-System zweckmäßiger und wirksamer genutzt
werden. Umgekehrt trägt ein Management-System dazu
bei, den Sinn für die Vorrangstellung der Erfordernisse des
Wettbewerbs zu entwickeln. Diese Wechselwirkung vergrößert die Wahrscheinlichkeit des Erfolges für jedes Unternehmen.

## Die Entwicklung des Leitbildes

Bei der Erörterung der Notwendigkeit, ein unternehmerisches Leitbild zu entwickeln und es nicht dem Zufall zu
überlassen, habe ich aus den Erfahrungen erfolgreicher
Unternehmen fünf gemeinsame Elemente ausgewählt, die
eine gute weltanschauliche Grundlage für jedes Unternehmen abgeben. Das Management des einzelnen Unternehmens oder Bereiches kann andere Grundsätze hinzufügen,
welche die Organisation leiten sollten. Wenn sie Bestandteil

des Leitbildes werden sollen, müssen diese Leitsätze jedoch grundlegend genug sein, um überzeugende Richtlinien für Handlungen abzugeben.

Auch ohne Planung oder besondere Anstrengungen wird jedes Unternehmen allmählich ein Leitbild entwickeln, weil die Menschen empirisch beobachten und lernen, »wie wir es bei uns machen«. Es ist jedoch meine Überzeugung, dass ein positives Programm der Unternehmensleitung zur Gestaltung oder Neugestaltung eines vernünftig durchdachten und grundlegenden Leitbildes das A und O des Management-Systems eines Unternehmens sein sollte.

Welche Grundsätze auch immer das Spitzenmanagement in seinem Leitbild verankern möchte, stets müssen sie in der Praxis demonstriert werden, sollen sie in den Vorstellungen der Mitarbeiter überall in der Organisation ihren festen Platz einnehmen. Aber zur wirksamen Durchführung von Richtlinien ist noch etwas über die Macht des guten Beispiels hinaus notwendig. Manager und Vorgesetzte auf allen Ebenen sollten das Firmenleitbild klar formulieren, es zu praktischen Situationen und anstehenden Problemen in Beziehung setzen und den Untergebenen zeigen, wo ihre Handlungen mit den Leitsätzen der Organisation übereinstimmen oder ihnen zuwiderlaufen. Durch diese Art von Führung kann ein Leitbild für unternehmerischen Erfolg auf die beste und sicherste Weise aufgebaut werden. Tiefe und weitverbreitete Überzeugungen über »wie wir es hier bei uns machen« ergeben eine solide Basis, auf der man ein programmiertes Management-System errichten kann. Durch ihr Wechselspiel mit den anderen Bestandteilen des Systems verleihen diese Leitsätze jenen Kraft und werden umgekehrt ebenfalls verstärkt. Das trifft besonders für die nächste Komponente zu, die ich besprechen will: Die strategische Planung.

# 3 Strategische Planung: Das Gestalten der Zukunft des Unternehmens und das Schärfen seiner Schneide für den Wettbewerb

An einem Sonntag im Jahre 1961 lernte ich beim Frühstück einen Herrn kennen, der gerade aus London zurückgekommen und voll von Begeisterung über eine englische Marke rostfreier Rasierklingen war. Nachdem er mir von ihrer Schärfe und Lebensdauer vorgeschwärmt hatte, zog er eine »Wilkinson Sword Stainless« aus der Tasche und bestand darauf, dass ich sie ausprobierte. Nach Benutzung der Klinge musste ich zugeben, dass der Enthusiast nicht übertrieben hatte.

Wenige Wochen später besuchte ich London und verlangte in einer Drogerie eine Packung Wilkinson-Klingen. Etwas herablassend sagte mir der Verkäufer, dass sie keine mehr auf Lager hätten. Später erfuhr ich von meinen britischen Kollegen, dass selbst regelmäßige Kunden diese Klingen nur selten bekommen konnten. Leitende Herren in der City sandten sogar ihre Sekretärinnen aus, in der Hoffnung, sie würden hier und dort in den Geschäften ein Päckchen auftreiben.

Dies war zweifellos ein geschäftliches Phänomen, das man sich einmal näher ansehen sollte. Der Grund für den Erfolg der Wilkinson-Klinge war nicht schwer herauszufinden – ihre überlegene Qualität gegenüber allen anderen Erzeugnissen auf dem Markt war für den Benutzer so offensichtlich, dass die Nachfrage dem Angebot ganz einfach davongelaufen war. Seit damals ist über den Erfolg dieser Klinge und ihres Herstellers viel geschrieben worden. Die dramatische Geschichte, wie Wilkinson als David erfolgreich gegen den Goliath des Rasierklingenmarktes, Gillette, antrat, ist heute bereits in die Annalen der Wirtschaft eingegangen.

Ich beabsichtige kein Wortspiel, wenn ich am Fall einer Rasierklinge die Maßnahmen illustriere, mit deren Hilfe ein Unternehmen sein Schicksal gestalten und seine »Schneide« für den Wettbewerb schärfen kann. Der richtige Unternehmenskurs und eine für den Konkurrenzkampf gehonte Schneide müssen strategischer Planung irgendeiner Form entspringen – gleichgültig ob sie ausdrücklich als solche angesehen und betrieben wird oder nicht.

## Eigenart und Stufen des Planungsprozesses

Da die strategische Planung nur eine Phase innerhalb des gesamten Planungsprozesses einer Unternehmung darstellt, müssen wir uns zunächst mit dem Prozess als Ganzem befassen. Grundsätzlich ist Planung ein Entscheidungsprozess: es wird entschieden, was zu tun ist, wie es zu tun ist und mit welcher Schnelligkeit und welchen Kosten. Jedermann trifft täglich solche Entscheidungen.

Im Lauf der Jahrhunderte hat der Mensch versucht, die Kräfte seiner Umgebung zu verstehen, sich vor den schädlichen zu schützen und sich die günstigen nutzbar zu machen. In diesem Sinne erreicht der Einzelne das von ihm erwählte Geschick in dem Maße, in welchem er die in seiner Umgebung arbeitenden Kräfte versteht und meistert.

Fehlschläge und Enttäuschungen sind ihm fast gewiss, wenn er sich bewusst oder unbewusst in den Strömungen seiner Umwelt treiben lässt.

Das Gleiche gilt für die unternehmerische Planung. Entweder lässt die Geschäftsleitung das Unternehmen treiben oder sie sucht, sein Schicksal durch feststehende Management-Prozesse zu steuern. Entscheidungen über das Schicksal des Unternehmens sind jedoch bedeutend komplizierter. Viele Menschen müssen Entscheidungen über den Einsatz vielfältiger Mittel treffen und durchführen. Deshalb ist offensichtlich eine gewisse Systematik erforderlich, wenn die unternehmensbezogene Umwelt richtig beurteilt und ihre Meisterung wirksam geplant werden sollen.

Da die Unternehmung Aktion an sich ist, wird Planung – sei sie formal oder nicht – notwendigerweise überall betrieben. Ist diese aber nicht formal und systematisch, so wird das für wirksame Planung nötige schöpferische Denken überhastet und nur halbbewusst stattfinden. Es wird unter dem Druck der Tagesereignisse und -entscheidungen stehen. Ohne Aufstellung und systematisches Bekanntmachen von Gesamtplänen wird jeder Abteilungsleiter seine Mitarbeiter nach eigenem Gutdünken – gestützt auf eigene Interpretation von lang- und kurzfristigen Zielen, von Strategie, Firmenpolitik und Budgets anweisen. Aus der Vielzahl so getroffener formloser Planungsentscheidungen ergibt sich dann eine Zufallsplanung des Unternehmens oder eines seiner Bereiche. Viele Gesellschaften werden auf diese Weise geführt und sind zum Teil auch recht erfolgreich.

Während des letzten Jahrzehnts hat jedoch die Entschlossenheit allgemein zugenommen, das »Treibenlassen« eines Unternehmens zu verringern und sein Schicksal durch wirksamere Steuerung der Kräfte seiner Umwelt zu meistern. Deshalb haben die meisten amerikanischen Unternehmen bis zu einem gewissen Grade formale Planungsmethoden entwickelt. Die Resultate reichen von Ansätzen einer Finanzplanung bis zu allumfassenden strategischen und Durchführungsplänen, die jeden Aspekt der Unternehmenstätigkeit berücksichtigen. In einigen Unternehmen ist diese Planarbeit sogar übertrieben worden. Eine Firma auf dem Gebiet der Investitionsgütererzeugung beschäftigt zum Beispiel mehr als 200 Stabsangestellte damit, jährliche Durchführungspläne auszuarbeiten und anschließend zu analysieren.

Meine Beobachtungen haben mich jedoch überzeugt, dass in den meisten Unternehmen die Planungsarbeit als Management-Prozess noch unterentwickelt ist. Tatsächlich ist bessere Planung als Weg zu besserem Management immer noch ein relativ unerschlossenes Gebiet. Die Planung hat erst in letzter Zeit bei Unternehmern und Akademikern größere Aufmerksamkeit gefunden, und bisher hat sich kaum eine Standard-Praxis herausgebildet. Was ich zu diesem Thema zu sagen habe, beruht deshalb hauptsächlich auf meinen eigenen Ansichten und auf den Erfahrungen meiner Kollegen.

Man sollte sich eine weitere Parallele zwischen der Planung im persönlichen Bereich und der Planung einer Geschäftsführung vor Augen halten. Beim Entscheiden über die Gestaltung seiner Zukunft kann der Einzelne von seinen Eltern, Lehrern, seinem Ehepartner, Pfarrer und von Freunden Rat einholen – aber entscheiden kann nur er allein. Das Gleiche gilt im Unternehmen. Die verantwortlichen Leiter in den Linien-Positionen können zwar ihre Mitarbeiter, Untergebenen, Berater und Führungskräfte in anderen Unternehmen um Rat fragen. Die eigentliche Entscheidung aber obliegt dem Linien-Manager. Ihm kann und soll ein Planungsstab zwar helfen, aber nur er persönlich kann entscheiden.

Meistens wird die Planung zu sehr den Stäben überlassen. Diese können nur Informationen sammeln und analysieren sowie Alternativen ausarbeiten und vorschlagen. Wenn aber die Linie nicht mitmacht, wenn sie ihre Entscheidungen nicht auf der Grundlage dieser Stabsempfehlungen trifft, dann wird aus der Stabsarbeit fruchtloser Papierkrieg. Das führt zur Enttäuschung beim Stab und zur Verärgerung in der Linie. Früher oder später entscheidet die Linie, dass die Kosten des Stabes zu hoch sind, und baut ihn ab. Die Planungsfunktion erleidet einen Rückschlag, aber nur deshalb, weil die Linie ihrer Aufgabe nicht gerecht geworden ist.

Jeder Geschäftsbereich der Unternehmung, das heißt jede Gruppe von Produkten oder Dienstleistungen, die sich vom Standpunkt des Endgebrauchs logisch kombinieren lassen, erfordert separate Planung. Unabhängig von dieser Planung jedes Geschäftsbereiches muss in der Unternehmensführung für die Gesellschaft insgesamt geplant werden. Vernünftige Planung besteht deshalb aus Gesamtplanung für jeden Geschäftsbereich und für das Unternehmen als Ganzes. Einer der großen Vorteile dieses Vorgehens ist, dass es die Führungskräfte des Unternehmens und jeder Abteilung zumindest einmal im Jahr dazu zwingt, tiefschürfend, analytisch und schöpferisch über jeden Geschäftsbereich und über das Unternehmen als Ganzes nachzudenken, den sich ergebenden Problemen entgegenzutreten und über die sich anbietenden Möglichkeiten zu entscheiden.

Der Wert solcher Planungsarbeit wurde in einer Sonderausgabe von »Celanese World« von Harold Blancke, Vorsitzender der Celanese Corporation, wie folgt zusammengefasst:

Planung ist heute so wichtig, dass sie einen beträchtlichen Teil der Zeit einiger der besten Männer der Wirtschaft – und unseres Unternehmens – einnimmt. Planung lässt uns die Wandlung der Umstände meistern. Planung zwingt uns zur Systematik bei unseren Erwartungen und zur Entwicklung eines Programms zu ihrer Verwirklichung. Sie ist eine höchst wirksame Methode, aus uns allen das Beste herauszuholen – unser bestes Denkvermögen, unsere besten Interessen und Ziele. Und Planung befähigt uns, die wirksamste Methode zu entwickeln, um maximales Wachstum zu erreichen.

Langfristige Planung versetzte Celanese in die Lage, als erster Chemiekonzern alle wesentlichen Tätigkeiten auf vollkommen internationaler Grundlage aufzubauen. Sie ermöglichte uns den Eintritt in drei völlig neue und doch verwandte Geschäftszweige in weniger als einem Jahr – und unseren Umsatz des Jahres 1965 auf das Zweieinhalbfache des Ergebnisses von 1961 zu steigern. Planung ist die intellektuelle Komponente organisierten Wachstums. Sie ist der Prolog zum Morgen. Dennoch ist sie nicht die exklusive Beschäftigung weniger Menschen – sie ist in Wirklichkeit Aufgabe von uns allen ... Soll Celanese weiterhin wachsen und gedeihen, müssen unsere Planungsarbeiten den Weg weisen. Sorgfältige und gewissenhafte Planung ist ein wesentlicher Schlüssel zur Zukunft von Celanese.[9]

Die bedeutsamen Entwicklungen bei Celanese, auf die Blancke sich bezieht, haben ihren Ursprung in strategischer Planung – der ersten Phase innerhalb einer Gesamtplanung.

## Das Spektrum der Planung

Der gesamte Planungsprozess ist ein Kontinuum. Er besteht darin, lang- und kurzfristige Ziele zu bestimmen, eine Strategie für ihre Realisation zu entwickeln, Rahmenpläne für das Durchführen der Strategie festzulegen und detaillierte Aktionsprogramme auszuarbeiten. Der besondere Charakter der Planung erschwert die Aufteilung des gesamten Vorgangs in Phasen, die analysiert und systematisiert werden können. Die eine Planungsphase geht wie in einem Farbenspektrum in die andere über, und sie voneinander trennen zu wollen, gleicht dem Versuch, genau festzustellen, wo in einem Spektrum aus Rot Orange wird.

---

[9] *Celanese World,* Januar 1966.

Deshalb unterscheiden sich die Gliederung des Planungs-
zyklus und die Methoden der Planung von einem Unternehmen zum anderen. Da jedoch in jedem Planungssystem viele
Menschen aus allen betrieblichen Ebenen beteiligt sein müssen, sind die Methoden so einfach zu gestalten, dass sie
überall im Unternehmen veranschaulicht werden können. In
den meisten Fällen ist dies am besten durch eine allgemein
verständliche Erläuterung der Methoden in einer Anleitung
gewährleistet.

Bei der Erörterung von Planungsprozessen beschäftige ich
mich nicht im Einzelnen mit der Planungsmethodik. Ich
möchte lediglich dieses so wirkungsvolle Management-In-
strument herausstellen und beschreiben. Mit Hilfe von Fall-
studien werde ich zeigen, wie jedes Management es auf
praktische und erfolgversprechende Weise anwenden kann.
Jedes Unternehmen muss selbst entscheiden, wie dieser Planungsprozess zu gliedern und in einen geeigneten Planungszy-
klus einzufügen ist.

Nach neuesten und besten Erfahrungen kann man den
Planungsprozess theoretisch und praktisch sinnvoll in drei
eng verwandte Abschnitte gliedern:

Die *strategische Planung*, die Gegenstand dieses Kapitels
ist, schließt die Entscheidung über die wirtschaftliche Zielsetzung des Unternehmens, seiner Bereiche und seiner einzelnen
Geschäftszweige ein; dazu kommt die Definition von Einzelheiten innerhalb der Rahmen-Zielsetzung und das Entwickeln von Strategien zum Erreichen dieser Ziele. In einem
Unternehmen mit zahlreichen Geschäftszweigen sollte die
strategische Planung auf drei verschiedenen Ebenen erfolgen:
für den Geschäftszweig, für den Geschäftsbereich und für die
Gesamtunternehmung.

Die strategische Planung in der Unternehmensspitze, die
als Bestandteil der Planungsarbeiten häufig vernachlässigt
wird, erfordert von der Unternehmungsführung harte, aber

unausweichliche Entscheidungen über den gewinnoptimalen Einsatz der gesamten menschlichen, finanziellen und technischen Mittel des Unternehmens. Diese Entscheidungen beruhen auf den für das Gesamtunternehmen festgelegten Zielen und Strategien, die ihrerseits ihren Ursprung in den Aussichten jedes Geschäftszweiges und Bereiches und den Gelegenheiten des Unternehmens als Ganzem haben. Die langfristigen Ziele und Strategien – das heißt die strategischen Pläne – sollten für jeden Geschäftszweig und für das ganze Unternehmen schriftlich niedergelegt werden, um bei den nachfolgenden Phasen der Planungsprozesse als Richtlinien zu dienen.

Die Aufstellung eines *Management-Programms,* das in Kapitel 7 besprochen werden soll, ist die Kernphase der Planung. Das Managementprogramm, das normalerweise für zwei bis sechs Jahre festgelegt wird, überträgt die strategischen Pläne für jeden Geschäftszweig und jeden Bereich auf untereinander abgestimmte qualitative und quantitative Pläne. Diese können dann als Grundlage für die Budgets leicht in Durchführungspläne umgewandelt werden. Das schriftlich fixierte Managementprogramm ermöglicht mit den ihm zugrunde liegenden Daten die Überprüfung bestehender strategischer Pläne für jeden Geschäftszweig und zeigt die Notwendigkeit zur Entwicklung neuer Pläne auf.

Die *Durchführungsplanung* (ebenfalls in Kapitel 7 beschrieben) umfasst die eigentliche Umwandlung des Managementprogramms in spezifische Jahrespläne. Diese grenzen die funktionellen Verantwortungsbereiche und Zeitpläne ab und bilden die Grundlage für das jährliche Kostenbudget und etwaige Investitionsbudgets.

In einem Unternehmen mit verschiedenen *Bereichen* aber einem *Geschäftszweig* liegt die strategische Planung für das Gesamtunternehmen in den Händen der Unternehmensleitung unter Vorsitz des Generaldirektors, der in letzter Instanz verantwortlich ist. In einem Unternehmen mit zahlreichen

*Geschäftszweigen,* in dem die Strategie von den einzelnen Bereichen durchgeführt werden muss, wird das Management-Programm nicht auf der Ebene der Gesamtunternehmensleitung aufgestellt. Stattdessen sind die strategische Planung und die Aufstellung eines Management-Programms Sache eines jeden *Bereiches,* unter der Verantwortung des jeweiligen *Bereichsleiters.* Die Durchführungsplanung wird von der Bereichsleitung und entsprechend geeigneten Mitarbeitern niedrigerer Leitungsebenen vorgenommen und muss von der Gesamtunternehmensführung genehmigt werden.

Wie aus Kapitel 7 ersichtlich ist, fallen Aufstellung des Management-Programms und Durchführungsplanung gewöhnlich zeitlich zusammen. Schon wegen der spektrumartigen Eigenschaft des Planungsprozesses müssen sie sich zwangsläufig überschneiden. Ich glaube jedoch, dass bessere Ergebnisse zu erzielen sind, wenn diese beiden Phasen getrennt und aufeinanderfolgend gestaltet werden, wenn sie auch in der Praxis mehr oder weniger gleichzeitig ausgeführt werden müssen.

Obwohl gleiche Informationen sowohl für strategische Planung als auch für die Aufstellung eines Management-Programms herangezogen werden können, sollte nach meiner Ansicht die strategische Planung ihren eigenen Akzent haben. Tatsächlich ist der Begriff der strategischen Planung für gewinnbringendes, dynamisches Wachstum so wesentlich, dass ich ihn in diesem Buch der ausführlichen Behandlung der restlichen Bestandteile des Planungsprozesses (in Kapitel 7) vorwegnehme.

## Was ist strategische Planung?

Nach meiner Beobachtung sind Unternehmensleitungen mit systematischer strategischer Planung besonders erfolgreich, weil sie durch dieses Planen angehalten werden, sich fortwährend in eingehender und schöpferischer Weise mit der Frage zu beschäftigen: »Was wollen wir erreichen – und wie können wir es angesichts der Konkurrenz am Gewinnbringendsten tun?« Strategisches Denken zwingt zu ständiger Aufmerksamkeit gegenüber den wesentlichen erfolgbestimmenden Faktoren. Daraus entsteht dem Unternehmen eine scharfe Waffe im Wettbewerb.

Ich behaupte nicht, dass schöpferisches Denken einem bestimmten Verfahren unterworfen werden kann. Brillante Gedankenblitze haben sich auf jedem Gebiet bezahlt gemacht, und sie können nicht durch systematisches und methodisches Denken ersetzt werden. Ich behaupte aber, dass ein organisiertes Vorgehen beim gesamten Planungsprozess und besonders beim strategischen Denken auch Menschen ohne große Eingebung befähigt, wertvolle Beiträge zu leisten, die sonst verlorengingen. Mit anderen Worten: ich glaube, dass jedes Management mittels der durch strategisches Planen angeregten eigenen Ideen seine Wirksamkeit beträchtlich erhöhen kann.

Eine wohldurchdachte Methode für diese Komponente unseres Systems erleichtert es dem Management, mit der Konkurrenz und der enormen und zunehmend komplizierten Vielfalt der Umwelt fertig zu werden.

Der Ausdruck Strategie stammt bekanntlich aus dem Militärischen und bedeutet so viel wie Feldherrenkunst und Kriegsspiel. In diesem Sinne lautet die Definition eines Nachschlagewerks. »Strategie ist die Wissenschaft und die Kunst des Einsatzes der politischen, wirtschaftlichen, psychologischen und militärischen Kräfte einer Nation oder einer Gruppe von Nationen, um die eigene Politik in Krieg und Frieden so nachdrücklich wie möglich zu unterstützen.« Diese militärische Definition kann auf die industrielle Terminologie übertragen werden: Unternehmerische Strategie ist die Wissenschaft und die Kunst des Einsatzes aller Mittel des Unternehmens (*Men, Materials, Money, Management*) zur erfolgreichen, das heißt gewinnbringenden Durchführung festgelegter Ziele und Zwecke unter Konkurrenzbedingungen.

Diese Definition ist für strategisches Denken ein nützlicher Wegweiser, wobei zwei frühere Anmerkungen bedacht werden sollen. Erstens, strategische Planung schließt die Festlegung von Zielen und Zwecken ebenso ein wie die Entwicklung der Strategie selbst. Zweitens, der unternehmerische Erfolg wird am Umsatzzuwachs, Marktanteil und Reingewinn gemessen; ferner an der zufriedenstellenden Rendite des investierten Kapitals und an der Kontinuität wirkungsvollen Managements. Nach diesen Gesichtspunkten muss die Strategie ausgerichtet werden.

Zu einem praktisch brauchbaren Verständnis des strategischen Denkprozesses mag auch folgende Definition des Begriffs »strategisch« beitragen: »Von großer oder gar lebenswichtiger Bedeutung innerhalb eines integrierten Ganzen oder für den Eintritt eines geplanten oder ungeplanten Ereignisses.« Wenn man dies aus der militärischen in die Wirtschaftsterminologie überträgt und sich vom Jargon des Nachschlagewerks löst, kann man sagen: Das strategische Denken für ein Unternehmen richtet sich auf grundsätzliche Pläne zur Auseinandersetzung mit inneren Entwicklungen und äußeren Kräften, die den langfristigen Erfolg des Unternehmens als ein integriertes Ganzes beeinflussen. Oder kürzer: *Strategisches Denken beschäftigt sich mit den grundsätzlichen Fragen, die den langfristigen Erfolg des Gesamtunternehmens betreffen.*

Strategisch denkende Manager üben sich darin, die Zusammenhänge und Bedeutung von bestimmten Entwicklungen für den langfristigen Erfolg des Gesamtunternehmens zu erkennen und Pläne und Programme zu entwerfen, mit denen solche Entwicklungen gemeistert beziehungsweise ausgenutzt werden können. Ich kann die Bedeutung dieser Aussage gar nicht genug betonen, und möchte sie deshalb noch einmal so formulieren: Der strategische Denker versteht es, signifikante spezifische Entwicklungen zu erfassen. Den Gegebenheiten entsprechend ändert er einen oder mehrere Bestandteile des Systems – Ziele, Strategie, Managementprogramm, Durchführungspläne, Firmenpolitik, Organisationsstruktur und so weiter – dergestalt, dass er diese Entwicklungen meistern oder aus ihnen Nutzen ziehen kann.

Taktik ist im militärischen Sinne ein untergeordneter Plan zur Durchführung der Strategie. Dem Lexikon nach bezieht sich »taktisch« auf »Aktionen oder Mittel von geringerer Bedeutung als jene der Strategie ... oder auf Aktionen von geringerem Ausmaß zur Erreichung eines höheren Zwecks ... oder mit begrenzter Reichweite«. Auch diese Konzeption ist in der Wirtschaft nützlich. Die Taktik, welche die Strategie ebenso unterstützt wie der Zweck das Ziel, wird in Kapitel 7 noch einmal als Teil des Managementprogramms und des Durchführungsplanes behandelt.

Die Eigenart der *strategischen* Planung kann auch noch durch eine kurze Betrachtung über die langfristige Planung, die Prognose und das Aufstellen von Budgets erhellt werden.

- *Langfristige Planung:* häufig der strategischen Planung gleichgesetzt, hat sie in letzter Zeit beträchtlich an Popularität gewonnen. Konzept und Ausdruck sind jedoch trügerisch. Viele Mitglieder oberster Geschäftsleitungen haben das unangenehme Gefühl, dass sie sich zu sehr mit alltäglichen Entscheidungen beschäftigen. Aufbau eines Stabes für »langfristige Planung« hört sich dynamisch und vorausschauend an und mildert die Schuldgefühle. Für mich ist dieser Begriff irreführend, weil sich »langfristig« auf ein Zeitmaß und nicht auf einen *Typ* der Planung bezieht.

Darüber hinaus haben leider die »langfristigen« Pläne häufig die Form verhältnismäßig unbrauchbarer Gewinnprognosen angenommen, die oft an die zehn Jahre reichen. Diese Pläne erfordern zwar gewöhnlich enormen bürokratischen Aufwand, aber nur wenig strategisches Denken. Oft unterstellt man dabei, dass die gegenwärtige Strategie unverändert fortgesetzt wird. Anstatt sich mit tatsächlichen Gegebenheiten, konstruktiver Kritik an der gegenwärtigen Strategie und mit der Entwicklung von Alternativen mit all ihren jeweiligen Folgen auf die Gewinnentwicklung zu beschäftigen, begnügt man sich mit dem Versuch, die Zukunft zu portraitieren. Da niemand voraussehen kann, was sich wirklich in zehn oder auch nur in sieben Jahren abspielen wird, sind solche langfristigen Gewinnpläne leicht als »Wunschträume« abzutun und bringen nur den ganzen Planungsprozess in Misskredit.

Ein mir bekanntes Unternehmen betrieb zum Beispiel ein Programm der »langfristigen Planung«, in dessen Rahmen alljährlich mit phantastischem Aufwand eine zehnjährige Gewinnvorschau angefertigt wurde. Jeder wusste aber, dass in diesem Wirtschaftszweig selbst eine Gewinnplanung für zwei Jahre praktisch unmöglich war. Verständlicherweise hatte die »langfristige Planung« einen schlechten Ruf und später, als tatsächlich eine strategische Planung in Angriff genommen werden sollte, musste das Management zunächst eine Unmenge von Missverständnissen beseitigen und entschlossenen Widerstand überwinden.

*Langfristige* Planung und *strategische* Planung sind nicht gleichbedeutend, weil strategische Planung nicht unbedingt langfristig sein muss. Einige strategische Pläne – zum Beispiel für den Ankauf, Verkauf oder die Liquidation eines

Unternehmens – können innerhalb weniger Monate durchgeführt werden. Lediglich weil Ziele gewöhnlich langfristig sind und eine grundsätzliche Strategie selten über Nacht geändert wird, hat die strategische Planung in der Regel einen vorwiegend langfristigen Aspekt.

Grundsätzlich befasst sich aber die Strategie mehr damit, *wie* Ziele und Zwecke erreicht werden können, als *wann* sie erreicht werden. Trotzdem beeinflusst notwendigerweise der zur Ausführung alternativer Strategien erforderliche Zeitraum deren relativen Wert. Entsprechend der vorgeschlagenen Planungsmethode umfassen Management-Programme mittlere Zeitspannen, während Durchführungspläne sich auf kurzfristige und klar umrissene Terminpläne beziehen.

Daher glaube ich, dass der Ausdruck »strategische Planung« dem der »langfristigen Planung« vorzuziehen ist. Der Letztere kann zwar als Synonym für strategische Planung verwendet werden, ich bevorzuge aber *strategisch,* weil dies die Art der Planung und nicht ihren Zeitraum betont. Wenn jedoch jemand den Ausdruck »langfristige strategische Planung« bevorzugen sollte, wäre die geringe Ungenauigkeit dieses längeren Ausdrucks unbedeutend.

- *Die Prognose:* Wahrscheinlich werden Prognosen – oder Vorausschätzungen dessen, was sich ereignen wird – wegen ihrer Bedeutung für die Entwicklung strategischer Pläne oft mit der strategischen Planung selbst verwechselt. Diese beiden Verfahren unterscheiden sich jedoch sehr voneinander. Die Prognose hat in *allen* Phasen der Planung ihren festen Platz, wird aber um so wichtiger, je mehr sich der Planungsvorgang der ausführenden Seite des Spektrums nähert.
- *Die Aufstellung von Budgets:* Das Durchführungsbudget ist die Übersetzung der Durchführungspläne in

Einnahmen, Ausgaben, Aufwand und Ertrag für einen bestimmten Zeitabschnitt, meist für ein Jahr. Das Budget ist weder Prognose noch strategische Planung, obwohl es gewöhnlich auf beiden aufbaut. Bei der Vorbereitung eines Budgets muss das Umsatzvolumen entweder vorausberechnet oder geschätzt werden, natürlich unter Berücksichtigung der Strategie. Die rudimentäre Planung zur Vorbereitung eines Budgets wird im Allgemeinen als ausreichend angesehen. Jedoch sind die Strategien und Management-Programme, die während der Aufstellung von Budgets entwickelt werden, schwerlich dazu geeignet, große Wettbewerbserfolge zu ermöglichen.

Art und Bedeutung der strategischen Planung können auch durch eine Betrachtung des Regierungssektors verdeutlicht werden, auf den die gleichen Grundsätze anwendbar sind. In einer Rede vor Angehörigen des Amherst College sagte der frühere Außenminister Dean Acheson:

Woraus besteht ein zweckmäßiges Vorgehen in Fragen der Außenpolitik? Meines Erachtens besteht es aus dem, was wir als *strategisches* Vorgehen bezeichnen können – nämlich das Erwägen verschiedener Alternativen vom Standpunkt ihrer Bedeutung für größere Ziele.[10]

Die Bedeutung der strategischen Denkungsweise als Richtlinie für alles Handeln wird auch an Präsident Lincolns Einstellung zum Bürgerkrieg offenbar. In seiner Antwort auf eine Frage des Redakteurs Horace Greeley schrieb Lincoln im Jahre 1862:

Mein oberstes Ziel in diesem Kampf ist die Rettung der Union, nicht die Beibehaltung oder Abschaffung der Sklaverei. Könnte ich die Union retten, ohne einen

---

[10] Dean Acheson, »Ethics in International Relations Today«, Address at Amherst College, 9. Dezember 1964.

einzigen Sklaven zu befreien, würde ich es tun; könnte ich die Union durch Befreiung aller Sklaven retten, würde Ich es tun; könnte ich meine Aufgabe erfüllen, indem ich einige befreie und mich um die anderen nicht kümmere, so würde ich auch das tun. Was auch immer ich bezüglich der Sklaverei und der Farbigen unternehme, ich tue es im Glauben, dass es zur Rettung der Union beiträgt; was auch immer ich unterlasse, ich unterlasse es, weil ich glaube, dass es zur Rettung der Union *nicht* beitragen kann.[11]

Der Wert strategischer Planung wird auch von bedeutenden Erziehungsanstalten anerkannt. In seinem Bericht über das akademische Jahr 1964/65 nennt Kingman Brewster jr., Rektor der Yale University, das Erziehungswesen »unsere wichtigste Aufgabe«. Unter der Überschrift »Perspektiven für die Planung« schreibt er:

Das Kuratorium, der Rektor und die Mitglieder der Yale Corporation[12] bedürfen einer Strategie der Zwecke und Mittel, wenn sie der Universität eine Richtung weisen und ihren Kurs von Monat zu Monat und von Jahr zu Jahr von neuem abschätzen wollen.

Ein Anstoß für die Entwicklung einer Strategie ist die Notwendigkeit, Prioritäten für die Zuteilung der knappen Mittel festzulegen ...

Eine weitere Erwägung, die jedes strategische Denken durchdringen muss, ist die fortlaufende Überprüfung unserer inhärenten und überkommenen relativen Vor- und Nachteile ...

Erzieherische Weisheit und ebenso Sparsamkeit ziehen gleichsam unsere Aufmerksamkeit auf die offensichtliche Tat-

---

[11] Aus The Living Lincoln, Hrs. Paul M. Angle und Earl Schenck Miers, Rutgers University Press, New Brunswick, N. J., 1955.

[12] *Anmerkung des Übersetzers:* Die »Yale Corporation« ist die Körperschaft, welche die Universität verwaltet.

sache, dass wir manche Dinge ... besser als andere, oder aber auch nicht so gut wie andere, tun können ... Solche Gedankengänge umreißen die angemessene Geisteseinstellung derjenigen, die für das Geschick der gesamten Universität verantwortlich sind.

Ein weiteres Beispiel: Die Harvard Business School sucht Studenten mit den besten Voraussetzungen, die künftigen Wirtschaftsführer zu werden, um die knappen Mittel der Universität – Lehrkörper, Anlagen und Geld – optimal zu verwenden. Obwohl die Universität ohnehin mit Bewerbungen überschwemmt wird, enthält Dekan George P. Bakers Strategie ein aktives Programm zur Rekrutierung von vielversprechenden Studenten.

Diese Beispiele aus der Politik und dem Erziehungswesen zeigen, dass strategische Planung hauptsächlich bemüht ist, die Organisation an ihre Umwelt anzupassen, grundsätzliche Probleme zu lösen, mit Beschränkungen fertig zu werden, inhärente und erworbene Vorteile und bedeutende neue Möglichkeiten zu nutzen.

Dass die gleichen Prinzipien auch im Wirtschaftsleben gelten, macht Sloan in seinem Buch »My Years with General Motors« deutlich. Beispielsweise wurde auch die American Telephone & Telegraph Company fast während ihrer gesamten Geschichte strategisch geführt, und unter der Leitung von Frederick Kappel gaben einige neue strategische Konzeptionen dem Unternehmen frische Impulse. Bei Du Pont wurde nach dem ersten Weltkrieg die strategische Entscheidung getroffen, das Unternehmen nicht auf die Herstellung von Sprengstoffen zu beschränken, wodurch es zum größten und erfolgreichsten Chemieunternehmen der Welt wurde.

Die Notwendigkeit strategischer Planung ist jedoch, wie Beispiele zeigen, nicht auf Organisationen von der Größe und Bedeutung von Regierungseinrichtungen, Universitäten oder überregionalen Großunternehmen beschränkt. Relativ gesehen ist sie für den unabhängigen Einzelhändler ein ebenso wirkungsvolles Instrument. Und sie ist mindestens ebenso notwendig. Der örtliche Einzelhändler ist effektiv zur strategischen Planung gezwungen, wenn er gegenüber der Konkurrenz der großen Ketten überhaupt überleben will.

## Das Vorgehen bei strategischer Planung

Strategisches Planen befasst sich, wie es Kingman Brewster ausdrückt, mit Überlegungen über die Richtung, die eine Organisation einschlagen soll. Nach meiner Überzeugung kann die strategische Planung der Richtung eines Unternehmens am systematischsten und wirksamsten durch folgende Schritte ausgeführt werden:

1. Die Zuständigkeit für strategische Planung ist den Linien-Managern unter verantwortlicher Oberleitung des Generaldirektors zu übertragen.

2. Die strategische Planung hat auf zwei Ebenen zu erfolgen: Für jeden Geschäftszweig muss separat geplant werden. Danach ist für jeden Geschäftsbereich und für die Gesamtunternehmung ein globaler Rahmen abzustecken, der die Einzelziele und die Strategien aller einzelnen Geschäftsbereiche und des gesamten Unternehmens umschließt.

3. Jeder Geschäftszweig des Unternehmens ist mit seinen jeweiligen Zielen und Zwecken getrennt zu definieren.

4. Die strategischen Überlegungen und Planungen für jeden Geschäftszweig des Unternehmens sind in drei miteinander verknüpfte Komponenten zu unterteilen:

• Abnehmerstrategie (Markt/Produkt): Wie können ausgewählte Teilmärkte ständig besser – und vor allem besser als von den Konkurrenten – bedient werden?

- Gewinnstrategie: Wie kann der Gewinn durch Ausschöpfung aller Gewinnmöglichkeiten im Unternehmen maximiert werden?
- Personalstrategie: Wie können fähige Mitarbeiter – besonders hochtalentierte und vielversprechende Persönlichkeiten zur Sicherstellung der Kontinuität wirksamen Managements – gewonnen, gehalten und gefördert werden?

Diese Unterteilung des strategischen Planens und Denkens stellt beide auf die drei Kriterien unternehmerischen Erfolges ein. Jede dieser Strategien verlangt nach etwas anders geartetem Denken und anderen Tatsachen, doch kann jede Einzelne ohne große Schwierigkeiten mit den anderen in Einklang gebracht werden. Zusammen stellen sie eine ganz bestimmte Denkweise über Unternehmens-Strategie dar.

5. Schließlich ist für einen angemessenen Stab zu sorgen, der die Linien-Manager bei ihrer Planungsarbeit unterstützt.

Im gesamten Planungsprozess ist selbstverständlich die tatsachenorientierte Methodik anzuwenden. Wesentliche Tatsachen zu übersehen oder zu vernachlässigen, kann kostspielig und verhängnisvoll sein. Außerdem ergibt nur das tatsachenorientierte Vorgehen praktische und realistische Ergebnisse und keine Luftschlösser. Gleichzeitig müssen alle gegenwärtigen, wesentlichen Annahmen über das Unternehmen konstruktiver Kritik unterworfen und einfallsreiche Alternativen vorurteilslos geprüft werden.

## Verantwortlichkeit für die Planung

Die entscheidende Rolle des obersten Leiters bei der strategischen Planung definiert ein anderes Nachschlagewerk unter

Strategie wie folgt: »Die Wissenschaft und Kunst militärischer Befehlsgewalt, deren Ausübung dazu dient, dem Feind unter vorteilhaften Bedingungen im Kampf zu begegnen.« Da in jeder Organisation die »Befehlsgewalt« von oben kommt, muss der oberste Leiter eines Geschäftszweiges, Bereiches, oder Unternehmens für dessen jeweilige Strategie verantwortlich sein.

Natürlich müssen die große Linie (das heißt die Zusammensetzung des Unternehmens nach Geschäftszweigen) und andere größere strategische Pläne des Gesamtunternehmens vom Aufsichtsrat gebilligt werden. Bereichsleiter werden darüber hinaus mehr ins Einzelne gehende Genehmigungen benötigen. Aber jeder Leiter hat für die ihm unterstellte Einheit die Strategie entweder selbst zu entscheiden oder in Vorschlag zu bringen. Diese Verantwortung kann nicht delegiert werden. Es ist eine *Führungsentscheidung.*

Natürlich muss der Unternehmensleiter bei der Erarbeitung strategischer Pläne Unterstützung haben. Den größten Nutzen wird er nach meiner Meinung aus einem informellen »Kabinett« von Linien-Managern ziehen, die ernsthaft, konzentriert und gemeinsam über Ziele, Zwecke und Strategie nachdenken. Diese Gruppe wird gewöhnlich aus etwa einem halben Dutzend dem Unternehmensleiter unmittelbar unterstellten Managern und vielleicht aus einigen anderen Mitarbeitern gebildet – ihre Anzahl sollte zehn nicht überschreiten.

In regelmäßigen Abständen – etwa einmal im Jahr, wenn nicht eine bedeutsame Entwicklung für eine frühere strategische Überprüfung der Lage spricht – soll der Chef mit seinem »Kabinett« zu einer profunden Überprüfung des Geschäfts, seiner Zukunft und Stellung im Wettbewerb zusammentreffen. Diese Zusammenkunft sollte möglichst kurz vor der gemeinsamen Aufstellung des Management-Programms und der Durchführungs-Planung (wie in Kapitel 7 dargestellt) erfolgen. Sie sollte fernab vom Druck der Tagesereignisse – vielleicht sogar außerhalb der Büros des Unternehmens – stattfinden. Und sie sollte die separate Überprüfung von Abnehmer-, Gewinn- und Personalstrategien einschließen.

In einem großen Unternehmen oder Bereich muss dem »Kabinett« der Leiter der Gesamt- (oder Bereichs)planung angehören; ein Stabsstellenleiter, der – wie wir noch sehen werden – für die Mitarbeit des Stabes in allen Phasen der Planung verantwortlich ist. Vor Beginn der Konferenz sollten er und sein Stab Tatsachen zusammentragen und alternative Strategien zur Begutachtung entwickeln. Die eigentliche Planung jedoch muss, da es sich um einen Entscheidungsprozess handelt, von der Linie ausgeführt werden; die unmittelbare Beteiligung der Linien-Manager ist der Schlüssel zum Erfolg. Wenn Linie und Stab Pläne auf systematische und gut organisierte Weise gemeinsam erarbeiten, stimulieren sie den gegenseitigen Gedankenaustausch, was oft überraschende Ergebnisse zeitigt.

Die unmittelbare Anteilnahme des Unternehmensleiters als oberster Chef ist auch aus einem anderen Grund wichtig: Der starke Widerstand gegen jede Änderung, der in allen großen Organisationen zu beobachten ist. Selbst in den erfolgreichsten Unternehmen finden sich zahllose Gründe für den Widerstand gegen Änderungen: veraltete Organisationsstruktur, Grundsätze und Methoden; quantitativer und qualitativer Personalmangel, unzureichende Nachrichtenübermittlung, Mangel an Verständnis, festgefahrene Gewohnheiten, persönliche Interessen, politischer Ehrgeiz und so weiter.

Da Änderungen der strategischen Pläne normalerweise auch grundsätzliche Änderungen in der Ausführung mit sich bringen, sind Ansehen und Führungskunst des Chefs für die erfolgreiche Durchführung gewöhnlich ausschlaggebend. Wie später dargestellte Beispiele zeigen werden, ist die Wirksamkeit strategischer Planung oft nicht so sehr eine Frage taktischen Einfallsreichtums wie eine der Zeitwahl und durchgreifender Handlung. (Ein wohlkonstruiertes und gut eingeführtes Management-System wird den Widerstand gegen Änderungen abbauen und durchgreifendes Handeln erleichtern.)

## Die Ebenen der strategischen Planung

Die Ausdrücke, »strategische Planung« und »Unternehmensplanung«, beziehen sich nach Meinung vieler ausschließlich auf den Eintritt in neue Geschäftszweige – das heißt auf die Verbreiterung der Unternehmensbasis durch Zukauf oder Fusion oder auf die Entwicklung neuer Produkte oder Dienstleistungen. Da solche Entscheidungen ganz offensichtlich den gesamten Rahmen des Unternehmens verändern, müssen sie natürlich auf sorgfältiger strategischer Planung beruhen. Keineswegs aber ist strategische Planung auf solche Entscheidungen beschränkt.

Bei den meisten Unternehmen bestehen in jedem einzelnen Geschäftszweig, also in jeder Gruppierung von Produkten oder Dienstleistungen mit gemeinsamem Markt, ausgiebige Möglichkeiten zur Verbesserung des Erfolges durch bessere Planung, einschließlich der strategischen Planung. Das Unternehmen oder auch nur ein Bereich mögen aus vielen solchen Geschäftszweigen bestehen. Will man den Gesamterfolg maximieren, muss man separat für jeden einzelnen Geschäftszweig planen. Ebenso muss aber auch auf der Ebene des Gesamtunternehmens strategisch geplant werden, da schließlich dort die große Konzeption eines Unternehmens mit weitverzweigten Interessen gestaltet wird.

Aber auch die Erarbeitung dieser großen Konzeption erfordert strategische Überlegungen über jeden Geschäftszweig, in dem das Unternehmen neu tätig werden könnte – sei es durch die Einführung neuer Produkte oder durch Kauf von bestehenden Gesellschaften. Die Blöcke der einzelnen Geschäftsbereiche müssen sich in den Rahmen des Gesamtunternehmens fügen. Jeder Block muss selbst auf vernünftiger strategischer Planung beruhen. Und jeder Block sollte die anderen strategisch unterstützen.

## Branchenaussichten und Wettbewerbslage

Als Grundlage für die Aufstellung von lang- und kurzfristigen Zielen und von Markt-, Gewinn- und Personalstrategien sollte die Leitung des Gesamtunternehmens, wie auch die der einzelnen Bereiche, die Gewinnaussichten in der jeweiligen Branche (oder den Branchen) gründlich und anhand von Tatsachen analysieren und die Wettbewerbslage des Unternehmens und seiner Bereiche in jeder dieser Branchen feststellen. Qualität und Tiefe dieser Analyse werden den Erfolg des gesamten Planungsprozesses weitgehend bestimmen.

Die *Branchenanalyse* sollte besonders die Trends untersuchen und sich nicht nur auf die gegenwärtige Situation beschränken. Sie sollte breit und tief genug angelegt werden, um folgende Faktoren einzubeziehen:

- Entwicklung der Absatzmengen, Kosten, Preise und Rendite des investierten Kapitals im Vergleich mit anderen Industrien.
- Gewinnentscheidende Faktoren innerhalb der Branche: Mengen, Material, Arbeit, Investitionen, Marktanteil und Stärke des Vertriebsnetzes.
- Bedingungen des Eintritts neuer Konkurrenten in die Branche, einschließlich der erforderlichen Kapitalinvestitionen.

- Verhältnis zwischen gegenwärtiger und künftiger Nachfrage und Produktionskapazität und seine wahrscheinlichen Auswirkungen auf Preise und Gewinne.

In der Analyse der *Wettbewerbsposition* des Unternehmens sollte die Entwicklung von Umsatz und Marktanteil des Unternehmens untersucht und detaillierte, konkrete Informationen über Wettbewerbsstärken und -schwächen zusammengestellt werden. Die besonderen Stärken und Schwächen jeder hauptsächlichen Produktgruppe müssen identifiziert und im Hinblick auf jeden wichtigen Markt oder Teilmarkt bewertet werden. Schließlich sind Erscheinen neuer Produkte oder neuer Konkurrenten zu ermitteln und deren Auswirkungen zu beurteilen.

Ausgerüstet mit einem grundlegenden und auf Tatsachen beruhenden Verständnis dieser Umwelt- und Wettbewerbsfaktoren, stehen die Leiter der erfolgreichsten Firmen oder Konzernbereiche Veränderungen, welche die jeweilige Branche oder die Stellung des Unternehmens in ihr beeinflussen können, stets wachsam gegenüber. Ihre Entschlossenheit, mit wirtschaftlichen Umweltbedingungen erfolgreich fertig zu werden und nicht in wechselhaften Strömungen dahinzutreiben, lässt diese Unternehmensführer die Kräfte am Werk ständig neu identifizieren und ihre Wirkung abschätzen. Neuen Einfällen gegenüber aufgeschlossen, untersuchen sie Alternativen, ohne Voreingenommenheit zugunsten existierender Pläne. Es ist bezeichnend, dass sie darauf bestehen, diese Analyse schriftlich festzuhalten – nicht in Form eines langatmigen und allgemein gehaltenen Protokolls, sondern als klare quantitative und qualitative Zusammenfassung aller Alternativen und Faktoren, die bei strategischen Entscheidungen über den Unternehmenserfolg berücksichtigt werden müssen.

# Ziele

Nach der Zielsetzung seines Unternehmens befragt, würde ein typischer Unternehmensführer wahrscheinlich mit Nachdruck antworten: »Erwirtschaftung eines Gewinnes!«

Natürlich muss ein Unternehmen Gewinn erzielen, um zu überleben; und es muss einen ausreichend großen Gewinn haben, um erfolgreich zu sein. Die Vorstellung vom Gewinn als dem Ziel des Unternehmens ist deshalb verlockend, aber sie ist auch gefährlich und trügerisch. Nach meiner Meinung werden Führungskräfte jedes Unternehmens bessere strategische Entscheidungen treffen, wenn sie den Gewinn als eine Entlohnung für bessere Marktleistung betrachten – nicht so sehr als Selbstzweck, sondern als Maßstab unternehmerischer Wirksamkeit im Erreichen anderer Ziele.

Besseres strategisches Denken und bessere strategische Entscheidungen stellen sich nach meinem Dafürhalten als natürliche Folge ein, wenn das Unternehmen darauf abzielt, Erzeugnisse und Dienstleistungen zu erbringen, die für den Abnehmer so wertvoll sind, dass dem Unternehmer ein *Anrecht* auf steigenden Umsatz und Gewinn entsteht. Diese Unterscheidung mag akademisch klingen. Trotzdem ist sie wirklichkeitsnah und nützlich. Ich bin davon überzeugt, dass sie Überlegungen über Abnehmer-, Gewinn- und Personalstrategie fördert.

Es darf nicht übersehen werden, dass in einer Wettbewerbswirtschaft Gewinne *verdient* sein wollen. Aus diesem Blickwinkel sind sie grundsätzlicher Maßstab für den Marktwert des Leistungsbeitrags eines Unternehmens für Verbraucher, Händler, Arbeitnehmer und Öffentlichkeit. Nur durch Maximierung dieses Beitrages kann ein Unternehmen seinen Gewinn langfristig maximieren. Oder wie ein bekannter Unternehmer, mit dem ich mich über diese Differenzierung unterhielt, es ausdrückte: »Ja, ich verstehe:

Man soll sich auf Dinge konzentrieren, die den Gewinn hervorbringen, nicht auf den Gewinn selbst.«

Präsident Calvin Coolidge formulierte denselben Gedanken in folgender Weise:

Keine Unternehmung kann allein für sich selbst bestehen. Sie erfüllt irgendein wesentliches Bedürfnis; sie leistet irgendeinen wesentlichen Dienst, jedoch nicht für sich selbst, sondern für andere; versagt sie hierin, hört sie auf, Gewinn zu erzielen und geht unter.

Die gleiche Überlegung stellte kürzlich Gerald L. Phillippe, Aufsichtsratsvorsitzender der General Electric Company, in einer Rede unter dem Titel, »Im Dienste der Öffentlichkeit«, an:

Mit zunehmender Verfeinerung in unternehmerischen Entscheidungen haben wir erneut gelernt, dass der ›Nürnberger Trichter‹ zum geschäftlichen Erfolg darin besteht, die sich ständig ändernden Wünsche und Bedürfnisse der Öffentlichkeit so gewissenhaft wie möglich zu erfüllen. Herauszufinden, woraus diese Wünsche und Bedürfnisse bestehen und sich dann auf ihre rationelle Erfüllung einzustellen, ist gewinnbringender und auch sozial verantwortungsvoller.[13]

Vielleicht könnte man meinen, die Betrachtung des Gewinns als Maßstab anstatt als Ziel sei Haarspalterei. Ich glaube jedoch, dass diese Unterscheidung überaus nützlich ist, unternehmerisches Denken bei der Entwicklung von Strategien, insbesondere Marktstrategien, zu lenken.

Die Zielsetzung eines Unternehmens oder eines Bereiches – ihre »Mission«, wenn man so will – muss in breitangelegten und bleibenden Konzeptionen aufgestellt werden, welche die Aufmerksamkeit jedes Einzelnen auf das »was wir unternehmen wollen« oder »welche Art von Unternehmen

---

[13] Gerald L. Philippe, »The Public Be Served«, Rede vor dem National Industrial Conference Board, 29. Oktober 1964.

wir haben wollen« konzentrieren. Ziel beziehungsweise Mission sollte definieren, wie die Organisation den Menschen dienen will. Dieser Gedanke des Dienstes sollte sich daher in den Formulierungen widerspiegeln.

Bei Du Pont hat man diese Kriterien mit dem Slogan »Bessere Produkte für besseres Leben durch die Chemie« befolgt. Die Ziele und die Strategie, die dieser Slogan ausdrückt, haben Du Pont in der chemischen Industrie durch eine wirkungsvolle Marktstrategie dynamisch wachsen lassen. Eine ausgezeichnete Formulierung unternehmerischer Zielsetzung findet sich auch im Jahresbericht der International Business Machines Corporation für 1965:

Unser Geschäft besteht in der Erfindung von Maschinen und Methoden, um bei der Lösung der zunehmend komplizierten Probleme in Wirtschaft, Regierung, Wissenschaft, Raumforschung, Erziehungswesen, Medizin und praktisch jedem anderen Gebiet menschlichen Strebens zu helfen.

Ein Ziel ist dauerhaft, nicht zeitlich gebunden und niemals voll verwirklicht. Aber wenn Ziele Menschen leiten und inspirieren sollen, so muss ihre Formulierung definitiv sein. Du Pont und IBM definieren ihre Ziele im Sinne der Dienstleistung für andere, und deshalb haben sie eine inspirierende Wirkung auf die Angehörigen des Unternehmens, von denen schließlich das Erreichen der Ziele abhängt.

Die Natur der Zielsetzung soll in nachstehenden Beispielen noch eingehender beleuchtet werden. Zunächst muss jedoch zu einem allgemein gültigen Unternehmensziel ein Wort gesagt werden: Wachstum. Ganz offensichtlich verlangen die Maßstäbe des unternehmerischen Erfolges – Umsatz, Marktanteil und Gewinn – dass eine Organisation wächst. Nicht so offensichtlich, jedoch langfristig eher noch wichtiger ist die Tatsache, dass Wachstum erforderlich ist, will das Unternehmen die für die Kontinuität wirksamen Managements benötigten fähigen Mitarbeiter – unser drittes

Erfolgskriteriumy – anwerben und halten. Ohne Wachstum zur Schaffung von Beförderungsmöglichkeiten und steigender Vergütung sind fähige Führungskräfte kaum zu bekommen. Die fähigen Kräfte werden gehen, während die weniger fähigen bleiben. Dies setzt eine »Fäulnis« in Gang, die zum Untergang des Unternehmens führen kann.

Die volle Bedeutung dieses Beweggrundes unternehmerischen Wachstums wird bei der Ausarbeitung und Anwendung eines Management-Systems oft übersehen. Darüber hinaus versäumen es viele Unternehmensführungen, auf die im Wachstumsziel enthaltenen persönlichen Zukunftschancen für alle Mitarbeiter hinzuweisen. Wenn sie alle Leitungsebenen davon überzeugen, dass Wachstum für langfristiges Überleben schlechthin unentbehrlich ist, können die Spitzenmanager bei den Nachwuchskräften Führungswillen entwickeln, die individuelle Leistung steigern und Esprit des Corps erzeugen. Das ist der Multiplikatoreffekt eines wirksamen Systems. Kurzum, die Bedeutung des Wachstums als fundamentaler Bestandteil der Markt-, Gewinn- und Personalstrategie sollte es zu einem bewussten und klar formulierten Ziel jedes Unternehmens machen. Die Zweckmäßigkeit, zwischen Fern- und Nahzielen zu unterscheiden, wurde bereits früher erwähnt. Nahziele und Teilnahziele stellen das spezifische Soll für Planung und Ausführung dar. Nahziele sind Bestandteile der Fernziele, während Teilnahziele sich an Nahzielen orientieren. Nahziele und Teilnahziele sind wertmäßig oder zeitlich quantifizierbare Aufgaben, die sich realistisch erreichen lassen müssen. Ein Gewinnziel würde demnach ein bestimmter Betrag in einer bestimmten Periode sein. Oder ein mehr permanentes Nahziel könnte in Form von Rendite des investierten Kapitals festgelegt werden. Da Nahziele Richtlinien für die Entwicklung von Management-Programmen und von Durchführungsplänen sind, werden sie noch ausführlicher in Kapitel 7 besprochen.

# Abnehmerstrategie

Sobald das Ziel des Unternehmens und des Bereiches festgelegt ist, beginnt die strategische Planung mit der Abnehmer- beziehungsweise Produkt- oder Marktstrategie. Das heißt, es müssen Wege für das Leistungsangebot gegenüber den Abnehmern gefunden werden mit dem Zweck, den Umsatz zu steigern, den Marktanteil zu vergrößern und damit den Gewinn zu erhöhen.

Was Abnehmerstrategie bedeutet, wurde in einem Arti- kel von J. W. Keener, Generaldirektor von B. F. Goodrich, gut formuliert:

Alle Tätigkeiten eines Unternehmens müssen auf den Markt ausgerichtet sein. Jede Unternehmensfunktion muss am Markt orientiert werden und mit dem Markt in Einklang stehen. Forschung und Entwicklung, Produkti- on, Finanzierung und Revision, Personalwesen, alle müs- sen ständig das Marktgeschehen berücksichtigen.[14]

Später spricht Mr. Keener in seinem Artikel von »Ab- nehmern«; diesen Ausdruck ziehe ich der Bezeichnung »Markt« vor. Mit beiden Bezeichnungen trifft Mr. Keener ins Schwarze.

Alle Handelsstufen (Vertreter, Händler, Einzelhändler und so weiter) müssen selbstverständlich bei der Ausarbei- tung der Abnehmerstrategie beachtet werden. Tatsächlich ist die wirksamste Abnehmerstrategie jene, welche jeden einbe- zicht, der die Kaufentscheidung trifft oder maßgeblich beein- flusst. Deshalb muss bei der Entwicklung der Strategie zunächst festgestellt werden, wer die Kaufentscheidung trifft oder beeinflusst. Das ist ein Teil des Tatsachenmaterials für Abnehmerstrategie.

---

[14] J. W. Keener, »Marketing's Job in the 1960s«, *Journal of Marketing* (National quarterly publication of the American Marketing Association), Januar 1960.

Das Hauptaugenmerk der Abnehmerstrategie muss sich auf den Endverbraucher richten, weil er normalerweise die Kaufentscheidung trifft oder doch stark beeinflusst. Wenn möglich, sollten jedoch auch für jede dazwischenliegende Handelsstufe Strategien entwickelt werden. Gelegentlich – wenn zum Beispiel das Produkt undifferenzierbar ist und als Massengut verkauft wird – muss die Abnehmerstrategie sich fast ausschließlich auf strategisch ausgerichtete Werbungsaktionen bei den Zwischenstufen beschränken. Im Idealfall sollte jedoch die Abnehmerstrategie beim Verbraucher beginnen und dann erst die vorgeschalteten Handelsstufen erfassen.

Die beste Abnehmerstrategie lässt sich meines Erachtens durch tatsachenorientiertes Durchdenken der folgenden vier strategischen Elemente aufbauen: 1. Leistung und Qualität des Erzeugnisses, 2. Kundendienst, 3. Markengeltung, 4. Preis.

Wenn der Verbraucher keine echten Gründe hat, die besondere Kombination von Leistung, Kundendienst und Marktgeltung Ihres Produktes zu kaufen, werden Sie dessen Preis herabsetzen müssen. Anders ausgedrückt, der Wettbewerbspreis ist einfach die Folge der relativen Wettbewerbsstärke der Kombination von Leistung, Kundendienst und Marktgeltung Ihrer Produkte für den Abnehmer – das heißt Ihres besonderen ›Pakets‹ von Abnehmer-Werten. Tatsachen sollten so zusammengestellt und strategische Pläne dahingehend gestaltet werden, dass die Anziehungskraft dieses ›Pakets‹ (oder dieser Kombination) im Markt maximiert wird und ein entsprechender Preis festgesetzt werden kann. Deshalb meine ich, dass ganz allgemein das Marketing die Wettbewerbs-Schneide des Unternehmens erstellen sollte.

Ich will auf jedes dieser vier strategischen Elemente kurz eingehen, wobei ich Fallbeispiele heranziehen werde, um ihre Brauchbarkeit als Richtlinien für strategisches Denken bei der Entwicklung einer Abnehmer- (oder Produkt- beziehungsweise Markt-) Strategie zu untersuchen:

1.  *Leistung und Qualität des Erzeugnisses:* Was war das Geheimnis der Wilkinson-Sword-Rasierklinge? Wie konnte es einem Neuling wie Wilkinson durch den Verkauf eines teuren Produktes mit wenig Werbeunterstützung gelingen, sich einen beträchtlichen Teil des von Gillette beherrschten Marktes zu erobern? Die Antwort: hervorragende Leistung und Qualität des Produktes, die jeder Verbraucher mit Leichtigkeit selbst feststellen konnte. Die Strategie von Wilkinson war ganz eindeutig auf den Abnehmer ausgerichtet. Gillette schlug mit einer ebenfalls abnehmerbezogenen Strategie zurück, indem die Leistung der eigenen Klingen verbessert und als völlig neues Produkt eine Kombination von Rasiergerät und Klinge geschaffen wurde.

Die Wilkinson-Strategie der besseren Produktleistung hatte zwei Aspekte. Die qualitative Leistung des Produktes war, gemäß Labortest, tatsächlich überlegen. Außerdem konnte der Verbraucher diese Überlegenheit leicht feststellen. Sie war in diesem Falle so ausgeprägt, dass Mund-zu-Mund-Werbung zunächst bezahlte Werbung ersetzte.

Damenstrümpfe aus Nylon hatten aufgrund ihrer Qualität einen noch dramatischeren Markterfolg. Bei den Industriegütern ist die Leuchtstoffröhre das Gegenstück zu rostfreien Rasierklingen und Nylonstrümpfen. Alle diese Erzeugnisse dienten dem Verbraucher besser – und zwar offensichtlich besser. Erhebliche Gewinne stellten sich als Nebenprodukt ein.

Diese strategische Konzeption kommt auch in dem Slogan von Du Pont deutlich zum Ausdruck: »Bessere Güter für besseres Leben durch Chemie«. Die außerordentlich hohe Rendite, die Du Pont während der vergangenen Jahre erzielte, beruht wesentlich auf der Fähigkeit des Managements, diesen Werbespruch in Form eines ständigen Stroms durchschlagend besserer, neuer Produkte zu verwirklichen: Autolacke, Zellophan, Nylon, Dacron und Corfam, um nur einige zu nennen. Die überlegene Leistung all dieser Produkte war für den Verbraucher deutlich erkennbar. Der Autolack war gleichzeitig ein besseres Erzeugnis für eine Zwischenstufe, nämlich den Automobilproduzenten. Durch schnelleres Trocknen des Lackes konnte er die Halbfabrikatsbestände beträchtlich reduzieren.

Im Grunde genommen kauft der Verbraucher Ihr Produkt, weil es ihm bessere Dienste leistet als das Erzeugnis der Konkurrenten. Das heißt, es gewährt ihm mehr materielle Vorteile (eine bequemere Rasur), immaterielle Befriedigung (hübschere Beine) und/oder höheren Wert (dauerhafte Klingen; Strümpfe, die gut aussehen und sich lange tragen).

Die Leistung des Produktes ist ein weiter Begriff. Er ist nicht allein auf die greifbaren und sichtbaren Wettbewerbsvorteile in Nützlichkeit oder Preis beschränkt. Mode, Stilempfinden und Prestige spielen ebenfalls eine Rolle. Ein Parfüm von Rang »leistet« mehr als unbekannte Marken, auch wenn es nach dem Empfinden vieler eigentlich nicht besser riecht. Bessere Leistung kann sogar eine Frage der Verpackung sein; zum Beispiel eine leicht zu öffnende Dose.

Abgesehen von Kundendienst, Markengeltung und Preis gibt es unzählige Gründe, warum Verbraucher dazu gebracht werden können, Ihr Produkt zu bevorzugen. Aber die beste Abnehmer-Strategie sollte zuallererst und von Tatsachen ausgehend, konsequent, entschlossen und ideenreich auf überlegene Produktleistung für den Verbraucher gerichtet sein. Dies ist der beste Weg, Werte zu schaffen, die dem Unternehmen ein Anrecht auf höhere Gewinne geben. Die Spanne an Überlegenheit braucht nicht groß sein, aber in einer Wettbewerbswirtschaft muss sie authentisch sein.

Die zentrale Bedeutung des Erzeugnisses in der strategischen Planung wird in Mr. Keeners Artikel treffend zusammengefasst:

Alles beginnt mit den Bedürfnissen und Wünschen des Endverbrauchers eines Produktes. Die Art des Produktes – seine Eigenschaften, Gestaltung, Farbe, Größe, Qualität, sein Preis – alles muss auf die Bedürfnisse und Vorstellungen des Endverbrauchers ausgerichtet sein. Wer in Übereinstimmung mit diesem Marketinggrundgesetz plant und handelt, wird unter denen sein, die im Bezug auf Wachstum im kommenden Jahrzehnt an der Spitze liegen.

Vor einem Unterausschuss des Senats wurde Harlow Curtice, damals Generaldirektor von General Motors, gefragt, ob der Prüfstein für erfolgreiches Management die Fähigkeit sei, eine ausreichende Rendite zu erzielen. Er antwortete: »Das ist sicher richtig, aber darüber hinaus müssen wir jedes Jahr dem Kunden mehr bieten, sei es höherer Wert oder geringerer Preis.«

2. *Kundendienst:* Vielleicht kauft der Abnehmer Ihr Produkt, weil Sie gegenüber der Konkurrenz den besseren Kundendienst zur Verfügung stellen. Dieser Kundendienstvorteil kann sich in mannigfachen Formen äußern. Das Produkt mag einfach bequemer zu kaufen sein. Die Lieferung mag schneller oder zuverlässiger erfolgen. Standard-Erzeugnisse werden vielleicht in kleineren Mengen oder ungewöhnlichen Kombinationen angeboten. Ein technischer Beratungsdienst mag zusätzlich geboten werden, um dem Verbraucher die Anwendung, Wartung oder Erhaltung des Produktes zu erleichtern. Auch durch die selbstverständliche Annahme von Rück-

sendungen kann das Unternehmen gegenüber seinen Konkurrenten einen Vorsprung gewinnen.

Die Kundendienststrategie wird häufig beim Verkauf von Massengütern und industriellen Erzeugnissen mit Massencharakter angewendet. Überlegener Kundendienst stärkt aber auch die Strategie für Konsumgüter. Bei General Foods und Johnson & Johnson sind zum Beispiel Lager- und Auslieferungssysteme entwickelt worden, mit deren Hilfe größere Kombinationen kleinerer Mengen einzelner Erzeugnisse schnell und wirtschaftlich ausgeliefert werden können.

Hervorragender Kundendienst spielte eine wichtige Rolle für den Erfolg des Lastwagen- und Anhängergeschäfts bei General Motors. Ein Bericht an einen Unterausschuss des Senats aus dem Jahr der damals die Kartell-Gesetzgebung untersuchte, beschreibt, dass der beträchtliche Wettbewerbsvorteil der General Motors Corporation gegenüber der Konkurrenz durch eine »einmalige Gruppe geschulter Spezialisten erzielt wurde, die genau und umfassend den Betriebsablauf der jeweiligen Kundenfirma übersehen und wohlüberlegte und nützliche Ratschläge zur Leistungsverbesserung erteilen konnten«.

Die Fachleute des Senats kommentierten diesen Bericht damit, dass »ein solcher Kundendienst von ganz besonderem Wert für kleine Unternehmen sein dürfte, die mit begrenztem Kapital auf einem Gebiet, das ein beträchtliches Know-how erfordert, tätig sind – besonders, da dieser Kundendienst kostenlos ist.

3. *Markengeltung:* Vielleicht zieht der Abnehmer Ihre Produkte den Konkurrenzerzeugnissen aber auch deshalb vor, weil er Ihrem Unternehmen oder Ihrer Marke aufgrund früherer guter Erfahrungen hinsichtlich Pro-

duktleistung oder Kundendienst, mehr Vertrauen entgegenbringt. Beispielsweise könnte eine Hausfrau den Kauf eines bestimmten Kühlschranks vorziehen, weil Freunde, die den gleichen Kühlschrank besitzen, ihr erzählt haben, dass dieser Kühlschrank ein Minimum an Wartung verlangt.

Vertrauen in eine Marke oder ein Unternehmen kann durch Werbung aufgebaut werden, vorausgesetzt, dass die Leistung des Erzeugnisses den Werbebehauptungen entspricht. Viele Verbraucher bevorzugen überregional propagierte Marken, weil sie festgestellt haben, dass man den Angaben über Qualität und Leistung in der überregionalen Werbung im Allgemeinen mehr trauen kann.

Das wird auch in dem eben zitierten Bericht des Senats über General Motors deutlich: »Zusätzlich«, so wird ausgeführt, »verschafft der enorme Goodwill beim Verbraucher, den General Motors im Verlauf längerer Zeit durch umfangreiche Werbung aufgebaut hat, sowie nachweisbar erfolgreiche Leistung dem Unternehmen einen eindeutigen Vorteil gegenüber kleineren Konkurrenten, der nicht unbedingt auf Erwägungen von Qualität, Preis oder Kundendienst allein beruht.«

4. *Preis:* Um es noch einmal zu wiederholen: Wenn man dem Abnehmer keine Gründe für den Kauf des eigenen Produktes gibt, die auf authentischer und erkennbarer Leistung, Überlegenheit im Kundendienst, oder Marktgeltung beruhen, so bleibt nur der niedrigere Preis, um wettbewerbsfähige Werte mit einer Chance auf Marktanteil und Gewinn anzubieten. Niedrigere Preise, engere Gewinnspannen und geringere Rendite muss jedes Unternehmen in Kauf nehmen, wenn es ihm nicht gelingt, eine der Konkurrenz überlegene Marktleistung zu erbrin-

gen. Umgekehrt sind höhere Preise, breitere Gewinnspannen und bessere Renditen die Belohnung für eine Abnehmer-Strategie, die eine überlegene Kombination von Produktleistung, Kundendienst und/oder Markengeltung hervorbringt.

Auf den Abnehmer bezogenes strategisches Denken und Planen empfiehlt sich für Unternehmen jeder Art. Massengüter wie Kupfer, Zement und Baumwolle werden hauptsächlich über den Preis verkauft, weil es für sie keine andere Abnehmer-Strategie gibt. Dennoch müssen die Manager in diesen Geschäftszweigen ihr strategisches Denken ständig auf die überlegene Qualität ihres Produktes, den Kundendienst und ihren Firmen-Goodwill richten. Aluminiumhersteller haben ihre Strategie darauf ausgerichtet, durch Beweise der überlegenen Leistung und/oder des Wertes ihrer Produkte potentielle Abnehmer zur Substitution zu überreden. Zementunternehmen wenden eine Kundendienst-Strategie an, indem sie zwecks besserer Lieferbereitschaft fernab von ihren Fabriken Lager einrichten, die promptere Kundenbelieferung ermöglichen.

In jedem Unternehmen hat das Marketing die hauptsächliche Verantwortung, die Linien-Manager bei der Gestaltung des Firmenschicksals und der Stärkung der Wettbewerbsfähigkeit zu unterstützen. Der Leiter des Marketing ist der wichtigste, wenn auch nicht der einzige Lieferant von Tatsachen zur Untermauerung der Abnehmer-Strategie. Ferner ist er in erster Linie für die Entwicklung von Alternativen verantwortlich, die der Generaldirektor bei der endgültigen Entscheidung über die Art der Abnehmer-Strategie berücksichtigt.

Wir wollen jetzt einige praktische Beispiele untersuchen, wie Unternehmen in verschiedenen Wirtschaftszweigen wirksame Abnehmerstrategien entwickelt haben.

# Der Kampf in der Automobilindustrie

Die bekannte Geschichte der American Motors Corporation ist ein dramatisches Beispiel dafür, wie ein »kleines« Unternehmen, welches sich überdies in erheblichen finanziellen Schwierigkeiten befand, es – wenigstens zeitweilig – verstand, eine ansehnliche Stellung in einer von intensiver Konkurrenz gekennzeichneten und von einem einzigen Unternehmen, General Motors, beherrschten Industrie, wiederzugewinnen. General Motors setzte 1963 16,5 Milliarden Dollar, AMC 1,2 Milliarden Dollar um.

AMC ging 1954 aus der Fusion zweier kranker Unternehmen, der Nash-Kelvinator Corporation und der Hudson Motor Car Company hervor. Zur gleichen Zeit sahen sich die drei führenden Autohersteller zur Befriedigung einer nach ihrer Meinung beginnenden Nachfrage für größere und stärkere Autos gezwungen, ihre Preise jedes Jahr um 75 bis 100 Dollar zu erhöhen. Hierdurch entstand eine Marktlücke, in die – gemeinsam mit einigen ausländischen Marken – der kleinere und billigere Rambler der AMC schlüpfen konnte.

Das Management von AMC nutzte diese Gelegenheit durch eine aggressive Werbung über die Vorzüge eines kleineren und wirtschaftlicheren Wagens mit Seitenhieben auf die »benzinschluckenden Dinosaurier« ihrer Konkurrenten. Zwischen 1957 und 1960 stiegen die Rambler-Verkäufe ständig von ungefähr 120.000 auf 480.000, und der Marktanteil des Unternehmens schnellte von 1,7 auf 7,1 Prozent hinauf. Zwischen 1959 und 1963 erreichten die Jahresgewinne im Durchschnitt fast 41 Millionen Dollar. Ein Beobachter meinte, dass »der Aufstieg der American Motors eine der größten Erfolgsgeschichten der amerikanischen Wirtschaft« war.[15] Das Management von AMC nahm Ände-

---

[15] David R. Jones in *The New York Times*, 7. September 1964.

rungen in der Motivation der Kaufentscheidungen bei den Abnehmern wahr, die von wachsendem Interesse an den Kosten der Fahrzeughaltung ausgelöst wurden; es stellte in den Erzeugnissen der Konkurrenz Marktlücken für Kleinwagen fest und fand heraus, dass der kleine Wagen von AMC diese Lücke schließen konnte.

Obwohl die drei großen Autohersteller dem Rambler und den ausländischen Wagen durch eigene kleinere Wagen bald Schach boten, beweist dieser Fall, dass eine Abnehmerstrategie einen Wettbewerbsvorsprung selbst gegen starke Konkurrenz erzielen kann, wenn sie dem Verbraucher echte und erkennbare Vorteile bietet; aber auch wieder verloren geht oder abnimmt, sobald diese Vorteile verschwinden oder sich verringern.

## Strategie in der Behälter- und Kartonagenindustrie

Unternehmen in dieser von hartem Wettbewerb gekennzeichneten Industrie der genarbten und glatten Kunstfaserbehälter und Kartonagen wenden zwei grundsätzlich verschiedene Strategien an. Vornehmlich Unternehmen der Holz- und Papierindustrie haben sich vertikal integriert, indem sie unmittelbare Kunden – die Hersteller von Versandbehältern und Pappkartons – aufgekauft haben. Sie betrachten dann »ihre« Behälter- und Kartonagenbetriebe im Allgemeinen einfach als Mittel zum Verbrauch ihrer gewinnbringenden Papier- und Holzerzeugung. Diese Unternehmen haben ihre Strategie nicht auf den Endverbraucher ausgerichtet.

Eine entgegengesetzte Strategie verfolgt die Container Corporation of America. Vor der New York Society of Security Analysts hat ihr Generaldirektor Leo H. Schoenhofen diese 1963 wie folgt beschrieben:

Unser Geschäft ist das Verpacken, und unsere Strategie zielt darauf ab, den Wert der Pappe durch den Umwandlungsprozess maximal zu erhöhen, um eine maximale Rendite zu erzielen.

Der von uns produzierte Mehrwert besteht in einfallsreicher struktureller Formgebung, hervorragender graphischer Gestaltung und hochwertigem Druck. Ganz offensichtlich beauftragen unsere Kunden uns mit dieser zusätzlichen Leistung nicht deshalb, damit für die Container Corporation eine gute Rendite herausspringt. Unsere Kunden legen Wert auf vernünftige Konstruktionen und gute Graphik für ihre Packungen, weil diese Faktoren die Anziehungskraft ihrer Produkte und damit die Zufriedenheit ihrer Kunden erhöhen ...

Der Akzent unserer Anstrengungen liegt im Gegensatz zu den voll integrierten Unternehmen im Marketing. Wir kaufen zu unserer eigenen Produktion noch Pappe, Papiermasse und Holz hinzu, sodass wir bei den von uns verwendeten Materialien immer flexibel sind. Unsere Teilintegration ermöglicht uns die volle Auslastung unserer Kapazitäten und eine entsprechend freie Wahl bei der Annahme von Aufträgen. Vor allem hierauf ist die Tatsache zurückzuführen, dass unser Gewinn von 1,72 Dollar pro Aktie nur 6 Prozent unter dem unseres besten Jahres lag ...[16]

Wenn wir uns auch hauptsächlich mit Papierverpackung beschäftigen, so beobachten wir doch alle anderen Verpackungsmaterialien hinsichtlich ihres Markt- und Gewinnpotentials genau. Verschiedene Materialien werden gegenwärtig in Kombination mit Pappe durch Verleimung oder Vermischung verwendet ...

---

[16] *Anmerkung des Übersetzers:* Mr. Schoenhofen bezieht sich auf den Jahresgewinn 1962, der im Gegensatz zu anderen Unternehmen auch in der Rezession 1961/1962 relativ hoch war.

Die Gewinnentwicklung der Container Corporation beweist den Erfolg dieser Strategie. Wie viele von Ihnen bemerkt haben, hat »Banker Monthly Magazine« vor einem Monat berichtet, dass die Rendite bei Container Corporation 1956 bis 1961 durchschnittlich 10,1 Prozent gegenüber 7,8 Prozent der 6 Hauptkonkurrenten betrug ...

Der Unterschied zwischen diesen beiden Strategien ist groß. Die eine konzentriert sich auf die Verarbeitung von Holz oder die Vollbeschäftigung der Papiermühlen, während die andere darauf abzielt, die unmittelbaren Kunden der Container Corporation beim Verkauf *ihrer* Produkte an die Endverbraucher zu unterstützen, wodurch sie den Bedarf an Versandbehältern und Pappkartons seitens der unmittelbaren Abnehmer ausweitet.

Die abnehmerbezogene Strategie hat eine erheblich verschiedene Wirkung auf die Zusammensetzung der Tätigkeiten des Unternehmens. Container Corporation beschäftigt umfangreiche Stäbe für die Gestaltung von Packungen, die Entwicklung von Verpackungsmaschinen und die Verpackungsforschung. Im Gegensatz dazu bieten viele der Unternehmen mit einer am Rohmaterial orientierten Strategie solche Leistungen zwar ebenfalls an, doch sind sie in der Regel weniger umfassend und eher defensiv ausgerichtet. In den meisten Branchen macht sich eine abnehmerbezogene Strategie am besten bezahlt, weil sie bessere Dienstleistungen erstellt.

## Strategie bei Mode-Artikeln

Bei einem Umsatz von 88 und einem Gewinn von 7 Millionen Dollar im Geschäftsjahr 1964 ist Bobbie Brooks, Inc., einer der größten und erfolgreichsten Hersteller von Damenoberbekleidung. Das Wall Street Journal schreibt über einen der Schlüssel zu diesem Erfolg:

Die Strategie ist einfach: Man nehme eine Zielgruppe von Abnehmern; für Bobbie sind das Mädchen zwischen 15 und 24. Man studiere ihren Geschmack, so eingehend wie möglich. Man entwerfe nur für diese Gruppe, richte die Werbung speziell auf sie aus, inszeniere Modeschauen ausschließlich für sie ... Und dann verkaufe man an diese Gruppe in besonderen Abteilungen für junge Damen, überall dort, wo die Geschäfte zu einer solchen Einrichtung überredet werden können. Die Mädchen können dann ihre Kleidung aussuchen, ohne im ganzen Geschäft herumlaufen zu müssen und sich in der Menge älterer Frauen zu verlieren.

In einer Branche, in der viele Unternehmen zu klein sind, eine eigene Marketing-Strategie zu entwickeln, hat diese Methode Bobbie praktisch zu einem Ausnahmefall gemacht.[17]

Diese Strategie hat dem Unternehmen kurzlebige Mode-Ekstasen erspart und es veranlasst, eigene Vertriebsmethoden zu entwickeln und seine Werbung unmittelbar auf den Endverbraucher zu konzentrieren. In einer von bitterer Konkurrenz, wilder Preisunterbietung und hoher Sterblichkeitsrate gekennzeichneten Branche sticht der Erfolg von Bobbie Brooks hervor. Er unterstreicht wiederum den Wert einer Strategie, die eindeutig *führt* und sich nicht vor der Abkehr von herkömmlichen Methoden der Branche scheut. Und er zeigt, wie Bobbie Brooks durch die konsequente Ausrichtung aller Tätigkeiten auf die festgelegte Strategie eine Beständigkeit im Zielbewusstsein erreicht hat, welche die Wirkung der Strategie auf Abnehmer und Verteiler erhöht.

---

[17] *The Wall Street Journal,* 14. Dezember 1964, S. 1.

## Strategie in Dienstleistungsunternehmen

Ende 1963 verfügten Merrill Lynch, Pierce, Fenner & Smith über 150 Büros in den USA, Kanada und Übersee. Das Unternehmen zählte 500.000 Klienten gegenüber 48.000 im Jahre 1940. Der Bruttoertrag belief sich in jenem Jahr auf 170 Millionen Dollar (gegenüber 9 im Jahre 1942); es war verantwortlich für mehr als 12 Prozent (gegenüber 9,3) aller Transaktionen an der New York Stock Exchange von mehr als 100 Aktien und fast 20 Prozent (gegenüber 10,2) aller Transaktionen von weniger als 100 Aktien; die Kapitalisierung betrug 108 (6) Millionen Dollar, und der Nettogewinn war mit fast 18 (0,146) Millionen Dollar ausgewiesen. Im fünfzigsten Jahre seines Bestehens – 1964 – führte das Unternehmen seine fünfzigste Firmenakquisition durch.

Die strategische Planung, die diesen außerordentlichen Erfolg hervorbrachte, beruht auf dem bemerkenswerten Weitblick des Gründers Charles Merrill. Lange vor anderen hatte er erkannt, dass die Zukunft des Wertpapiergeschäfts zunehmend weniger bei den wohlhabenden Anlegern und immer mehr bei der Masse kleiner Aktionäre liegen würde.

Erstmals wurde seine Strategie 1940 in einer »Erklärung der Firmenpolitik« formuliert. Sie beginnt mit den Worten: »Die Interessen unserer Klienten kommen zuerst.« Zur Erläuterung dieses Grundsatzes, der auf der Umschlagseite jedes Jahresberichts von Merrill Lynch wiederholt wird, hat das Unternehmen ausgeführt:

Wir beanspruchen kein Tugendmonopol, denn der Erfolg jedes Börsenmaklers hängt ja in erster Linie von seiner Fähigkeit ab, seine Klienten zufriedenzustellen. Für die alltägliche Tätigkeit des Maklers bedeutet dies, dass es keine besonders eingeweihten Kreise und Bevorzugungen gibt, und dass Meinungsäußerungen nicht von verstecktem Eigeninteresse getragen werden. Entscheidungen hängen nicht davon ab, ob wir an einer gegebenen Transaktion verdienen können, sondern davon, ob sie unseren Klienten zum Vorteil gereicht. Alle unsere übrigen Grundsätze sind so beschaffen, dass sie diesem Prinzip zum Durchbruch verhelfen.[18]

Unter dem Führungsteam von Michael McCarthy und George J. Leness wurden diese Prinzipien in eine Reihe von Leitsätzen als Richtlinien für die tägliche Arbeit der Angestellten entwickelt. In einem Wirtschaftszweig, in dem der Wille zur Führung im Allgemeinen minimal ist, besitzt Merrill Lynch eindeutig ein leistungsfähiges Management-System, um die von Mr. Merrill begonnenen Strategien weiterzuführen und seine Grundsätze anzuwenden. Mr. Merrill hatte auch die weise Voraussicht, Mr. McCarthy aus einer Handelskette zu sich zu holen. Beide, Mr. McCarthy und Mr. Leness, verfügten über den notwendigen Weitblick und die Entschlossenheit zum Aufbau eines wirkungsvollen Management-Systems.

Es kann daher nicht überraschen, dass das Unternehmen florierte. Es verfügte über Beständigkeit in der Zielsetzung, infolge einer kontinuierlich und klar konzipierten Unternehmensführung. Diese Unternehmer haben ein Management-System ins Leben gerufen, das ihren Willen zur Führung den Tausenden von Beschäftigten in allen Büros der Firma vermittelt und das Unternehmen tatsächlich steuert. Strategische Planung in klarer, schriftlicher Fixierung als Leitbild für das Denken und Handeln jedes Firmenangehörigen ist ein wichtiger Bestandteil des Systems bei Merrill Lynch. Die Unternehmensleiter inspirieren und verlangen die Einhaltung des Systems und der von ihnen entwickelten strategischen Pläne.

---

[18] In einer Broschüre mit dem Titel *This is Merrill Lynch, Pierce, Fenner & Smith, Inc.,* 1963.

Ein kurzer Blick auf das Gebiet des Pressewesens verdeutlicht noch einmal den Wert wirkungsvoller strategischer Planung in einem Dienstleistungsbetrieb. Fünf Zeitungen und Zeitschriften kommen mir in den Sinn, die sich von ihren Konkurrenten am meisten abheben – *The New York Times*, *Time*, *The New Yorker*, *The Wall Street Journal* in den USA und *The Economist* in England. Alle fünf sind Gegenstand des Neides ihrer Rivalen – wenn man überhaupt beim *Wall Street Journal*, *The New Yorker* und *The Economist* von unmittelbarer Konkurrenz sprechen kann.

Ihr beachtlicher Erfolg veranschaulicht die Bedeutung konsequenten Festhaltens an Zielsetzung und Strategie. Alle haben ihren Abnehmerkreis klar definiert. Alle haben ihre Dienstleistung in Umfang und Thematik auf diese Abnehmer abgestellt. Alle haben die Qualität ihrer Dienstleistung beständig aufrechterhalten. Alle haben diese Dienstleistung durch hervorstechende Behandlung der Themen erbracht: die *New York Times* durch die Zuverlässigkeit und Gründlichkeit ihrer Berichte und die vier anderen durch die Auswahl ihrer Themen, die Darstellung und ihren Stil. Im Rahmen ihrer Zielsetzung und ihres selbst abgegrenzten Interessenbereiches versorgt jede dieser Publikationen ihre Leser mit einem breiten Strom ständig neuen und interessanten Materials.

Diese und andere erfolgreiche Publikationen veranschaulichen den Wert konsequenten Festhaltens an einer klaren Konzeption, welches das Kennzeichen jedes wirksamen Management-Systems ist. Eine Zeitschrift spricht ihre Leser regelmäßig und immer wieder an. Unter dem kumulativen Eindruck dieser Einwirkungen, seien sie günstig, neutral oder schädlich, beschließt der einzelne Abnehmer, ob er wiederum kaufen oder abonnieren soll. Und das gemeinschaftliche Urteil der Abnehmer bestimmt darüber, ob die

Einnahmen aus Auflage und Anzeigen und der Marktanteil steigen oder abnehmen.

Die meisten Industrieunternehmen haben mit dem Geschäft des Börsenhandels und der Verlage mehr gemeinsam, als auf den ersten Blick sichtbar ist. Jeder Eindruck, den ein Unternehmen durch seine Produkte, Werbemaßnahmen und seine Angestellten auf Kunden und potentielle Kunden erzeugt, ist entweder gut, neutral oder schlecht. Klare strategische Pläne, die an festgelegten Zielen des Unternehmens orientiert sind und mit Hilfe des Management-Systems ausgeführt werden, verleihen solchen Eindrücken Beständigkeit. Und wenn die Pläne auf authentische und attraktive Vorteile für die Abnehmer gerichtet sind, wird der Eindruck günstig sein und das Unternehmen gedeihen.

Die von mir erwähnten Strategien von Merrill Lynch und der Presse können von der Konkurrenz ohne weiteres nachgeahmt werden. Die Leiter dieser Firmen haben ja nur eine tatsachenorientierte Methode angewendet, sorgfältig durchdacht, welche Dienstleistungen ihre jeweiligen Abnehmer erwarten, und strategische Pläne entwickelt und durchgeführt, welche diese Dienstleistungen erbringen. So haben sie sich durch fast jeden Eindruck auf den Abnehmer konsequent dessen Gunst erworben.

Ihr Beispiel kann jedem Unternehmen nutzen, das ein eigenes Management-System aufbauen und befolgen will. Eigentlich könnte jedes Management sein Unternehmen als eine Art Publikation auffassen, die für ihre »Leser« »redigiert« wird. Jeden Tag informieren sich Kunden und potentielle Kunden über die Firma und entscheiden sich, ein »Abonnement« zu bestellen, zu erneuern oder zu kündigen. Solche Denkweise erleichtert es dem Manager, wirksame strategische Pläne zu entwickeln und sein Unternehmen so zu führen, als ob es um die Erzielung günstiger und dauerhafter Eindrücke auf seine »Leser« ginge.

## Erweiterung und Änderung der Zielsetzung

Die Wilkinson Sword Company hat ihre Ziele mehrmals erweitert und geändert. Als die Degen für den Zweikampf außer Mode kamen, hat sie sich anderen aus hochwertigem Stahl gefertigten Produkten, wie etwa erstklassigen Gartengeräten und kürzlich den rostfreien Rasierklingen, zugewandt. Diese Strategie der wiederholten Neuanpassung einer vorhandenen Stärke (in diesem Fall des metallurgischen Know-how) an neue Produktgruppen erfordert häufig Änderungen in der großen Konzeption des Unternehmens.

Solche Änderungen sind schwierig, die Schwierigkeiten können jedoch oft durch den Erwerb eines anderen Unternehmens mit dem notwendigen Know-how, den entsprechenden Einrichtungen und/oder einem entsprechenden Vertriebsnetz auf ein Minimum reduziert werden. Natürlich gibt es noch viele andere Motive für Fusionen. Sie umfassen den Ausgleich zyklischer Gewinnschwankungen, Beschleunigung der Expansion, Verbesserung des Gewinns pro Aktie und Kurspflege durch Verbesserung des Kurs-Ertragsverhältnisses. Der starke Drang zur Fusion aus diesen und anderen Gründen hat die strategische Unternehmensplanung im großen Rahmen bei mehr und mehr Unternehmen ausgelöst.

Für viele Jahre hat das heute als FMC Corporation bekannte Unternehmen unter der großartigen Führung ihres langjährigen Generaldirektors Paul I. Davies eine hervorragende strategische Unternehmensplanung zur Änderung seiner Ziele und Gesamtkonzeption durchgeführt. FMC ist aus der John Bean Manufacturing Company entstanden, die selbst aus der Fusion zweier Unternehmen hervorgegangen war, einem Produzenten von Maschinen zur Herstellung von Blechdosen und einem Produzenten von Zerstäubern.

John Bean erwarb anschließend einen weiteren Hersteller von Maschinen für Blechdosen und zwei Unternehmen, die Maschinen für die konsumgerechte Verpackung von frischen Früchten und Gemüse herstellten. 1929 änderte das Unternehmen seinen Namen in Food Machinery Company.

Paul Davies, der vor seinem Eintritt in das Unternehmen als Leiter des Finanzwesens Bankier gewesen war, war sowohl mit den zyklischen Schwankungen des Gewinns im Landmaschinengeschäft als auch mit der Rendite der Aktien des Unternehmens unzufrieden. Er entschied, dass die schnell wachsende chemische Industrie Gelegenheit zum Ausgleich der Gewinnschwankungen und zur Verbesserung der Aktienrendite bot.

Die erste Erwerbung auf dem Chemiesektor bestand in der Niagara Sprayer and Chemical Company im Jahre 1943, die auf dem Gebiet der Insektizide und Pestizide im Osten und Süden tätig war und eine logische Ergänzung zum Landmaschinengeschäft des Unternehmens bildete. Niagara wiederum erwarb zwei andere agrar-chemische Unternehmen, die landwirtschaftliche Gebiete in anderen Teilen der USA belieferten, und von denen eines außerdem eine andere Art von Insektiziden herstellte.

1948 erwarb die FMC die Westvaco Chemical Company, ein größeres Unternehmen, danach Ohio-Apex, Buffalo Electro-Chemical, eine Fabrik der National Distillers in Fairfield und andere. Ihr Chemieumsatz lag 1948 bei 20 Millionen, ihr Maschinenumsatz bei 58 Millionen Dollar. 1957 betrugen die Chemieumsätze 138 Millionen, die Maschinenverkäufe 125 Millionen Dollar, wozu noch 51 Millionen Dollar an Verteidigungsaufträgen kamen.

Während dieser zehn Jahre hatten sich Zielsetzung und Gesamtkonzeption des Unternehmens grundsätzlich verändert, die Gewinnfluktuation war minimal geworden, und die Aktienrendite hatte sich bedeutend verbessert. Die veränderte Zielsetzung wurde an zwei weiteren Namensänderungen deutlich: 1948 in Food Machinery & Chemical Corporation und 1961 in FMC Corporation.

1963 machte das Unternehmen eine zusätzliche Neuerwerbung und kaufte die American Viscose Company für 116 Millionen Dollar. So wurde FMC in der Herstellung und im Vertrieb von Rayon, Garnen für Reifen- und Textilgewebe, Azetat-Garnen und Zellophan-Filmen tätig. Der Umsatz von American Viscose machte 1962 fast die Hälfte des FMC-Umsatzes von 506 Millionen Dollar aus.

Im Jahre 1965 waren die Umsätze von 928 Millionen Dollar gut verteilt auf Chemikalien, Maschinen, Fasern und Filme und spiegelten bei allen Produkt-Kategorien sowohl Wachstum »von innen« als auch Wachstum »von außen« durch Zukauf wider. Die Gewinne für 1965 ergaben eine Rendite des investierten Kapitals nach Steuern von fast 19 Prozent, wodurch FMC renditemäßig unter den 100 größten US-Unternehmen an elfter Stelle stand.

FMC ist Beispiel für einen wahrhaft bemerkenswerten Erfolg mit Hilfe strategischer Planung. Paul Davies' Zielsetzung für das Unternehmen sollte durch Akquisitionen erreicht werden, und während vieler Jahre verwendete er einen wesentlichen Teil seiner Zeit auf das Akquisitionsprogramm. Nach meinen Beobachtungen ist für jede Änderung der Gesamtkonzeption eines Unternehmens die aktive Mitarbeit des Generaldirektors notwendig, der hierfür einen beträchtlichen Teil seiner persönlichen Zeit aufwenden muss. Dies scheint der einzige Weg zu sein, die Trägheit und den Widerstand gegenüber jeder Änderung bei all denjenigen zu überwinden, die das Unternehmen im gleichen alten Trott weiterführen wollen.

## Die Meisterung technologischen Wandels

Jedes von technologischen Veränderungen bedrohte Unternehmen (und alle Unternehmen sind es) hat gleichzeitig die Gelegenheit, aus ihnen Kapital zu schlagen. Ist der technologische Wandel beträchtlich, wird gewöhnlich eine weitgehende Revision der strategischen Planung erforderlich.

Die Bundeskommission für Technologie, Automation und Wirtschaftlichen Fortschritt, die von Präsident Johnson eingesetzt wurde, kommentierte die Schnelligkeit des technologischen Fortschritts wie folgt:

Das Tempo des technologischen Wandels hat sich in den letzten Jahrzehnten erhöht und kann sich in Zukunft noch beschleunigen ... Der Prozess an sich ist jedoch recht langwierig. Unsere Studien deuten darauf hin, dass zwischen den eigentlichen technologischen Entdeckungen und ihrer kommerziellen Anwendung selbst in kleinem Ausmaß bis zu 14 Jahre vergehen, und dass es etwa weitere 5 Jahre dauert, bis ihr Einfluss auf die Wirtschaft Bedeutung erhält. Das zunehmende Ausmaß technologischer Veränderungen verlangt selbstverständlich eine Beschleunigung in der strategischen Planung. Der Bericht des Ausschusses hat jedoch sicher mit der Feststellung recht, dass der Prozess technologischer Wandlung ein ziemlich langwieriger ist. Noch verbleibt jedem wachsamen Management ausreichend Zeit, die durch technologische Wandlung geschaffenen Probleme zu bewältigen. Die von diesem Wandel gestellte Aufgabe ist, aus den sich durch ihn ergebenden *Gelegenheiten* Nutzen zu ziehen.[19]

Es gibt zahlreiche Gründe, warum sich technologische Wandlungen in der Wirtschaft relativ langsam durchsetzen. Da sind zu nennen: Konzentration auf die Erfüllung

---

[19] In seinem Bericht »Technology and the American Economy« (1966).

gegenwärtiger Aufträge; Verfeinerung bestehender Praktiken und Erhöhung der Produktivität; mangelhaftes Erkennen von Problemen oder ungenügende Ausnutzung von Möglichkeiten; die für die Bewältigung technologischer Probleme in Planung und Ausführung erforderliche Zeitspanne; Schwierigkeiten bei der Einführung neuer Erzeugnisse; interner Widerstand und Widerstand der Verbraucher gegen Änderungen. Dieser Verbraucherwiderstand ist nicht nur Trägheit und psychologische Resistenz. Der Abnehmer kann durchaus bei der Anpassung an ein neues Erzeugnis wirkliche Probleme haben; wenn dieses Produkt als Bestandteil in das Erzeugnis des Abnehmers eingeht, können technologische Änderungen bei den anderen Komponenten oder beim Endprodukt selbst notwendig werden. Es ist daher nicht verwunderlich, dass strategische Planung zur Erschließung der Möglichkeiten technologischen Wandels beim Unternehmensleiter viel Durchsetzungsvermögen und Führungseigenschaften voraussetzt.

Ein ausgezeichnetes Beispiel für die verschiedenartige Anpassung der Strategie an den technologischen Fortschritt bildet der klassische Fall der Lokomotivindustrie. Die Verdrängung der Dampfmaschine durch den dieselelektrischen Antrieb ging recht langsam vor sich. Aber durch überlegene strategische Planung – verbunden mit schwacher strategischer Planung seitens ihrer Konkurrenten – setzte General Motors den bisherigen Spitzenreiter der Industrie, American Locomotive Company (Alco), als unabhängiges Unternehmen außer Gefecht und errang mehr als 75 Prozent des Marktes.

Die Diesellokomotive wurde in Europa vor ihrem Erscheinen in den USA verwendet. Die erste wurde von Swedish General Electric 1913 gebaut. 1923 konstruierten General Electric (USA) und Alco kombinierte Diesel-Elektro-Lokomotiven für Kurzstrecken. Die erste Dieselmaschine für den Überlandverkehr wurde 1934 von General Electric gebaut.

1935 sagte Robert Binkerd, Vorstandsmitglied der Baldwin Locomotive Works bei einer Zusammenkunft des New York Railroad Club Folgendes:

Heute erregen stromlinienförmige Leichtmetallzüge und Diesellokomotiven viel Aufsehen, und es ist kein Wunder, dass die Öffentlichkeit damit rechnet, dass die Dampflokomotive kurz vor dem Aussterben ist. Aber gewisse einfache Grundsätze bleiben auch über die Jahre hinweg gültig. Irgendwann in der Zukunft wird sich ergeben, dass unsere Eisenbahnen nicht mehr mit Dieselloks fahren, sondern elektrifiziert sind.

1938 sprach William Dickerman, Generaldirektor der Alco, vor dem Western Railway Club. Er begann, »Dampfkraft ist unverwüstlich« und fuhr fort:

Wie Sie wissen, ist die Dampfkraft ein Jahrhundert lang der hauptsächliche Antrieb auf der Schiene gewesen. Das ist noch so und wird auch nach meiner Meinung weiterhin so bleiben …

Zwar sind andere Antriebsarten mit der Dampfkraft in Konkurrenz getreten. So sollte das auch sein … Die Dampfkraft hat aber bis jetzt jeden Angriff auf ihre Vorherrschaft elegant abgewehrt, und ich bin sicher, dass sie auch künftig mit geringeren Investition- und Betriebskosten und ohne Opfer von Sicherheit und Bequemlichkeit der Passagiere dieser Herausforderung gerecht werden wird.

Das alte Stahlross atmet Feuer und Wasser im wahren Sinne des Wortes. Es freut sich über eine Herausforderung von Minderjährigen wie die des elektrischen und dieselelektrischen Antriebs, besonders im Frühling. Ein Wettrennen macht ihm Spaß, gemessen an seinen Jahren ist es frisch, und will nicht alt sein.

Diese Feststellungen wurden vor dem Hintergrund eines Absatzrückganges in der Industrie von ca. 2.000 Lokomotiven im Jahre 1924 auf 200 im Jahre 1931 getroffen. Trotz einer Umwandlung des Nettogewinns von 8 Millionen Dollar im Jahre 1926 in 4 Millionen Dollar *Verlust* im Jahre 1931 fuhr das Unternehmen fort, Dividende auszuschütten, wodurch es seine Finanzlage erheblich schwächte. Die letzte Dampflokomotive wurde bei Alco 1963 hergestellt. Gleichzeitig hatte es sich mit General Electric zusammengetan, um jenen Teil des dieselelektrischen Geschäfts zu bekommen, den General Motors nicht erobert hatte. Baldwin war bereits völlig ausgeschieden. Nach einigen nicht sehr erfolgreichen Versuchen zur Diversifikation wurde Alco 1965 eine Abteilung der Worthington Corporation.

Drei wesentliche Faktoren zusammen bewirkten diese drastische Änderung der Wettbewerbslage. Erstens versagte das Management der Dampflokomotiven-Industrie im Erkennen der Bedrohung durch den Dieselmotor, die bereits 1913 sichtbar wurde. GM aber – die gleichzeitig technologische Überlegenheit mit klugen Abnehmerstrategien im Kundendienst und in der Kundenfinanzierung verband – sah und nutzte diese Gelegenheit.

Zweitens versagten die Lokomotivproduzenten bei der Entwicklung fortschrittlicher Forschungs- und Entwicklungskapazitäten, die für die Weiterentwicklung des dieselelektrischen Antriebs erforderlich waren.

Drittens mangelte es den Lokomotivfabriken an Finanzkraft als ihre Konkurrenzlage kritisch wurde. (Bis zur Herstellung des ersten Diesel hatte GM schätzungsweise 11 Millionen Dollar investiert.)

Während der weiter oben schon erwähnten Untersuchung der General Motors durch einen Unterausschuss des Senats im Jahre 1956 fasste Cyrus R. Osborn, Direktor des

Elektrolok-Bereiches bei GM, dieses dramatische Beispiel strategischer Planung mit folgenden Worten zusammen:

Infolge sehr sorgfältiger Untersuchungen der Erfordernisse und Einstellungen unserer Abnehmer und der rechtzeitigen Befolgung der sich hieraus ergebenden Konsequenzen konnten wir die führende Marktposition bei Dieselloks erringen. Das Versagen unserer Konkurrenten, ihre Wettbewerbsfähigkeit auf diesem Gebiet zu erhalten, hat ihr Schicksal in diesem Industriezweig besiegelt. In seiner Rede vom 7. September 1955 sagte Dr. James M. Symes, Präsident der Pennsylvania Railroad, in Chicago: »Während meiner 40 Jahre in dieser Industrie war die Entwicklung der Diesellokomotive der bedeutendste Einzelbeitrag zum wirtschaftlichen und rationellen Betrieb unserer Eisenbahnen. Wir alle wissen, welche wichtige Rolle General Motors bei dieser Entwicklung gespielt hat. Heute arbeiten auf unseren Schienen 23 Millionen Pferdekräfte, in mehr als 16.000 Diesellokomotiven, von denen einige zwischen 2,5 und 3,5 Millionen Meilen zurückgelegt haben und noch immer zufriedenstellend laufen. Ich schätze, dass allein diese Entwicklung den Eisenbahnen jährlich mindestens 500 Millionen Dollar erspart, wobei sich die Investitionen in drei bis vier Jahren amortisiert haben.« Die Meinung von Mr. Symes wird von der gesamten Eisenbahnindustrie geteilt. Sie ist ehrlich verdient worden mit einem epochemachend neuen Erzeugnis und einer in der Eisenbahnwirtschaft völlig neuen Konzeption der Standardisierung und Dienstleistung. Diese Meinung ist für uns wertvoll, und wir werden sie auf die einzig mögliche Weise wahren, auf die ein solcher Ruf gewahrt werden kann – nämlich durch dauernde Forschung, fortschrittliche Konstruktionen und rationelle Herstellung, die stets eine Verbesserung des Erzeugnisses und überlegene Dienstleistung zum Ziel haben.

Der Bericht des Senats-Unterausschusses fasste die Situation wie folgt zusammen:

Der Elektro-Lokbereich der General Motors Corporation stellt eine einmalige Gelegenheit zum Studium des Einbruchs eines neuartigen Erzeugnisses in eine bestehende Industrie – Lokomotiven – dar. General Motors trat in eine Industrie ein, die seit über 100 Jahren die Dampfkraft als hauptsächliche Energiequelle benutzt hatte. Innerhalb von neun Jahren nach dem Verkauf der ersten Diesellokomotive durch General Motors übertrafen die Aufträge für Diesel-Lokomotiven bereits die Nachfrage nach Dampflokomotiven. Innerhalb von siebzehn Jahren war die Herstellung von Dampfmaschinen völlig eingestellt worden. Die Diesel-Lokomotive revolutionierte das Eisenbahnwesen. General Motors kann auf ihren Eintritt in dieses Gebiet als Beispiel für die Arbeitsweise eines im besten Sinne fortschrittlichen Unternehmens hinweisen – den Einbruch in einen Markt, mit einem neuen Produkt zur Befriedigung eines wirtschaftlichen Bedarfes und unter fortschreitender Herabsetzung des Preises ihres Produktes.

Es ist ein Glück für die Wirtschaft, dass die Trägheit der strategischen Reaktion der Dampflokomotivenindustrie auf die technologische Entwicklung nicht typisch ist. Am anderen Ende der Reaktionsgeschwindigkeitsskala dürften die Flugzeug-, Computer- und Elektronikindustrien stehen. Mehrere Generationen von Flugzeugtypen und elektronischen Datenverarbeitungsanlagen sind schnell aufeinander gefolgt (obwohl die DC-3 immer noch fliegt); und die Reaktion der Elektronikindustrien auf die Erfindung des Transistors erfolgte relativ rasch.

Meine Beobachtung von Unternehmen mit schneller strategischer Reaktionsfähigkeit zeigt, dass dem Generaldirektor eine Führungsrolle in der strategischen Planung zukommt. Beispielsweise hat die dynamische strategische Führung eines C. R. Smith bei American Airlines und eines Thomas J. Watson, jr., bei IBM diese Unternehmen trotz ihrer Größe in die Lage versetzt, rapide technologische Wandlungen sofort zu nutzen.

Wenn sich somit die Schnelligkeit technologischen Wandels ständig erhöht, wird die strategische Planung zu einem immer wichtigeren Bestandteil jedes Management-Systems. Und der Leiter eines Unternehmens hat eine immer wichtigere Führungsrolle in diesem grundliegenden Element der Unternehmensführung auszuüben. Er muss dafür sorgen, dass mit der technologischen Wandlung Schritt gehalten wird und die Gefahren und Möglichkeiten jeder dieser Entwicklungen für das Unternehmen erkannt und ausgewertet werden. Er muss den Zeitpunkt des Handelns bestimmen. Ist die Zeit zum Handeln gekommen, muss er seine Befehls- und Führungsposition zur Überwindung der zahlreichen, innen und außen wirkenden Widerstände gegen Änderungen einsetzen.

## Interessenkonflikte in der Zielsetzung: Die »Fifty-Fifty«-Unternehmung

Im Verlauf einer Studie in Großbritannien bat ich das Vorstandsmitglied eines großen britischen Unternehmens um eine Diskussion über seine umfangreichen Erfahrungen mit der »Fifty-Fifty«-Unternehmung, das heißt mit einer zwei anderen Unternehmen paritätisch gehörenden Firma. Er antwortete: »Was gibt es da zu diskutieren? Man hüte sich vor einem solchen Unternehmen. Ich ziehe eine Beteiligung von 49 Prozent der von 50 Prozent vor. Bei einer Minderheitsbeteiligung kann man auf den Partner zwecks besserer Geschäftsführung Druck ausüben. Bei paritätischen Anteilen fühlt sich niemand zuständig.«

Aufgrund meiner Beobachtungen des internen Managements bei einer Reihe von »Fifty-Fifty«-Unternehmen unter verschiedenen Bedingungen und aufgrund vertraulicher Aussprachen mit vielen leitenden Angestellten solcher Firmen über deren Arbeitsweise glaube ich, dass dieser Typ durch und durch unzweckmäßig ist. Da zwei Unternehmen nicht lange an der gleichen Zielsetzung festhalten können, gerät ihre gemeinsame Tochter zwischen zwei Stühle; einstmals übereinstimmende Eltern wollen später ihre eigenen Wege gehen. Die Folge ist ein Familienzwist ohne eine praktische Möglichkeit, ihn beizulegen.

Typischerweise ist bei »Fifty-Fifty«-Unternehmen die Loyalität ihrer Leiter durch die Bemühungen jeder der beiden Mütter, in dem gemeinsamen Unternehmen einen eigenen Stamm von Führungskräften heranzubilden, geteilt. Manchmal wird die Stellung des Geschäftsführers bei diesem Unternehmenstyp von beiden Seiten in wechselndem Turnus besetzt. Manchmal gehört der erste Mann zu keiner Seite und spielt die eine gegen die andere aus. Jedenfalls lassen die aus widersprüchlicher Zielsetzung und aus geteilter Loyalität herrührenden Probleme ein solches Unternehmen häufig im Morast der Untätigkeit stecken bleiben. Dies wiederum resultiert gewöhnlich in allmählichem Verlust der fähigsten Kräfte, welche nicht willens sind, sich Frustrationen und politischen Umtrieben auszusetzen, und welche nicht einem Unternehmen ohne Zukunft angehören wollen.

Wenn die »Fifty-Fifty«-Unternehmung tatsächlich prosperiert, wofür es viele Beispiele gibt, wird bald mehr Kapital benötigt. Zu diesem Zeitpunkt könnte eine der Mütter oder sogar beide nicht über die notwendigen Mittel verfügen oder ihr Geld in bessere Verwendungszwecke lenken wollen. Dies erzeugt Spannung zwischen den Eltern, die Leidtragende ist die Tochter.

Nachstehend seien vier Beispiele angeführt, wo große, bekannte und im Allgemeinen erfolgreiche »Fifty-Fifty«-Unternehmen von ihrer »strukturellen Schizophrenie« nur durch drastisches Eingreifen ihrer Eltern geheilt werden konnten:

*Ethyl Corporation.* Dieses der GM und der Standard Oil Company (New Jersey) gemeinsam gehörende Unternehmen wurde an Albemarle Paper Company verkauft.

*Chemstrand Corporation.* Dieser Nylonhersteller gehörte American Viscose und Monsanto gemeinsam, bis Monsanto schließlich die andere Hälfte erwarb.

*British Nylon Spinners.* Nach langer und paritätischer Anteilseignerschaft erwarb Imperial Chemical Industries die zweite Hälfte des Aktienkapitals dieses großen britischen Unternehmens von Courtaulds.

*Standard-Vacuum Corporation.* Die Vermögenswerte dieser bedeutenden internationalen Ölgesellschaft wurden zwischen ihren beiden Anteilseignern, Standard Oil Company (New Jersey) und Mobil Oil Company, aufgeteilt.

Viele große »Fifty-Fifty«-Unternehmen mit weniger realistisch denkenden Muttergesellschaften müssen sich dauernd mit den Schwierigkeiten der gemeinschaftlichen Eigentümerschaft auseinandersetzen, weil die Leitungen der Muttergesellschaften den Tatsachen entweder nicht ins Auge sehen wollen oder sie nicht kennen.

Ich will nicht behaupten, dass dieser Unternehmenstyp niemals eine sinnvolle Strategie verkörpern kann. Er wurde weithin von amerikanischen Ölgesellschaften verwendet, wenn es um die Aufbringung der für den Ausbau ihrer internationalen Interessen nötigen, riesigen Kapitalbeträge ging, und seine Zweckmäßigkeit in solchen Fällen mag die Kosten ständiger Reibungen in diesen gemeinsamen Unternehmen aufgewogen haben. Ich möchte jedoch dringend raten, dass sich jede Gesellschaft vor der Verwendung einer solchen unternehmerischen Grundkonzeption mit den unausweichlichen Grenzen der »Fifty-Fifty«-Unternehmung auseinandersetzt und eine Revision realistisch in Erwägung zieht, wenn ihr ursprünglicher Zweck einmal erreicht ist.

## Orientierung wirksamer Abnehmer-Strategie an der Umwelt

Die obigen Beispiele grundsätzlicher Unternehmens-Strategie und Grundkonzeption verdeutlichen die Wichtigkeit, die Abnehmer-Strategie an den Umweltbedingungen des Unternehmens zu orientieren. Das bedeutet ständiges Sammeln und Auswerten von Tatsachen über die äußeren Kräfte am Werk. Schädlichen Kräften muss entgegengetreten, und positive Kräfte sollten zu wirklichen Vorteilen gemacht werden. Bei der Planung der Abnehmer-Strategie müssen deshalb die leitenden Angestellten – insbesondere die Marketing-Manager – ständig nach draußen blicken. Zu starke Beschäftigung der Unternehmensführung mit internen Angelegenheiten kann einen ernsten Verlust der Wettbewerbsstellung zur Folge haben. In besonders erfolgreichen Unternehmen ist die Unternehmensführung aufgeschlossen und wachsam gegenüber der Zukunft und den externen Faktoren, soweit sie den gegenwärtigen oder künftigen Interessenbereich des Unternehmens berühren können.

## Gewinn-Strategie

Ist einmal die Abnehmer-Strategie festgelegt, können sich der Unternehmensleiter und sein »Kabinett« der Gewinn-Strategie zuwenden. Da ihnen die ungefähre Gewinnhöhe bekannt ist, die sie aufgrund ihrer Abnehmer-Strategie erwarten können, sind sie in der Lage, ihre Gewinn-Strategie entsprechend zu gestalten. Im Vergleich zur Abnehmer-Strategie verlangt die Entwicklung einer Gewinn-Strategie mehr Aufmerksamkeit der Unternehmensleitung für die internen Faktoren. Dennoch müssen auch die Auswirkungen externer Kräfte auf jeden Gewinnfaktor sorgfältig untersucht werden.

Es ist eine Sache, einen Gewinn zu erwarten. Ihn zu realisieren, ist eine ganz andere. Dieser Sachverhalt rückt die Wichtigkeit wirksamer Unternehmensleitung in den Vordergrund. Sie sollte mit der Entwicklung einer spezifischen Gewinn-Strategie, die auf der Abnehmer-Strategie fußt, beginnen.

Jedes erfolgreiche Unternehmen hat irgendeine Art von Gewinn-Strategie. Ich möchte hier aufgrund meiner Erfahrungen mit vielen großen und erfolgreichen Unternehmen lediglich vorschlagen, wie man das Problem einer Gewinn-Strategie behandeln sollte.

- *Analyse der Gewinn-Faktoren.* Der erste Schritt ist, die relative Bedeutung eines jeden den Gewinn berührenden Faktors oder Elements klarzulegen. Diese Analyse bezweckt, im Einzelnen und anhand von Tatsachen festzustellen, wie Gewinne erwirtschaftet werden; dazu wird jeder Einkommens-, Kosten- und Ausgabefaktor untersucht und der relative Einfluss eines jeden auf den Gewinn ermittelt. Ein Diagramm der Rentabilitätsschwellen ('Break-even-Chart') für jeden Geschäftsbereich ist hierfür ein nützliches Mittel, da es den Einfluss von Umsatz, Preis und Sortiment auf den Gewinn klar veranschaulicht.

Bei Parfüms sind zum Beispiel die Ingredienzen ein relativ geringer Kostenfaktor, während sie bei Zement ein erheblicher sind. Einige Produkte verursachen hohe Personalkosten; bei anderen sind diese relativ unbedeutend. Bei einigen Unternehmen haben Rohstoffquellen einen starken Einfluss auf den Gewinn; beispielsweise erwerben die rentabelsten

Ölgesellschaften einen großen Teil ihrer Ölquellen selbst und decken nur den Spitzenbedarf am offenen Markt. Die Gewinne der Fernsprech-, Gas- und elektrischen Versorgungsunternehmen hängen weitgehend von ihrer Fähigkeit ab, große zusätzliche Kapitalbeträge für den Ausbau ihrer teuren Anlagen aufzubringen.

Die beste Gewinn-Strategie fußt somit auf einem profunden Verständnis der Ertragsstruktur eines Unternehmens – der tatsächlichen Einflüsse von Umsatz, Kosten und Aufwand auf den Reingewinn. Ich habe festgestellt, dass die führenden Angestellten der erfolgreichsten Unternehmen über dieses Verständnis verfügen und die Schlüsselfaktoren für den Gewinn im Vordergrund ihres Denkens halten.

Die Air Express International Corporation (AEI), eine internationale Luftfracht-Spedition, ist ein gutes Beispiel für Gewinn-Strategie. Die Abnehmer-Strategie von AEI beruht auf dem Angebot eines umfassenden und zweckdienlichen Service für die Verfrachter. Das Unternehmen übernimmt auf einer Rechnung die Beförderung von Luftfracht in jeder Menge von und nach jedem Ort der Welt, die Zollabwicklung, also den Transport von Tür zu Tür. AEI schafft den Luftfahrtgesellschaften eine Möglichkeit, kurzfristig überschüssigen Frachtraum zu verkaufen. AEI übernimmt sämtliche Korrespondenz, die Abrechnungen und das Inkasso für die Luftfahrtgesellschaften und bietet ihnen außerdem zusätzliche Dienstleistungen.

Im Gegensatz zu ihrer Abnehmer-Strategie beruht die Gewinn-Strategie der AEI hauptsächlich auf vier Faktoren: 1. Beschaffung von Luftfrachtraum zu günstigen Preisen; 2. Verkauf dieses Raumes zu ergiebigen Spannen; 3. Aufbau von Niederlassungen in der ganzen Welt zur Gewährleistung des Kundendienstes; 4. rationelle Leitung des gesamten Systems. Wenn einmal ein Netz von Niederlassungen geschaffen ist und wirksam arbeitet, sorgt jeder zusätzliche

Umsatz für überproportionale Gewinnsteigerung. Aber in diesem Unternehmen genügt die bloße Beachtung der Schlüsselfaktoren für den Gewinn nicht; der Erfolg verlangt außerdem dauernde Beobachtung der Gesamtwirtschaftlichkeit – das heißt Leistungsfähigkeit, Produktivität und niedrige Kosten. Daran hat es dem Unternehmen bisher aber noch gefehlt.

Gesamtwirtschaftlichkeit in diesem Sinne trägt natürlich zum Gewinn jeder Gesellschaft bei und muss deshalb Komponente jeder Gewinnstrategie sein. Aber ihre relative Bedeutung ist von Unternehmen zu Unternehmen verschieden.

Fassen wir zusammen: Das Endergebnis einer Analyse der Gewinnfaktoren zeigt die präzise Bestimmung der kritischen Faktoren, die den Gewinn beeinflussen, ihrer relativen Bedeutung sowie der relativen Bedeutung der Wirtschaftlichkeit des Unternehmens als Ganzes.

- Bestimmung des Schwerpunkts der Unternehmensleitung. Die Analyse der Gewinnfaktoren schafft die Grundlage für die Unternehmensleitung, um die Bedeutung jedes Faktors für einen maximalen Gewinn zu messen. Der Wille zur Führung kann dann entschieden auf die kritischsten der Schlüsselfaktoren konzentriert werden. Beispielsweise können Tätigkeiten, die diese Faktoren enthalten, mit mehr Kapital oder besseren Führungskräften versehen werden.

Die folgenden Beispiele zeigen, wie führende Unternehmen wohldurchdachte Abnehmer-Strategien durch Betonung der Schlüsselfaktoren des Gewinns ergänzt haben.

- Du Pont betont besonders Forschung und Entwicklung. Ihre Investitionen in Forschung und Entwicklung sind sowohl relativ als auch absolut hoch. Der Personalaufwand ist sowohl zahlenmäßig als auch qualitativ beträchtlich. Zur Leistungssteigerung wurden besondere Anreize und spezielle Methoden der Leistungsbewertung entwickelt. Die Umwandlung von Forschungsergebnissen in marktfähige Produkte wird ständig untersucht.

Du Pont macht aus seiner starken Ausrichtung auf Forschung und Entwicklung kein Geheimnis. Die laufende Entwicklung neuer Produkte ist eindeutig die Folge einer strategischen Entscheidung, erhebliche Mengen an Zeit, Geld, Personal und unternehmerischem Denken für Forschung und Entwicklung aufzuwenden und sorgfältig anzulegen.

- Bei Procter & Gamble ist die Werbung ein Merkmal sowohl der Abnehmer- als auch der Gewinn-Strategie. Das Unternehmen liegt hinsichtlich seines jährlichen Werbeaufwands ständig in der Spitzengruppe aller werbungtreibenden Unternehmen. Wahrscheinlich sind Zeit, Gedanken und Aufmerksamkeit, welche die Unternehmensleitung auf die Werbung verwendet, gleich hoch zu bewerten. Die fortschrittlicheren Konzeptionen und Methoden, die sich hieraus ergeben haben, machen die relativ hohen Werbeausgaben von P. & G. entsprechend produktiver.
- IBM unterstützt ihre Abnehmer-Strategie eines überlegenen Kundendienstes durch einen massiven Aufwand für Schulung. Das Unternehmen bildet nicht nur seine eigenen Angestellten im Verkauf, in der Installation und in der Wartung seiner Maschinen aus, sondern schult auch die Angestellten des Kunden in deren Einsatz. Der Wettbewerbsvorteil eines überlegenen Kundendienstes wurde bei IBM auf die gleiche herkömmliche Weise

erzielt: durch sorgfältigen und konsequenten Einsatz von Ideen, Geld, Arbeitskraft, Zeit und Aufmerksamkeit des Managements auf einen strategisch wichtigen Gewinnfaktor.

• Zwei führende Gesellschaften haben in ihren Vertriebsmethoden drastische Änderungen vorgenommen, weil die wachsenden Kosten des Vertriebs den Gewinn minderten. Ein Unternehmen hat den Direktverkauf aufgegeben und wechselte erfolgreich auf bestehende Einzelhändler über, woraus sich eine Steigerung des Umsatzes und eine beträchtliche Verringerung der Vertriebskosten ergab. Ein anderes Unternehmen hat durch die Aufgabe seines eigenen Direktvertriebs und Lagersystems gleiche Ergebnisse erzielt.

Die wirtschaftlichen Gegebenheiten in den einzelnen Branchen und ihre Veränderungen sollten für die Strategien der jeweiligen Firmen maßgebend sein. In der Ölindustrie haben zum Beispiel zeitweise Veränderungen in der relativen Bedeutung der Kontrolle von Rohöl-Reserven und von Vertriebskanälen für den Gewinn beträchtliche Änderungen der unternehmerischen Strategie bewirkt; die Gewinnlage verschiedener Unternehmen war weitgehend von ihren organisatorischen Strukturen bestimmt, die ihrerseits ein Ergebnis der unterschiedlichen Integration waren. Ähnliche Erscheinungen im Zusammenhang mit dem Integrationsgrad wurden bei Aluminiumunternehmen und Holzverwertungsgesellschaften beobachtet. Als in diesen Branchen Veränderungen in ihrer Wirtschaftsstruktur eintraten, erzielten jene Unternehmen die besten Gewinne, deren Management die Wandlungen begriff und ihnen seine Strategie entsprechend anpasste.

Diese Beispiele erteilen eine einfache, aber wichtige Lehre: Die Führungsgremien der erfolgreichsten Unternehmen lernen die Faktoren des Gewinns ihrer Unternehmen und ihrer einzelnen Geschäftsbereiche verstehen. Dann sorgen sie dafür, dass für die Schlüsseltätigkeiten folgerichtige Prioritäten für den Einsatz von Kapital, Arbeitskraft und Führungsaktivität aufgestellt werden. Sind diese Prioritäten aufgestellt, können die Manager auf allen Leitungsebenen zweckgerichtet darangehen, hohe Produktivität bei optimalen Kosten in all den Tätigkeitsbereichen zu entfalten, die wirklich zählen.

Im Gegensatz dazu haben die Unternehmensführungen weniger erfolgreicher Gesellschaften nur eine oberflächliche Kenntnis der eigentlichen Gewinnfaktoren ihrer Unternehmen. Ihre strategischen Entscheidungen über den Einsatz von Kapital, Arbeitskraft und Führungsaktivität sind entsprechend weniger durchdacht; auf allen Ebenen betätigen sich die Manager weniger zweckgerichtet – mit entsprechend niedrigerer Produktivität und höheren Kosten. Da der Wille zur Beherrschung der erfolgskritischen Aufgaben in diesen Unternehmen weniger ausgeprägt ist, sind die Gewinnergebnisse natürlich auch weniger befriedigend.

## Personal-Strategie

Bei IBM erzählt man sich eine Geschichte über den Gründer des Unternehmens, Thomas J. Watson, sr. Während der schlimmsten Jahre der Depression in den dreißiger Jahren äußerte ein Freund ihm gegenüber seine Überraschung, dass IBM noch immer Verkäufer anstelle. Mr. Watson antwortete: »Manche Menschen ergeben sich mit zunehmendem Alter dem Trunk und den Frauen. *Ich* sammle Verkäufer.« Als Teil ihrer Strategie stellte IBM ständig hochqualifizierte Verkäufer mit College-Ausbildung in großer Anzahl ein – und tut dies auch heute noch. Das hat dem Unternehmen in seinem Kundendienst eine beträchtliche

Stärke verliehen – und viele dieser Leute sind in die höchsten Leitungspositionen aufgestiegen.

Da die Wirtschaft in der ganzen Welt einem Mangel an hochqualifizierten Kräften gegenübersteht, ist die Personalpolitik für Führungskräfte für jedes Unternehmen lebenswichtig geworden. Ich werde deshalb in Kapitel 6 darauf im Einzelnen eingehen. An dieser Stelle möchte ich lediglich die Bedeutung unterstreichen, die für jedes Unternehmen ein *strategisches* Vorgehen bei der Ausbildung von Führungskräften hat, – das heißt, die Abnehmer- und Gewinn-Strategien des Unternehmens mit dem Bedarf an Führungskräften abzustimmen.

Es genügt nicht, die alten Klischees über die Bedeutung fähiger Manager für den unternehmerischen Erfolg zu zitieren. Sind diese Klischees tatsächlich wichtig, sollte die grundsätzliche Strategie des Unternehmens und die Art seiner Führung entsprechend gestaltet werden. Beispielsweise muss ein stark forschungs- und entwicklungsorientiertes Unternehmen wissenschaftliche Fachkräfte nicht nur an sich ziehen, sondern auch eine Arbeitsatmosphäre schaffen, die es ermöglicht, diese Mitarbeiter zu halten und produktiv einzusetzen.

Als Teil seiner Analyse der Gewinnfaktoren sollte das Management die Wichtigkeit der Arbeitskräfte für jede kritische Betätigung prüfen – insbesondere die Zahl und das Niveau der Führungskräfte, die jetzt und in Zukunft benötigt werden. Denn wenn das Unternehmen nicht so geleitet wird, dass der nötige Mitarbeiterstab angezogen und entsprechend motiviert wird, dann kann weder Abnehmer- noch Gewinn-Strategie voll zur Geltung kommen.

Obwohl Führungskräfte für den unternehmerischen Erfolg eigentlich schon immer als besonders entscheidend galten, sehen nach meiner Erfahrung doch nur wenige der bestgeführten Unternehmen dies als eine strategische Größe an.

Gegenwärtig sind zum Beispiel die fortschrittlichen Unternehmensleitungen im Handel und im Bankgewerbe besorgt über die nachlassende Anziehungskraft ihrer Wirtschaftsbereiche für Nachwuchskräfte der renommiertesten »Graduate Business Schools«[20]. Nur wenige Handelshäuser oder Banken haben sich jedoch um eine strategische Lösung ihrer Probleme im Führungsnachwuchs bemüht.

Henning Prentis, jahrelang Generaldirektor der Armstrong Cork Company, erzählte mir einmal, dass ein wesentlicher Grund für die Diversifikation des Unternehmens durch den Ankauf von abgewirtschafteten Betrieben darin bestand, den vielen jungen Management-Nachwuchskräften, die er in das Unternehmen holte, etwas zu geben, »woran sie sich die Hörner abstoßen konnten«. Das ist eine Ausweitung der unternehmerischen Zielsetzung als Bestandteil der Personal-Strategie. Sie machte sich für Armstrong durch eine breite Basis qualifizierten Führungsnachwuchses bezahlt.

Um es zu wiederholen: Abnehmer-Strategie, Gewinn-Strategie und Personal-Strategie sind zwar eng miteinander verknüpft, die besseren Ergebnisse lassen sich jedoch erzielen, wenn man jede Strategie zunächst separat aufstellt und sie dann aufeinander abstimmt. Im Hinblick auf den wahrscheinlichen Mangel an hochtalentierten Managern während des nächsten Jahrzehnts kann eine sorgfältig entwickelte Strategie für Führungskräfte den meisten Unternehmen einen Wettbewerbsvorteil bringen; und die Abnehmer- und Gewinn-Strategien sollten entsprechend darauf abgestimmt werden.

---

[20] *Anmerkung des Übersetzers:* Wirtschaftsfakultäten der Universitäten; Voraussetzung für die Zulassung ist der Abschluss einer vierjährigen College-Ausbildung. Die Ausbildung an den Business Schools dauert meist zwei Jahre und schließt mit der Erwerbung des akademischen Grades »Master of Business Administration« ab.

# Strategische Führung

Vor einigen Jahren hatte ich eine Unterhaltung mit Clifford Backstrand, der Henning Prentis als Generaldirektor von Armstrong Cork ablöste. Dabei erwähnte er einen weithin zutreffenden Faktor, der zur marktbeherrschenden Stellung seines Unternehmens für harte Fußbodenbeläge beitrug. Er sagte mir im Wesentlichen Folgendes:

Wir versuchen, allein vorwärts zu kommen und nicht andere nachzuahmen. Unsere Konkurrenten können in Erfahrung bringen, *was* wir tun, sie können uns kopieren. Sie können aber nicht wissen, *warum* wir das tun, und deshalb können sie es nicht genauso gut tun. Die Dinge, die sie uns nachahmen, passen nicht in ihr Gesamtkonzept. Und bis sie uns kopiert haben, haben wir längst etwas Neues entwickelt. Kein Nachahmer kann mit der Konkurrenz Schritt halten.

Das trifft sicher auf alle Phasen der Strategie zu – auf Abnehmer-, Gewinn- und Personalstrategie. Ein Unternehmen, das in der Zielsetzung und Entwicklung seiner Strategie an der Spitze liegt, wird im Allgemeinen seine Nachahmer hinter sich lassen. Anstatt eine sorgfältig geplante Gesamtlösung entwickeln zu können, müssen die Nachahmer improvisieren. Die Improvisation aber ist gewöhnlich weniger wirksam und fast immer kostspieliger.

Das strategisch führende Unternehmen hat außerdem einen zeitlichen Vorteil. Die Konkurrenz muss viel Zeit aufwenden, um den durch hochqualifiziertes Personal erreichten Vorsprung von IBM und Armstrong Cork einzuholen. Wenn diese beiden Unternehmen die gleiche Strategie konsequent weiterverfolgen, können ihre Konkurrenten tatsächlich nur versuchen, sich dieser wettbewerblichen Stärke anzupassen.

Strategische Pläne sind schwer nachzuahmen, weil sie das Ergebnis der Erfassung von Tatsachen, der Analyse und des schöpferischen Denkens sind. Hierzu sagte Mr. Blancke von Celanese: »Planung ist das intellektuelle Rüstzeug für organisiertes Wachstum« – und intellektuelle Aktivität ist schwer nachzuahmen. Es ist zwar bekannt, dass Du Pont im Laboratorium und dass IBM auf dem Markt besonders stark sind. Aber ihre Konkurrenten erreichen nicht die Hingabe, die das Management von Du Pont und IBM diesen strategischen Faktoren widmet. Sie kennen auch nicht die vielfältigen Wege, mit denen jedes Unternehmen seine eigenen Wettbewerbsvorteile aufrecht hält. Selbst wenn sie es wüssten, wäre es für Konkurrenten schwierig und zeitraubend, ihre Systeme und Prioritäten zu modifizieren, um sich diesen Änderungen anzupassen.

Kurzum, ein in strategischem Denken geübtes Management, das als Erstes wirksame strategische Pläne entwickelt, besitzt eine mächtige Waffe im Wettbewerb. In gewissem Sinne ist sie auch eine Geheimwaffe: Nur die äußerlichen Anzeichen der Zielsetzung und Strategien sind von Konkurrenten zu bemerken. Die Spitzenunternehmen sitzen im Sattel und können überlegt planen und gründlich durchführen. Die Nachahmer müssen sich überstürzen, um aufzuholen, wenn die *Ergebnisse* der Strategie des Spitzenreiters bekannt werden; aus dem Tritt geraten, kann der Nachzügler keine ebenso sorgfältigen oder wirksamen Pläne aufstellen und durchführen. Rudyard Kipling drückte das so aus:

Was ihnen erreichbar, das wurde kopiert,
Nicht nachmachen konnten sie meine Ideen,
Schwitzend und stehlend ließ ich sie
Ein Jahr und ein halbes hinter mir stehen.[21]

---

[21] Aus »The Mary Gloster« von Rudyard Kipling.

# Lehren von den Spitzenreitern

Durch Vergleiche der Abnehmer-, Gewinn- und Personal-Strategien vieler führender Unternehmen, mit denen, die »ferner liefen«, habe ich folgende Überzeugungen gewonnen:

- Die Leiter der Spitzenunternehmen haben ein tieferes Verständnis für ihre strategischen Zusammenhänge. Sie haben spezifischere Kenntnisse über das, was die Abnehmer brauchen und wollen. Sie sind sich der Kräfte in der Umwelt des Unternehmens deutlicher bewusst, weil diese durch sachgemäße Tiefenanalysen der künftigen Entwicklung der Branche und der wettbewerbsmäßigen Stärken und Schwächen jeder Produktgruppe in jedem bedeutenden Markt festgestellt wurden. Diese Manager bestimmen Prioritäten aufgrund eingehenderer Analyse der Gewinnfaktoren. Und sie haben mehr Tatsacheninformationen über den Bedarf an Führungskräften, deren Fähigkeiten und Einstellungen. Kurz, sie ›graben‹ gewissermaßen nach Tatsachen – und nutzen sie dann auch.

- Die Leiter der führenden Unternehmen prüfen die strategischen Tatsachen mit größerer Objektivität. Sie sind willens, Probleme zu erkennen und sich mit ihnen auseinanderzusetzen. Sie halten Ausschau nach neuen Möglichkeiten. Sie sind bereit, Änderungen in der Strategie, die erforderlich sind, um Probleme zu meistern und Gelegenheiten zu nützen, durch entschiedene Führung zu unterstützen. Sie haben ein Gefühl für Dringlichkeit.

- Beim Festsetzen von Zielen und Entwickeln von Strategien sind die Leiter der erfolgreichsten Unternehmen entschlossen, zu führen anstatt nachzufolgen.

- Die leitenden Angestellten der führenden Unternehmen glauben an ihre Strategien und befolgen sie. Sie verwenden Geld, Arbeitskraft und insbesondere ihre eigene

Zeit auf Tätigkeiten von primärer strategischer Bedeutung. Sie widmen sich ihnen entschiedener und konsequenter – sie handeln zweckgerichtet.

- Häufig ist jedoch die Überlegenheit führender Unternehmen über ihre unmittelbaren Konkurrenten, was betriebliche Mittel anbelangt, nicht sehr groß – und sie muss es auch nicht sein. Im Wesentlichen entspringen ihre überlegenen strategischen Plane, sowie ihr Mehr im Gesamterfolg, einem entschlosseneren und von allen Spitzenmanagern konsequenter ausgeübten Willen zur Führung.

- Und letztlich lernen die leitenden Angestellten der führenden Unternehmen *in strategischen Begriffen zu denken und zu handeln.* Das heißt, sie lernen, wesentliche Entwicklungen zu erkennen und ihre Bedeutung auf das langfristige Wohlergehen, das Wachstum und den Ertrag des Unternehmens zu beziehen.

# 4 Richtlinien zur Abstimmung von Aktion und Strategie: Firmenpolitik, Maßstäbe und Methoden

Ich habe meine Frau einmal gefragt, warum sie hauptsächlich bei A & P einkauft. Ohne Zögern erwiderte sie: »Dort wird die Ware zurückgenommen, ohne dass man dabei Schuldgefühle bekommt. Andere Geschäfte nehmen ihre Waren auch zurück, aber in einem Ton, dass man es am liebsten nie verlangt hätte.«

»Liegt das an A & P oder liegt es am Manager?« fragte ich.

»Es muss an A & P liegen«, meinte sie, »denn die Manager unseres Supermarkts haben mehrmals gewechselt, seit ich dort einkaufe.«

Beim nächsten Einkauf bei A & P bemerkte ich an der Wand nahe bei den Registrierkassen ein hübsch gerahmtes und verglastes großes Schild. In sechs Zentimeter großen Buchstaben stand dort:

## Die A & P-Politik

Wir sind stets bestrebt,

- ehrlich, fair, aufrichtig und im besten Interesse unserer Kunden zu handeln
- jeden Kunden freundlich und zu seiner Zufriedenheit zu bedienen

- jedem Kunden für sein gutes Geld die besten Nahrungsmittel zu verkaufen
- das genaue Gewicht zu garantieren – 500 Gramm im Pfund –
- genau abzuzählen und abzuwiegen
- den genauen Preis zu berechnen
- dem Kunden den Preis bereitwillig zurückzuerstatten, wenn er aus irgendeinem Grund mit seinem Kauf nicht zufrieden ist.

The Great Atlantic and Pacific Tea Company

Diese Grundsätze für den Umgang mit Kunden sind als Richtlinien für die Angestellten und als Kaufanreiz für die Kunden an den Wänden von etwa 4.500 A & P-Geschäften überall im Lande sichtbar ausgehängt. Das Schild sorgt gleichzeitig für musterhafte Disziplin der Angestellten. Weil sie wissen, dass die Kunden das Versprechen von A & P lesen und verlangen, dass es eingehalten wird, haben die Angestellten in allen 4.500 Supermärkten zusätzlich Anlass, diese Grundsätze zu befolgen.

Es ist schwer zu sagen, inwieweit allein die Grundsätze der Kundenbetreuung zur Vergrößerung des Marktanteils von A & P beigetragen haben. Fest steht, dass A & P mit Umsätzen von 5,1 Milliarden Dollar im Geschäftsjahr 1964 dank seiner Strategie und Richtlinien zur größten Nahrungsmittelkette der Welt geworden ist und 2 Milliarden Dollar mehr als sein nächster Konkurrent Safeway umsetzt.

## Das Wesen der Firmenpolitik

Grundsätzlich ist eine Politik *ein Plan zum Handeln unter bestimmten Umständen*. Im Vorwort einer Broschüre zum

50. Jubiläum (1950) über die grundlegende Politik der Armco Steel Corporation wird ihre Funktion klar umrissen:

Um einen für alle verbindlichen Kurs bei der Führung der Geschäfte des Unternehmens festzulegen, erlässt ein kluges Management gewisse aus der Erfahrung entwickelte und im Laufe der Zeit erprobte Leitsätze, damit alle Beteiligten, was auch immer die Bedeutung ihres Beitrages sein mag, die offizielle Einstellung der Organisation verstehen können. Kurz, *durch Leitsätze werden Absicht, Entscheidung und Handeln der Organisation festgelegt.*

Einer der in dieser Broschüre enthaltenen Leitsätze lautet: »In jeder, aber auch in jeder Situation, sind die Leitsätze von Armco konsequent und beharrlich anzuwenden.« In einem anderen Sinne also sind Leitsätze oder Firmenpolitik eine Richtschnur des Handelns bei der Ausführung der strategischen Pläne des Unternehmens. Genau auf die Strategie abgestimmt, sind sie die wichtigste, für die Handlung maßgebende Komponente eines Systems programmierten Managements.

Im Falle von A & P weist die Vorschrift über die Warenrücknahme Tausende von Verkäufern überall im Lande an, dem Kunden entgegenkommend und freundlich sein Geld zurückzuerstatten, wann immer er es verlangt. Dies ist offensichtlich eine einfache und doch gewichtige handlungsbestimmende Richtlinie mit enormer Gesamtwirkung, wenn sie in allen 4.500 Läden befolgt wird. Außerdem bleibt zu beachten, dass diese Politik (wie andere Leitsätze bei A & P) sich sehr eng an die Strategie des Unternehmens anlehnt, Massenumsätze zu niedrigen Preisen zu tätigen. Da der Zweck einer Politik Anleitung für menschliches Handeln ist, tragen Leitsätze, die an die Strategie gebunden sind und konsequent befolgt werden, dazu bei, den strategischen Plänen Durchschlagskraft zu verleihen. Einen weiteren Einblick in das Wesen und den Nutzen von Leitsätzen gibt

George S. Dively, Generaldirektor der Harris-Intertype Corporation:

Nach meiner Meinung geht der moderne Trend wirkungsvoller Unternehmensführung dahin, an der Spitze klar definierte Grundsätze auszuarbeiten, weitgehende Weisungsbefugnis und Verantwortung an sorgfältig entwickelte Gewinnzentren auf den Ausführungsebenen zu delegieren und dann eine große Anzahl von Kommunikationsmitteln nach oben und unten zur gegenseitigen Information, Rücksprache und Anleitung für die dazwischenliegenden Ebenen einzusetzen, auf denen die Festlegung der Politik und die Verwaltung integriert oder verschmolzen werden.

Wo es anwendbar ist, scheint das Konzept zentraler Festlegung der Politik und dezentralisierter Verwaltung eine sehr wirksame Organisationsstruktur für die Erreichung dieser Ziele abzugeben. Obwohl diese allgemeinen Managementgrundsätze schon seit Jahren von einigen der größten und bekanntesten Unternehmen unseres Landes angewendet werden, wird dieses Verfahren ständig verfeinert. Mit zunehmender Entwicklung von Management-Fachkenntnissen ist es in immer mehr kleineren und mittleren Unternehmen anwendbar.[22]

Sorgfältig an der Strategie orientierte Leitsätze erleichtern tatsächlich die Delegation und verhelfen der Strategie zum Durchbruch, besonders dann, wenn die Mitarbeiter durch Schulung von einer auf System fußenden Verwaltungsmethodik überzeugt sind und sie anwenden. Leitsätze sind für die Leitung von Regierungsstellen oder gewerkschaftlichen Organisationen genauso wichtig wie in der Wirtschaft. Die Verteidigungsbotschaft Präsident Johnsons an den Kongress im Jahre 1965 enthielt zum Beispiel zehn

---

[22] George S. Dively, in einer Rede vor dem General Management Meeting of the American Management Association, 20. Mai 1959.

»grundlegende Leitsätze« für den Verteidigungsapparat. Und John L. Lewis, in seiner Rücktrittserklärung als Präsident der United Mine Workers vom 15. Dezember 1959, mahnte die Mitglieder, »die Gewerkschaft stark, ihre Leitsätze zweckausgerichtet zu erhalten und ihre Funktionäre und Interessenvertreter loyal zu unterstützen.«

Da die Politik ein Plan zum Handeln unter *bestimmten Umständen* ist, nimmt das Management, wenn es die Umstände beschreibt, unter denen eine bestimmte Anweisung wirksam wird, die Entscheidung, was die Mitarbeiter in solchen Fällen tun sollen, vorweg. Der Mengenrabatt ist hierfür ein einfaches Beispiel: Von einer festgelegten Menge an berechnen die Angestellten eines Unternehmens den Kunden niedrigere Preise.

Wir wollen aber ein komplizierteres Beispiel betrachten. In einer Automobilfirma wurde festgestellt, dass viele Kunden mit der Kardanwelle eines bestimmten Modells Ärger hatten. Nach einer Untersuchung beschloss das Management, dass der Austausch der Kardanwelle einer Reparatur vorzuziehen sei. An alle Händler wurde eine entsprechende Mitteilung bezüglich des betreffenden Modells geschickt, in der erklärt wurde, wie man das ganze Problem behandeln und in welcher Weise die Firma dem Händler die Kosten erstatten würde.

Beim Festlegen einer Politik kann ein Manager im Voraus durchdenken, wie die Menschen unter bestimmten spezifizierbaren Umständen handeln sollen. Die voraussichtlichen Kosten und andere Folgen der Politik – wie auch die Folgen ihrer Unterlassung – können und müssen in Rechnung gezogen werden.

Ein Prospekt der größten Börsenmakler-Firma, Merrill Lynch, Pierce, Fenner & Smith, mit der Überschrift »Unsere Grundsätze«, schreibt den Tausenden von Angestellten in mehr als 160 Niederlassungen überall in der Welt vor, wie sie unter bestimmten Umständen handeln sollen. Genau wie die Leitsätze für den Verkehr mit Kunden in den Nahrungsmittelgeschäften von A & P, teilt auch dieser Prospekt den Kunden mit, was sie von den Kontenführern bei Merrill Lynch unter bestimmten Umständen zu erwarten haben. So wird auch hier durch die klare Fixierung von beim Kunden Anklang findenden Firmenleitsätzen nicht nur eine wesentliche Komponente des Management-Systems, sondern auch Goodwill beim Kunden und ein hochwertiges Image für das Gesamtunternehmen geschaffen.

Volles Verständnis für Wesen und Durchschlagskraft einer Firmenpolitik erfordert Einblick in die Folgen und Kosten, die ohne sie entstehen würden. Man nehme nur das Beispiel von Handelsketten, die keine klar formulierte Politik für die Rücknahme von Waren haben. In solchen Ketten muss jeder Manager für sein Geschäft die Politik bestimmen. Die Verkäufer verweisen jeden Fall an den Manager, der ihn aufgrund seiner persönlichen Meinung entscheidet und eventuell seine Entscheidung später einem Vorgesetzten gegenüber rechtfertigen muss. Bei Meinungsverschiedenheiten kostet das für die Klärung des Sachverhalts erforderliche hin und her Zeit und Geld. Die internen Kosten der Abwicklung zahlreicher Vorgänge ohne klare Richtlinien, die noch durch den Verlust an Goodwill bei der Kundschaft vermehrt werden, können beträchtliche Summen erreichen. Zusätzlich verursacht das Fehlen einer klar festgelegten Politik Verwirrung und Frustrationen, die sowohl Arbeitsmoral als auch Produktivität beeinträchtigen.

Der Mangel an klarer Politik schwächt auch die Kontrollmöglichkeiten der Unternehmensleitung. Nach einer geraumen Zeit selbstherrlicher Entscheidungen über alle Probleme tendieren Untergebene zu Handlungen, von denen sie annehmen, dass ihre Vorgesetzten unter ähnlichen Umständen im Wesentlichen die gleiche Entscheidung treffen würden. Auf diese Weise entwickelt sich eine Politik aus der Praxis.

Ohne Veränderungen im Management würde ein solches Verfahren recht gut funktionieren. Aber mit jedem Wechsel der Personen in Führungsstellen könnte die alte ungeschriebene Politik durch eine veränderte Praxis ersetzt werden. Kennt der neue Manager die Verfahrensweise seines Vorgängers nicht oder übernimmt er sie nicht, muss der empirische Prozess von neuem beginnen. Und es dauert lange, bis sich die Methode des neuen Managers, die auf seinem eigenen Urteil beruht, bei seinen Untergebenen als Politik einbürgert.

Wenn irgendein Spitzenmanager eines großen Unternehmens Stoff für einen Alptraum braucht, soll er nur von den Kosten und anderen Folgen träumen, die sich ergeben, wenn aus den Handlungsweisen von Hunderten oder gar Tausenden von Menschen, die mit Hunderten von verschiedenen Aufgaben beschäftigt sind, sich eine Politik herausschält, auf welche die Unternehmensleitung keinen – oder nur wenig – wirksamen Einfluss ausübt. Er kann solche Alpträume vermeiden, wenn er wohldurchdachte und klar formulierte Leitsätze für jede wichtige Tätigkeit aufstellt. Dann kann auf jeder Ebene vertrauensvoll, rechtzeitig und kostenoptimal gehandelt werden.

Natürlich kann kein Unternehmen Vorschriften für jede Art von Tätigkeit entwickeln. Das würde die Verwaltung erschweren und alle diejenigen in der Organisation vor den Kopf stoßen, die eigene Intelligenz, Urteilskraft und gesunden Menschenverstand einsetzen wollen. Hier wird das Leitbild des Unternehmens: »So machen wir das bei uns« relevant und dient tatsächlich als Richtschnur für eine Vielfalt von Handlungen und Entscheidungen, für die sich keine Anweisungen sinnvoll schriftlich formulieren lassen.

In den meisten Unternehmen jedoch werden die Einfachheit der Formulierung einer Politik und die Macht ihrer Wirkung nur unzulänglich erkannt; und fast überall könnte dieser Management-Prozess erfolgreicher genutzt werden.

# Die Wechselwirkungen zwischen Strategie und Politik

Manchmal kann eine brillante neue Politik ein Unternehmen revolutionieren; so geschah es bei Procter & Gamble. Colonel Procter, ein hervorragender Pionier auf dem Gebiet des Personalwesens, war überzeugt, dass ständige Beschäftigung sozial erwünscht sei. Deshalb setzte P & G 1923 eine Politik in Kraft, die jedem Arbeitnehmer pro Kalenderjahr 48 Arbeitswochen garantierte, sobald er zwei Jahre im Unternehmen beschäftigt war, zur Zufriedenheit arbeitete und sich bereit erklärte, jede Art von Tätigkeit zu übernehmen.

Dies war damals wie heute fortschrittliche Personalpolitik und zu ihrer Ausführung musste P & G völlig umgekrempelt werden. In einer bemerkenswerten Rede im Jahre 1945 beschrieb der damalige und langjährige Generaldirektor des Unternehmens, Richard R. Deupree, wie diese an sich auf soziale Ziele ausgerichtete Politik sich in ihrer Anwendung auch als außerordentlich gewinnbringend erwies.[23] Im Folgenden werden einige der Änderungen und ihre Auswirkungen in der Beschreibung von Deupree wiedergegeben:

- Die Verkaufsabteilung sorgte für den regelmäßigen Abgang von Lieferungen an die Kunden durch Vorauslieferung eines Bedarfs von 30 bis 45 Tagen bei vollem Schutz vor Preisänderungen. Dadurch hatten die Kunden nie Lagerlücken. Die neue Vorschrift brachte sowohl dem Unternehmen als auch dem Handel Vorteile.

---

[23] Richard R. Deupree, »Management's Responsibility toward Stabilized Employment«, Rede anlässlich der Conference on General Management, American Management Association, 11. Oktober 1945.

- Für die Zeitabschnitte, in denen die Händler keine Vorauslieferungen annehmen konnten, stellte das Unternehmen Lager (eigene und gemietete) für mindestens einmonatigen und höchstens zweimonatigen Bedarf bereit. Als Folge davon war die Lagerhaltung besser ausgewogen und niedriger.
- Der gleichmäßige Beschäftigungsgrad ermöglichte beträchtliche Einsparungen bei den Herstellungskosten. Für regelmäßigen Einkauf erhielt das Unternehmen von den Lieferanten niedrigere Preise. Die Anlageninvestitionen waren beträchtlich geringer, weil Spitzenkapazitäten für Perioden besonderer Beanspruchung nicht mehr erforderlich waren. Die Einsparungen an Investitionen zwischen 1923 und 1945 schätzte Deupree auf 100 Millionen Dollar.
- Auseinandersetzungen mit Gewerkschaften wurden auf ein Mindestmaß beschränkt. Arbeitsmoral und Produktivität stiegen, was wahrscheinlich den größten Nutzen von allem brachte.

Obgleich die Garantie einer konstanten Beschäftigung nicht leicht verwirklicht werden konnte, war und ist sie nach Deuprees Worten »wahrscheinlich die größte Errungenschaft unseres Unternehmens«. Auf diese Weise begründete eine weitsichtige und mutige Personalpolitik neue Ausrichtungen des Marketing, der Herstellung und der allgemeinen Verwaltung, was schließlich die Abnehmer-, Gewinn- und Personalstrategie des Unternehmens ebenfalls beeinflusste. Die Garantie der konstanten Beschäftigung bei P & G ist tatsächlich so fundamental, dass man sie fast ein Unternehmensziel nennen könnte. Jedenfalls illustriert dieser Fall die Wechselbeziehungen zwischen Politik und Strategie, die für das Management-Programm erfolgreicher Gesellschaften charakteristisch sind.

Manchmal überschneidet sich die Politik mit der Strategie. Dafür ist die *New York Times* ein Beispiel. Als Adolph S. Ochs 1896 die Leitung übernahm, veröffentlichte er eine Grundsatz-Erklärung folgenden Inhalts:

Es wird mir ein ernsthaftes Anliegen sein, in der *New York Times* die Nachrichten – alle Nachrichten – in knappen und ansprechender Form zu veröffentlichen … sie ebenso früh, wenn nicht früher als jedes andere verlässliche Medium zu bringen und dies unparteiisch, ohne Furcht oder Begünstigung, ohne Ansehen der Partei, Sekte oder des berührten Interesses zu tun, die Spalten der *New York Times* zu einem Forum für die Behandlung aller Fragen von öffentlichem Interesse zu machen und die verschiedensten Überzeugungen zur Sprache kommen zu lassen. Vor einigen Jahren kommentierte Robert McLean, Herausgeber des Philadelphia Bulletin und ehemaliger Präsident der Associated Press, im *New York Times Magazine* diesen Grundsatz, der eine Festlegung der Politik, Zielsetzung und Strategie darstellte. Adolph Ochs, so schrieb McLean:

… befolgte ihn gewissenhaft von dem Tage an, an dem er die *Times* kaufte, bis zu seinem Tod neununddreißig Jahre später, am 8. April 1935. Sein Glaubensbekenntnis war die Einfachheit selbst, was jedoch damals allgemein mehr auf dem Papier als in Wirklichkeit beachtet wurde. Die Anwendung dieses Grundsatzes im täglichen Zeitungsgeschäft – jahraus, jahrein – leistete einen entscheidenden und dauerhaften Beitrag zum Journalismus in New York City, in den Vereinigten Staaten und bis zu einem gewissen Grade in der ganzen Welt.[24]

McLean beschreibt, wie Ochs' »unermüdliches Bestreben die Nachrichten unparteiisch zu berichten … jede Abtei-

---

[24] Robert McLean, »Ochs and Journalism: An Appraisal«, *The New York Times Magazine,* 9. März 1958.

lung der Organisation und *jede* Person im Bereich des Unternehmens unmittelbar berührte.« Ochs' Beispiel, bemerkt er, »bewies, dass auch in einem von scharfem Wettbewerb gekennzeichneten Markt wahre Werte die bleibenden sind ... und dass nur solche Zeitungen und Organisationen, die den Menschen wirklich dienen, sich deren andauernder Unterstützung erfreuen können«. Wie der Artikel von McLean zeigt, ruht die anhaltende Stärke der *Times* im Wettbewerb auf der beharrlichen Befolgung langfristig festgesetzter Politik, die so grundlegend ist, dass sie eigentlich schon eine eigene Strategie darstellt.

Durch systembegründetes Vorgehen kann sich jedes Management die engen Beziehungen zwischen Politik, Strategie und den anderen Management-Prozessen zunutze machen. Die sich aus der Anwendung des Systems ergebende Integration der Management-Prozesse stärkt den Willen zur Führung; sie verleiht dem gesamten Unternehmen mehr Einwirkung auf den Verbraucher, was zu entsprechend höherem Umsatz und Marktanteil führt; sie trägt zur Kostensenkung bei, erhöht organisatorische Wirksamkeit und fördert die Heranbildung künftiger Führungskräfte.

## Die Kraft der Firmenpolitik

Wie das Beispiel der *New York Times* zeigt, führen einfache Grundsätze zu außerordentlicher Schlagkraft im Wettbewerb, vorausgesetzt, dass sie unterschiedlichen und sich ändernden Bedingungen flexibel angepasst, aber immer konsequent befolgt werden.

Die Expansion der amerikanischen Wirtschaft auf ausländischen Märkten ist ein ausgezeichnetes Objekt für die Analyse von Firmenpolitik unter verschiedenen Bedingungen. 1956 wurde der damalige Generaldirektor der National Cash Register Company, Stanley C. Allyn, gebeten, vor einer Zusammenkunft von ehemaligen Studenten der Harvard Business School zu erklären, warum sein Unternehmen im Ausland so erfolgreich war. (Damals betrug der Auslandsumsatz des Unternehmens mehr als 100 Millionen Dollar oder etwa 40 Prozent des Gesamtumsatzes). Allyn führte neun Grundsätze an, die er »das Fundament unserer Arbeitsweise« nannte.[25] Folgende Leitsätze waren darin enthalten:

Wir bemühen uns, auf dem ausländischen Markt ein Produkt anzubieten, nach dem der Markt verlangt – und nicht ein Produkt, das nach unserer Meinung auf den Markt kommen sollte.

Wir halten es für angebracht, unsere Niederlassungen im Ausland mit Staatsbürgern des jeweiligen Landes zu besetzen. (Damals waren von 18 000 Arbeitnehmern der NCR im Ausland nur 6 amerikanische Staatsbürger). Wir behandeln unsere Arbeitnehmer im Ausland nicht wie Stiefkinder. Wir nehmen ganz besonders auf die Sitten, Traditionen, Religionen und Animositäten fremder Völker Rücksicht.

Zweifellos sind diese Grundsätze einfach, fast selbstverständlich. Dennoch könnte ich eine Reihe hervorragender amerikanischer Unternehmen nennen, die diese Grundsätze in ihren ausländischen Niederlassungen entweder ignorieren oder sich zwar zu ihnen bekennen, jedoch in ihrer Anwendung kläglich versagen.

Sehen wir uns einmal eine für das Ausland gewählte Politik im Bezug auf Produkte an. Ein auf dem amerikanischen Markt dominierender Hersteller von Maschinen verkauft die gleichen Erzeugnisse im Ausland. Das Management

[25] Stanley C. Allyn, »American Business Goes Abroad – A Case History«, Rede anlässlich der Harvard Business School Conference, 16. Juni 1956, s. auch *Harvard Business School Bulletin,* Sommer 1956.

der überseeischen Niederlassungen hat um Erlaubnis gebeten, die Ausführung dieser Maschinen den Bedürfnissen der Kunden anzupassen und sie außerdem zu wettbewerbsfähigeren Preisen anzubieten. Die Zweckmäßigkeit einer solchen Kursänderung schien offensichtlich. Aber im Gegensatz zu NCR hat die Muttergesellschaft jeden dieser Vorschläge mit der Begründung abgelehnt, dass sie an der Herstellung von Maschinen »minderer Qualität« nicht interessiert sei. Heute wird die starke Position des Unternehmens im Ausland rasch ausgehöhlt, nachdem seine grundlegenden Patente abgelaufen sind.

Ein solcher Mangel an Flexibilität in der Anpassung der Produktpolitik an neue Bedingungen ist ein überraschend häufiger Fehler amerikanischer Unternehmen mit fähigem, aber auf ausländischen Märkten unerfahrenem Management. Noch überraschender ist die Feststellung, dass auch britische Unternehmensleitungen, die allgemein im Ruf stehen, im Auslandsgeschäft erfahren zu sein, auf dem US-Markt die gleichen Fehler machen.

Wenn Unternehmen den Schritt ins Ausland tun, werden klare und erprobte Grundsätze allzu oft zu Hause gelassen – eine kostspielige Nachlässigkeit, wo gerade die herkömmliche Firmenpolitik auch in den ausländischen Niederlassungen gewinnbringend angewendet werden könnte. Allzu oft wird eine Führungskraft, deren Fähigkeiten für eine Beförderung in den USA nicht ausreichen, oder sogar jemand, der im Inland versagt hat, ins Ausland geschickt, wo eine fremde Sprache und ungewohnte Sitten und Gebräuche die Schwierigkeiten der Unternehmensführung noch vergrößern. Die unerfreulichen Konsequenzen solcher Stellenbesetzungen im Ausland – die einen groben Verstoß gegen Grundsätze und Maßstäbe darstellen, die sich im Inland bewährt haben – erscheinen jedoch die Unternehmensführungen amerikanischer Firmen gleichermaßen zu überraschen wie zu enttäuschen.

Auch hier muss die tatsachenorientierte Methode angewendet werden: Es gilt, die Gegebenheiten des jeweiligen Landes zu erfassen, Grundsätze aufzustellen und Erzeugnisse anzubieten, die den *örtlichen* Bedingungen entsprechen. Man unterstelle nicht, dass die Gewohnheiten und Erfordernisse im Ausland die gleichen sind wie in den Vereinigten Staaten; wahrscheinlich sind sie verschieden.

Aber nicht nur im Ausland werden einfache und wirksame Grundsätze außer Acht gelassen. Auch zu Hause kann zum Beispiel gegen das Prinzip, für alle neuen Produkte vor ihrer Einführung einen Markttest durchzuführen, unter dem Druck der Zeit und Konkurrenz verstoßen werden. Ich erinnere mich, dass ich einmal dem Generaldirektor eines führenden Herstellers von Klimaanlagen dringend geraten habe, ein neues Fenstergerät nicht ohne den von der Unternehmenspolitik ohnehin vorgeschriebenen Markttest auf den Markt zu bringen. Der Hinweis war eigentlich eine Selbstverständlichkeit, doch der Generaldirektor entschied sich dagegen. Das neue Produkt, so meinte er, bestehe aus »gründlich erprobten Einzelteilen« und die Durchführung eines Tests würde den Verlust einer ganzen Verkaufssaison bedeuten. Es stellte sich heraus, dass jedes einzelne Stück der ersten 2.500 Auslieferungen zurückgenommen werden musste, sodass die Saison ohnehin verpasst wurde. Seit damals wird von dem Grundsatz des Markttests für neue Produkte nicht mehr abgewichen!

Entschlossenes Befolgen von sorgfältig konzipierten Leitsätzen ist ein Kennzeichen des Führungswillens in erfolgreichen Unternehmen. Es stählt gewissermaßen den Führungsorganismus für konsequentes Handeln, was wiederum die Leistungsstärke des Unternehmens erhöht, die Kosten senkt und der Unternehmung ein klares Image gibt. Wenn also die Angestellten von A & P den in jeder Filiale aushängenden Leitsätzen überall Folge leisten, wird die Gesamtleistung des Unternehmens zunehmen, werden die Kosten fallen und wird die Auswirkung auf den Markt enorm sein. Die Befolgung einer wohldurchdachten Politik ist ein wesentlicher Aspekt des Erfolgsrezeptes von Benjamin Disraeli: »Beständigkeit im Zielbewusstsein«.

Diese Beständigkeit darf aber nicht auf Starrheit hinauslaufen. An einer Politik festzuhalten ist nur dann wirkungsvoll, wenn diese zweckentsprechend ist. Dies wiederum wird nur dann der Fall sein, wenn sie sich ändernden Bedingungen angepasst wird. Liebmann Breweries, Inc., stellte fest, dass eine Politik, die ihr Rheingold-Bier in New York City zum Verkaufsschlager machte, in Los Angeles keinen Erfolg zeitigte. In New York verkauft Liebmann mittels eines eigenen Fuhrparks von 1.000 Lastwagen unmittelbar an Geschäfte und Bars. In Los Angeles jedoch hatte die direkte Vertriebsmethode wegen der riesigen Ausdehnung der Stadt und der örtlichen Gepflogenheit, Großhändler einzuschalten, keinen Erfolg. Ebenso war Liebmanns ganz groß aufgezogene »Miss Rheingold«-Wahl – wie erfolgreich auch immer in New York – in Los Angeles ein Reinfall. Business Week[26] untersuchte seinerzeit den Misserfolg und vermutete eine mögliche Ursache darin, dass Los Angeles als Mekka der Filmstars bis über die Ohren mit Schönheitsköniginnen eingedeckt ist.

Kurzum, Phillipp Liebmann, Generaldirektor des Unternehmens, stellte freimütig fest: »Wir haben versucht, den Markt von Los Angeles in eine Schablone zu zwängen, die nur für New York passte.«

---

[26] *Business Week,* 21. September 1957.

# Wie legt man Firmenpolitik fest?

Firmenpolitik zu machen, bedeutet für die Unternehmensleitung ein äußerst wirksames Mittel, ihren Führungswillen in
allen Bereichen und auf allen Ebenen in die Tat umzusetzen.
Daher verwenden die Spitzenmanager der erfolgreichsten
Unternehmen einen wesentlichen Teil ihrer Zeit auf diesen
Management-Prozess. Sie wissen um die Bedeutung, unter
sorgfältig ausgearbeiteten Alternativen eine bewusste und
auf Tatsachen gegründete Auswahl zu treffen. Wird eine
solche Wahl nicht getroffen, so wird im Zwang zum Handeln
eine bestehende Politik befolgt werden – oder es wird sich
empirisch aus übereilt gefassten individuellen Entscheidungen eine Gewohnheits-Praxis entwickeln, die dann eine Art
Politik darstellt.

Die volle Wirksamkeit wohldurchdachter Politik zu erreichen, ist Aufgabe jedes Managements – eine Aufgabe, die mit
keiner einfachen Formel zu lösen ist. Die Erfahrung erfolgreicher Unternehmen empfiehlt jedoch folgende Methode:

1. Eine Politik sollte klar und deutlich und auf die
   Wirklichkeit der Tatsachen (die inneren und äußeren
   Kräfte am Werk) abgestimmt sein. Sie sollte auf gesundem Menschenverstand beruhen und in dauerhaften
   Wertvorstellungen wurzeln. Grundsätze, die diese Forderungen erfüllen, werden von den Angehörigen einer
   Firma bereitwilliger akzeptiert und befolgt. Auch die
   Kunden müssen wesentliche Grundsätze akzeptieren
   und von ihnen überzeugt sein, wenn sich die Unternehmung zu vernünftigen Kosten ein positives Firmenimage
   aufbauen will.

2. Für die Entwicklung einer Politik müssen Tatsachen über
   die Bedingungen, besonders über die äußeren Umstände, zusammengetragen werden, unter denen die Poli-

tik funktionieren soll. Grundsätze dürfen nicht zu sehr auf »Erfahrungen« beruhen. Diese kristallisieren oft aus den Erinnerungen der Mitarbeiter an vergangene Situationen und Geschehnisse und können leicht von persönlichen Interpretationen der eigentlichen Ereignisse, ihrer Hintergründe und ihrer Bedeutung für die Zielrichtung künftiger Handlungen gefärbt sein. Natürlich sind persönliche Urteile für die Aufstellung von Grundsätzen wichtige Anhaltspunkte. Aber während der endgültigen Formulierung der Politik vorausgehenden Analyse sollten Tatsachen und Meinungen so streng wie möglich getrennt werden.

3. Die beste Politik ergibt sich aus der Untersuchung aller denkbaren Alternativen, nicht nur der ersten vereinzelten Möglichkeiten, die einem in den Sinn kommen. Der verantwortliche Manager sollte die Ausarbeitung einer Reihe von Alternativplänen verlangen. Diese sollten klar und spezifisch entwickelt werden und auf Tatsachen, einschließlich der wahrscheinlichen jeweiligen Folgen und Kosten, beruhen. In einer Abhandlung über die Erarbeitung einer Regierungspolitik drückt Robert R. Bowie, Direktor für Planung der Politik im U. S. Außenmisterium, dies wie folgt aus:

… wer Politik macht, arbeitet in der unsicheren Welt von Voraussage und Wahrscheinlichkeit. Seine Aufgabe besteht darin, auf der Grundlage verfügbarer Informationen 1.) festzustellen, welche Alternativen durchführbar sind und 2.) die zu verfolgende Alternative auszuwählen. Die möglichen Alternativen sind nicht ohne weiteres offensichtlich. Sie festzustellen und zu formulieren erfordert Analytik und Vorstellungskraft. Bei der Wahl zwischen den einzelnen Alternativen muss man darauf bedacht sein, dass der Eintritt unerwarteter Ereignisse nicht zur Katastrophe wird. Gleichsam darf man sich nicht so vorsichtig absichern, dass man im Schwanken zwischen mehreren Alternativen die Vorteile irgendeiner Einzelnen verliert.

Alle möglichen Alternativen einzubeziehen, ist auch für die Festlegung der Unternehmenspolitik ein guter Rat.

Ebenso wie in der Regierung ist es im Unternehmen die Aufgabe des für die Politik Verantwortlichen, jene Alternative auszuwählen, die ein optimales Gleichgewicht zwischen Kosten und Leistung bietet. Mit anderen Worten, er »macht« Politik, indem er den Kurs oder Plan festlegt, der unter bestimmten Umständen regelmäßig zu befolgen ist.

1. Bei der Entscheidung komplexer unternehmenspolitischer Fragen mit zahlreichen Alternativen und vielen sie berührenden Faktoren kann eine elektronische Rechenanlage die optimale Wahl, zumindest die Betrachtung einer Vielzahl von Möglichkeiten erleichtern. Beispielsweise kann ein Computer bei der Identifizierung von Alternativen der Kapazitätenauslastung unter veränderlichen Markt- und Transportbedingungen von größtem Nutzen sein.

2. Immer, wenn sich grundlegende Bedingungen ändern, müssen bestehende Grundsätze überprüft werden. Zeit, Technik und Standort schaffen neue Bedingungen. Vielleicht muss der Konkurrenz auf andere Weise begegnet oder das Führungsprinzip wiederhergestellt werden. Politische und soziale Entwicklungen können neue Kräfte in Bewegung setzen, Änderungen in der Bevölkerungsstruktur können neue Probleme auslösen oder neue Gelegenheiten schaffen.

Die Unbeweglichkeit einer Politik angesichts verschiedener oder veränderter Bedingungen kann sich katastrophal auswirken. Je klarer aber die Richtlinien und je fester sie in dauerhaften Wertvorstellungen verankert sind, desto seltener werden Änderungen notwendig sein. Dadurch ergibt sich eine größere Folgerichtigkeit im Handeln, die ihrerseits niedrigere Kosten und höhere Leistungsfähigkeit bewirkt.

3. Solange keine Notwendigkeit zur Änderung besteht, sollte die Politik befolgt werden. Zu viele Ausnahmen würden eine Politik zerstören. Unvollkommene Befolgung der Politik erhöht die Kosten, vermindert ihre Wirksamkeit und verursacht einen Autoritätsverlust der Unternehmensleitung. Ein entschlossener Wille zur Führung spiegelt sich in entschlossener Befolgung der Politik.

## Maßstäbe

Ebenso wie die Politik bilden auch Management-Maßstäbe – das heißt, Kriterien oder Normen für Leistung oder Handlung – eine Richtlinie zur Anpassung des Handelns an die Strategie. Ein Maßstab kann Politik wirksamer machen, indem er ihr Präzision verleiht. Verstärkt durch eindeutige Maßstäbe wird eine Politik leichter und schneller auszuführen sein, weil die Menschen wissen, *wie* sie zu befolgen ist.

Wie wir in einem späteren Kapitel noch sehen werden, sind Maßstäbe (oder Kriterien) bei der Auswahl von Mitarbeitern bedeutsame Faktoren für den Erfolg des Unternehmens. Abgesehen von ethischen Aspekten heißt das nicht, dass ein hoher Maßstab unbedingt der zweckmäßigste oder gewinnbringendste ist. Obwohl beispielsweise hochqualifizierte Mitarbeiter im Allgemeinen die höchsten Gewinne erwirtschaften, haben erfolgreiche Firmen festgestellt, dass es unklug ist, Positionen mit Mitarbeitern zu besetzen, die für ihre Stellungen überqualifiziert sind. Ein optimaler

Maßstab stellt jenes Gleichgewicht zwischen Kosten und Leistung her, welches den höchsten *langfristigen* Reingewinn erzielt.

Überraschend oft wird diese einfache und auf der Hand liegende Regel von sonst fähigen Managern missachtet oder ignoriert. Nehmen Sie beispielsweise die Maßstäbe für den Anlagenbau. Die Gewinne eines mir bekannten breitgegliederten Konzerns werden noch auf Jahre hinaus durch die Anwendung unnötig hoher Maßstäbe bei der Errichtung von zahlreichen Anlagen innerhalb der letzten 15 Jahre geschwächt. Während dieser Zeit war das für die Fertigung verantwortliche Vorstandsmitglied für den Bau von Fabriken in allen Konzernbereichen zuständig. Seine Abteilung bestimmte die Art der Bauausführung; der Leiter des betreffenden Geschäftsbereiches konnte diese Entscheidung nicht wirksam in Frage stellen.

Da das Vorstandsmitglied auf hohen Maßstäben bestand, war die Ausstattung aller neuen Anlagen aufwendiger als notwendig, was zu überhöhten Kapitalinvestitionen oder zu hohen Betriebskosten oder zu beidem führte. Diese »vergoldeten« Fabriken, durch die das (jetzt pensionierte) Vorstandsmitglied gerne Besucher führte, sind noch immer Schaukästen. Die Manager der Konzernbereiche jedoch, die aus diesen Anlagen Gewinne zu erwirtschaften haben, nennen sie »Denkmäler«.

Lassen Sie mich hier einschaltend betonen: Mit einem Management-System hätte dieses Vorstandsmitglied seine Konstruktionsmaßstäbe den betroffenen Konzernbereichen nicht ohne Diskussion aufzwingen können. Wie wir später sehen werden, hätte das Management-System jedem Manager des betroffenen Bereiches gestattet, die von jenem Vorstandsmitglied geschaffenen Maßstäbe anzufechten; wenn notwendig, hätte der Generaldirektor die letzte Entscheidung getroffen.

Als ein weiteres Beispiel für Optimierung wollen wir Maßstäbe für Einkaufspolitik heranziehen. Obgleich in diesem Fall der Preis sehr oft der ausschlaggebende Maßstab ist, wird in fortschrittlichen Einkaufsabteilungen die Optimierung von Leistung und Preis zugrunde gelegt. In der Tat koordiniert ein modernes Einkaufswesen die Interessen der einkaufenden Gesellschaft mit denen des Lieferanten, indem der Bedarf des einen den Möglichkeiten des anderen zu beider Nutzen angepasst wird. Sears-Roebuck waren auf diesem Gebiet Schrittmacher. Sie kauften von ihren hauptsächlichen Lieferanten in deren schwacher Saison ein. Heute haben Sears und andere Unternehmen diese Methode noch bedeutend weiter ausgebaut.

Betriebliche Leistungsmaßstäbe haben natürlich einen wesentlichen Einfluss auf Kosten und Kundenbeziehungen. Zum Beispiel zeigt die Erfahrung von vielen Unternehmen, die eine maximale Zeitspanne zwischen Auftragserhalt und Auslieferung festgelegt haben, dass Verkürzung der »Maximalzeit«-Norm um einen oder zwei Tage als vorteilhaftes Kundendienstargument im Wettbewerb dienen kann. Kundendienstmaßstäbe sind natürlich ein wichtiger Teil der Wettbewerbsstrategie eines Unternehmens.

Die notwendigen Schritte, um einen Maßstab festzulegen, sind denen zur Aufstellung einer Politik ähnlich: Es gilt, mögliche Alternativmaßstäbe zu bestimmen, die wahrscheinlichen Kosten und Ergebnisse eines jeden festzustellen und schließlich jene Alternative zu wählen, die ein optimales Gleichgewicht zwischen Kosten und Leistung darstellt. Der resultierende Maßstab ergibt eine weitere Richtlinie zum Handeln.

# Methoden

Verfahren oder vorgeschriebene Schritte, die zur Ausführung einer Politik im Einklang mit festgelegten Maßstäben zu unternehmen sind, stellen eine dritte Richtschnur für das Anpassen des Handelns an die Strategie dar. Verfahren sind natürlich weniger wichtig als Politik und Maßstäbe; sie verdienen jedoch mehr Aufmerksamkeit als sie normalerweise erhalten. Der Grund ist offensichtlich. Ein Verfahren, welches spezifiziert, wie eine Handlung ausgeführt werden soll, beeinflusst deren Kosten. Außerdem kann es bestimmen, ob ein Maßstab überhaupt erfüllt wird. Beispielsweise kann ein Unternehmen »sofortige Auslieferung« aller Sendungen als Politik festlegen und 48 Stunden nach Erhalt des Auftrages als Maßstab für die »sofortige« Lieferung einer bestimmten Produktgruppe aufstellen. Die Erfüllung dieses Solls wird weitgehend vom Verfahren der Übermittlung der Aufträge an das richtige Werk oder das richtige Lager, von der Abwicklung und vom Versand abhängen. Diese Verfahren werden natürlich die Kosten der Auftragsabwicklung beeinflussen.

Der Wert der Verfahrensanalyse ist in Werken und Verwaltungen seit langem erkannt worden, die der Vereinfachung der Arbeit und des Arbeitsflusses größere Aufmerksamkeit gewidmet haben. In den meisten Unternehmen bestehen aber noch immer bedeutende Möglichkeiten zur Verfahrensverbesserung. Das trifft besonders auf solche Fälle zu, in denen wesentliche Verfahren über die Abteilungsgrenzen hinausgehen, denn in solchen Fällen ist nur der Bereichsleiter oder der Leiter des Gesamtunternehmens für alle durch das Verfahren berührten Interessengebiete und Tätigkeiten verantwortlich.

# Formulierung der Richtlinien

Politik, Maßstäbe und Verfahren sind als Richtlinien zum Handeln offensichtlich nur dann von Nutzen, wenn sie auch befolgt werden. Man kann sie aber nicht befolgen, wenn sie nicht den Personen mitgeteilt werden, deren Handlungen sie lenken sollen. Dennoch herrscht in der Wirtschaft eine erstaunliche Abneigung gegenüber schriftlichen Anweisungen. Der Gedanke, Politik, Maßstäbe und Verfahren schriftlich zu fixieren, stößt auf Gleichgültigkeit, sogar auf Widerstand.

Natürlich tun aber die bestgeführten Unternehmen genau das: Ihre Richtlinien werden nicht nur in Form von Bekanntmachungen veröffentlicht, sondern vielfach in Broschüren oder Betriebsordnungen zum ständigen Gebrauch festgehalten.

Ein Grund für schriftlich niedergelegte Richtlinien ist natürlich die hierdurch vereinfachte Übermittlung an alle Betroffenen. Mündliche Übermittlung ist zu langsam und oft zu ungenau, um als verbindliche Anweisung für Handlungen zu gelten. Die Arbeitsgesetzgebung und die Tarifverhandlungen mit den Gewerkschaften haben die Unternehmensleitungen veranlasst, ihre Personalpolitik schriftlich zu fixieren, und viele Unternehmen fassen die Grundsätze ihrer Personalpolitik in Broschüren für die Angestellten zusammen. Wesentliche Aspekte der Firmenpolitik auf anderen Gebieten sollten auf dieselbe Weise bekannt gemacht werden.

Es gibt aber mindestens noch zwei weitere Vorteile der schriftlichen Fixierung von Politik, Maßstäben und Verfahren. Erstens zwingt das schriftliche Verfahren zu gründlicherem und genauerem Denken. Am Anfang einer Reihe von Grundsatzerklärungen zur Firmenpolitik, kommentierte ein sehr fähiger Unternehmer wie folgt: »Diese Bekanntmachungen über unsere Firmenpolitik wurden vor einigen Monaten begonnen, um Grundsatzfragen, die zwischen dem Zentralstab und den Linienorganisationen koordiniert werden müssen, allmählich auszuarbeiten und schriftlich festzulegen.«

Beim Erörtern von »Bekanntmachungen der Unternehmenspolitik« sagte George Dively von Harris-Intertype Corporation in seiner früher erwähnten Rede: »In jeder Bekanntmachung sind sowohl die ihr zugrunde liegenden Aspekte unseres Firmenleitbilds als auch deren Beweggründe dargestellt, damit die Bereichsleiter das ›Warum‹ der jeweiligen Politik verstehen können.«

Zweitens können durch die Verteilung schriftlicher Entwürfe an diejenigen Mitarbeiter, die sich mit der Formulierung der Politik befassen sollten und an wenigstens einige von denjenigen, die von ihr maßgeblich betroffen sind, Tatsachen, Ideen, Alternativen und neue Gesichtspunkte in der endgültigen Fassung berücksichtigt werden. Durch ihre Teilnahme an diesem Verfahren kann jeder, der mit dieser Politik arbeiten soll, zu ihrer klaren, endgültigen Fassung beitragen.

Ich erinnere mich an eine Unterhaltung im Privatflugzeug eines Unternehmens, bei der mir diese beiden Gesichtspunkte sehr deutlich vor Augen geführt wurden. Mein Gastgeber war der neue Generaldirektor eines Unternehmens, dessen Umsatz knapp 1 Milliarde Dollar betrug. Sein zweiter Gast auf diesem Flug war der erfahrene Generaldirektor einer doppelt so großen Unternehmung mit vielen Bereichen, mehr als 100.000 Arbeitnehmern und über die ganze Welt verstreuten Betrieben. Da beide Unternehmen Klienten waren, benutzte ich die Gelegenheit, den neuen Generaldirektor von den Erfahrungen des anderen profitieren zu lassen, indem ich die Unterhaltung auf verschiedene Aspekte des Managements brachte. An einer Stelle fragte ich den Generaldirektor der größeren Unternehmung, wie er es mit der Aufstellung seiner Firmenpolitik halte.

»Ich glaube, dass ich darauf mehr Zeit als auf irgendeine andere Tätigkeit verwende«, antwortete er. »Wenn es um eine wichtige unternehmenspolitische Entscheidung geht, machen wir größte Anstrengungen, alle relevanten Sachverhalte festzustellen und setzen selbst die Forschung ein. Wir ziehen Mitarbeiter aus den Bereichen zur Beratung hinzu. Wir setzen Spezialisten und unsere eigenen Stabsleute ein. Einer von ihnen arbeitet dann für mich einen Entwurf der fraglichen Politik aus.

Ich prüfe ihn und erstelle gewöhnlich selbst einen zweiten Entwurf. Diesen lasse ich dann bei den einzelnen Bereichen und Stabsabteilungen zirkulieren. Ich leite ihn nicht nur solchen Leuten zu, die vielleicht etwas beitragen könnten, sondern auch denjenigen, denen ich eine Möglichkeit zur Kritik oder ganz einfach zum ›Meckern‹ geben möchte, bevor die neue Vorschrift wirksam wird.

Wenn alle Vorschläge, Kritiken und Meckereien vorliegen, arbeitet einer unserer Stabsleute einen dritten Entwurf aus. Nun gehe ich daran, den Text gewissermaßen zu ›maniküren‹. Dabei berücksichtige ich Vorschläge und Kritik von einigen Schlüsselkräften, deren Urteil ich zu schätzen weiß, oder die etwas Besonderes zu dem zur Debatte stehenden Thema beizusteuern haben. Schließlich holen wir die erforderlichen Genehmigungen ein und veröffentlichen die Politik in schriftlicher Form. Abschriften werden in dem Handbuch, in dem alle unsere Leitsätze zusammengefasst sind, eingegliedert. Und wenn die neue Politik hinausgeht, dann *weiß* ich, sie wird befolgt werden. Unsere Leute sind seit Jahren entsprechend geschult worden.«

Der andere Generaldirektor, der aufmerksam zugehört hatte, meinte dazu: »Dann sind Sie uns weit voraus: kein Wunder, dass Sie so hohe Gewinne erzielen.«

Ich kenne andere Unternehmensführer, die bei der Formulierung der Politik ebenso Worte und Sätze »maniküren«.

Auch sie wissen, dass Firmenpolitik, Maßstäbe und Verfahren mehr Beachtung verdienen als sie allgemein erhalten – und haben gelernt, dass sie wirksame Richtlinien für zweckmäßiges Handeln und die Erwirtschaftung von Gewinn darstellen, sofern sie sorgfältig erarbeitet, schriftlich niedergelegt und – befolgt werden.

# 5  Organisation: Das Mittel für wirksame Zusammenarbeit

An einem Sommernachmittag rief mich ein Freund wegen eines Golfspiels an. Er hatte ein Paar zusammen und suchte noch zwei weitere Mitspieler. Ich sagte zu und wir diskutierten ein paar Minuten, wen wir als vierten Mann bekommen könnten. Aber wir einigten uns auf keinen. Außerdem beschlossen wir nicht, wer von uns den Vierten besorgen sollte.

Am nächsten Tag traf ich ein anderes Mitglied des Clubs. Er wollte sich uns gern anschließen, und ich rief sofort meinen Freund an, um ihm dies mitzuteilen. In der Zwischenzeit hatte aber auch er einen Gast eingeladen, sodass wir ein »fünftes Rad am Wagen« hatten. Da mein Freund seinen Gast kaum ausladen konnte, rief ich das Club-Mitglied an, das ich eingeladen hatte und beschrieb ihm unser Problem. Er war verständnisvoll zum Rücktritt bereit, und so wurde niemand gekränkt.

Dennoch war der Vorfall für mich peinlich, und er hätte leicht vermieden werden können. Wir hätten in unserem ersten Telefongespräch nur eines der grundlegendsten Prinzipien der Organisation beachten müssen: entscheiden, wer was zu tun hat. Um es technisch auszudrücken: Wir hätten einen von uns für die Einladung eines vierten Spielers verantwortlich machen und ihm die Vollmacht hierfür übertragen sollen.

# Die Bedeutung guter Organisation

Leider kommen selbst in den größten und bestgeführten Unternehmen alltäglich Hunderte von organisatorischen Unstimmigkeiten mit viel folgenschwereren Auswirkungen vor. Der Grund liegt darin, dass niemand festlegt, wer was tut, wer welche Vollmachten hat und wer wem untersteht. Ergebnis dieser Unklarheiten sind Doppelarbeit, nutzlose Anstrengungen, Verzögerungen, Frustrationen oder Wortwechsel, oder man macht es sich bequem und bürdet dem anderen die Arbeit auf. Unzählige Meinungsverschiedenheiten und Konflikte überall im Unternehmen addieren sich zu schlechter Leistung, unnötig hohen Kosten, Verlust der Wettbewerbspositionen, schlechter Arbeitsmoral, rückläufigem Gewinn und verpassten Gelegenheiten zur Heranbildung von Führungsnachwuchs. Häufen sich in der Volkswirtschaft solche Ergebnisse, so bedeuten sie eine wesentliche Verschwendung unserer nationalen Ressourcen. Glücklicherweise ist die kommunistische Welt noch schlechter mit ihrer Organisation dran als wir.

Ich erinnere mich eines anderen Zwischenfalls, der die Wichtigkeit guter Organisation verdeutlicht. Er betrifft einen fähigen Mann Anfang dreißig, dem ich oft begegnete, da wir den gleichen Vorstadtzug benutzten. Er war Produkt-Manager in einem großen Unternehmen, das Konsum- und Industrieerzeugnisse herstellt.

Eines Morgens erzählte er mir, dass er seine Beschäftigung aufgeben würde, da er eine neue Position bei einem unmittelbaren Konkurrenten angenommen habe. Natürlich fragte ich ihn, warum er wechseln wolle. Er antwortete mir, soweit ich mich entsinne, mit folgenden Worten:

»Meistens gibt es zahlreiche Gründe für jeden Stellungswechsel, und es fällt einem selbst schwer, ganz genau zu wissen, warum man seine Stellung aufgibt. In meinem neuen

Aufgabenkreis werde ich bessere Aufstiegschancen haben und etwas mehr Geld verdienen. Mir gefallen die Leute in dem neuen Unternehmen. Aber mir gefallen meine jetzigen Mitarbeiter ebenfalls. Ich glaube, dass der Hauptgrund für meinen Wechsel in der Art der Organisation meines gegenwärtigen Tätigkeitsbereiches liegt. Wie Sie wissen, bin ich ein Produkt-Manager. Man macht mich für die Gewinne meines Produkt-Sortiments verantwortlich, obwohl ich nur für das Marketing zuständig bin. Hauptfaktor für den Gewinn dieses Bereiches ist aber der Einkauf. Wenn also die Leute im Einkauf schlecht arbeiten, bin ich schuld, obwohl ich weder ihn noch die Bestände bestimmen kann. Eigentlich ist der einzig wirklich Verantwortliche für den Gewinn meines Sortiments der Generaldirektor des Gesamtunternehmens, denn mein Produktbereich ist nur ein kleiner Teil unseres Gesamtgeschäfts. Ich habe mein Bestes versucht, die Organisation zu ändern; das Einzige, was ich erreichen konnte, war eine direktere Verbindung, sodass ich nicht mehr in der einen Linie nach oben und in der anderen nach unten zu arbeiten hatte.

Ich fahre jetzt in die Stadt, um meinem Boss meinen Entschluss mitzuteilen. Ich habe vor, ihm zu sagen, dass die Organisation meines Jobs ein wichtiger Grund für meine Kündigung ist. Da ich aber zu einem direkten Konkurrenten gehe, werden sie so damit beschäftigt sein, mich noch vor Mittag loszuwerden, dass dieser organisatorische Grund gar nicht bei ihnen ankommen wird.«

Der Produkt-Manager mag ein ernsthafter Verlust für sein Unternehmen gewesen sein. Noch ernsthafter war aber der Verlust eines Mannes für General Motors. Mr. Sloan erzählte die Geschichte so:

»Was die Organisation anbetraf, so hatten wir weder genaue Informationen noch genaue Kontrolle über die einzelnen Bereiche. Die Unternehmensführung war eine Kumpanenwirtschaft, und die Bereiche verfuhren wie die

Pferdehändler. Als Walter Chrysler, einer der besten Männer bei General Motors, Generaldirektor des Unternehmens wurde, hatte er, soviel ich weiß, mit Durant eine Auseinandersetzung wegen der Abgrenzung ihrer Zuständigkeiten. Chrysler war ein Mann von starkem Willen und starken Emotionen. Als er keine Vereinbarung nach seinem Geschmack treffen konnte, verließ er das Unternehmen. Ich erinnere mich an jenen Tag. Er warf beim Hinausgehen die Tür ins Schloss. Dieser Knall war der Anfang der Chrysler Corporation.«[27]

Wir müssen den Verlust fähiger Menschen als eine der Strafen für schlechte Organisation ansehen. Die unmittelbare Beobachtung der destruktiven Folgen unzulänglicher Organisation hat mich davon überzeugt, dass der Wille zu führen den Willen zu organisieren einschließen muss. Organisieren ist somit ein Management-Prozess, der zu jedem wirksamen Management-System gehört.

## Die Geringschätzung formaler Organisation

Ich habe jedoch festgestellt, dass Organisieren ein oft vernachlässigter und unterschätzter Management-Prozess ist. Ich habe auch erfahren, dass Organisationsplanung bei leitenden Angestellten häufig mehr auf Geringschätzung als auf Respekt stößt. Nachstehend gebe ich einige typische Kommentare wieder, die ich von Vorständen großer Unternehmen gehört habe:

»Wir halten nicht viel von formaler Organisation bei uns. Wir interessieren uns mehr für die Menschen als für die Kästchen auf Organisationsplänen.«

---

[27] Alfred P, Sloan, jr., *My Years with General Motors,* Doubleday & Company, Inc., New York, 1964, S. 27.

»Nehmen wir einmal an, es gehe tatsächlich etwas durcheinander. Die starken Leute werden aber dennoch zurechtkommen, und um die anderen können wir uns ohnehin nicht zuviel kümmern. Auch ist ein guter Streit nicht unbedingt von Übel.«

»Formale Organisation schränkt zu sehr ein. Wir wollen jedem Mann das Gefühl geben, dass er selbst entscheiden und handeln kann.«

Ralph Cordiner, damals Präsident der General Electric, sagte zum Problem der Leistungsbeschränkung durch eine formale Organisationsstruktur Folgendes:

Sie kennen das Argument, dass ein Organisationsplan aus kleinen Kästchen besteht, welche die Fähigkeiten der Mitarbeiter einengen und in denen schöpferisches Denken und Eigeninitiative ersticken. Natürlich kann man sogar eine gut definierte Organisationsstruktur zu solchen Zwecken missbrauchen. Ebenso sicher ist jedoch, dass dies nicht so sein muss.[28]

Indem ich die Vorteile, die führende Unternehmen durch eine wirksame Organisation erzielt haben, aufzeige, hoffe ich, eventuelle Abneigungen gegen diesen Managementprozess zu überwinden. Organisationsplanung ist tatsächlich ein wertvolles Instrument des Managements, das besser verstanden und ausgiebiger genutzt werden sollte.

## Was ist Organisation wirklich?

Organisation als grundlegender Management-Prozess hat eine ebenso lange Geschichte wie die Menschheit selbst. Die Bibel erzählt von dem Rat, den Moses von seinem

---

[28] Ralph Cordiner, »Problems of Management in a Large Decentralized Organization«, Rede anlässlich der General Management Conference, American Management Association, 19. Juni 1952.

Schwiegervater Jethro erhielt. Jethro glaubte, dass Moses beim Regieren seines Volkes zu viele Entscheidungen eigenmächtig treffe und sagte: »Es ist nicht gut, was du tust. Du machst dich zu müde, dazu das Volk auch, das mit dir ist. Das Geschäft ist zu schwer; du kannst es allein nicht ausrichten.« Moses befolgte diesen Rat und suchte, die Organisation zu verbessern. In den Worten der Heiligen Schrift:

Moses gehorchte seines Schwiegervaters Wort und tat alles, was er sagte, und erwählte redliche Leute aus ganz Israel und machte sie zu Häuptern über das Volk, etliche über tausend, über hundert, über fünfzig und über zehn, dass sie das Volk allezeit richteten, was aber schwere Sachen wären, zu Moses brächten, und die kleinen Sachen selber richteten.[29]

Wie dieser Bibelabschnitt zeigt, ist Organisation ein Planungsprozess. Einfach ausgedrückt, besteht Organisationsplanung aus folgenden drei Schritten:

1. Die Aufgaben oder Tätigkeiten, die in Befolgung der Pläne ausgeführt werden müssen, werden festgelegt. Aus den Dingen, die zu tun, oder den Aufgaben, die zu erfüllen sind, werden *Pflichten*.
2. Diese Handlungen werden in Positionen gruppiert, damit sie Einzelnen übertragen und zu *Verantwortungsbereichen* werden können.
3. Jede Position wird mit *Vollmachten* ausgestattet. Damit erhält der Stelleninhaber das Recht, die ihm übertragenen Aufgaben in eigener Verantwortung zu erfüllen oder andere mit ihrer Durchführung zu beauftragen.

---

[29] Moses 18, 24–26.

Es erscheint zweckmäßig, zwischen Vollmacht und Macht zu unterscheiden. Macht ist die Fähigkeit, etwas zustande zu bringen. Dabei mögen die Aufgaben persönlich ausgeführt werden, oder aber andere mögen, mit oder ohne Vollmacht, angewiesen oder beeinflusst werden, sie zu erledigen. Ein Mann kann Macht besitzen, weil er angesehen oder gefürchtet ist, oder weil er wegen seines Wissens, Urteils, seiner Geschicklichkeit, Persönlichkeit, Erfahrung, seines Alters oder wegen früherer Leistungen anerkannt wird.

Vollmacht schließt das Recht ein, Weisungen zu erteilen und trägt damit zum Aufbau und der Legitimation einer Machtposition bei, Weisungsbefugnis allein bedeutet jedoch nur geringe Macht, wenn sie nicht mit persönlicher Autorität gepaart ist.

Macht kann ohne Vollmachten ausgeübt werden, und wird es häufig auch. Zum Beispiel kann ein politischer Mensch ohne entsprechende Vollmachten andere zum Handeln oder zur Unterlassung einer Handlung bewegen, indem er ihre Ängste und Schwächen ausnutzt. Wer handelt, ohne dazu autorisiert zu sein, wird sich normalerweise auch nicht für seine Handlung verantwortlich fühlen. Hat also eine Führungskraft nicht die entsprechende Vollmacht, weiß aber um den Wert einer guten Organisation und möchte das Management-System unterstützen, so muss sie sich davor hüten, Macht lediglich aufgrund von Dienstalter oder Ansehen auszuüben.

4. Der nächste Schritt in der Organisationsplanung ist die Entscheidung über die Weisungsbefugnis zwischen den verschiedenen Instanzen, das heißt wer untersteht wem, und welche Weisungsbefugnisse der Stelleninhaber ausüben darf. Damit ist gewährleistet, dass jeder Mitarbeiter weiß, wer sein Vorgesetzter ist, wer seine

Untergebenen sind, welche Vollmachten er hat und welchen er unterliegt.

5. Schließlich muss über die persönlichen Qualifikationen entschieden werden, die zur optimalen Ausfüllung jeder Position notwendig sind.

Organisationsplanung befasst sich also – im Management-Jargon gesprochen – mit den Pflichten, den Verantwortlichkeiten, Weisungsbefugnissen, Abhängigkeiten und den erforderlichen Qualifikationen von Stellungen. Diese Art von Planung schützt und legitimiert Macht und trägt zur Verhinderung illegitimer Machtausübung bei.

Wenn auch viele Unternehmensführer dieses wirksame Instrument des Managements geringschätzen, so sind sich jedenfalls die erfolgreichen unter ihnen durchaus im Klaren über die Nützlichkeit eines durchdachten Entscheidungsprozesses für die Abgrenzung von Pflichten, Verantwortlichkeiten, Abhängigkeiten und Qualifikationserfordernissen der für die Verwaltung eines Unternehmens notwendigen Positionen. Zwar müssen ideale Organisationsschemata fast immer abgewandelt werden, weil es keine idealen Menschen gibt. Es ist aber besser, Kompromisse innerhalb eines idealen Planes zu akzeptieren, als überhaupt keinen Idealplan zugrunde zu legen. Gewöhnlich sind weniger Kompromisse als erwartet erforderlich.

Sicherlich wirkt ein Organisationsplan einschränkend. Eigentlich tun dies *alle* Management-Prozesse. Sie haben schließlich den Zweck, menschliche Anstrengungen auf die wirksame Erreichung von Gruppenzielen hinzulenken. In gewissem Sinne hat jede Art von Lenkung restriktiven Charakter. Sollen Menschen zusammen und nicht gegeneinander arbeiten, bedürfen sie einer Ordnung – und diese zu planen ist besser als sie einfach entstehen zu lassen. Die restriktive Wirkung des Management-Systems hängt weniger von der Ordnung selbst ab, als davon, wie straff die Zügel gehalten werden und wie oft und wie scharf von der Peitsche Gebrauch gemacht wird. In einem vernünftig entwickelten Management-System mit guter Leitung werden hochqualifizierte Mitarbeiter trotz aller Einschränkungen durch den Organisationsplan und andere Systemkomponenten produktiv und mit Begeisterung arbeiten.

## Organisationsstruktur und Leistung

Zu Beginn seiner Regierungszeit hatte Präsident Kennedy Schwierigkeiten, eine wichtige Position im Auswärtigen Amt zu besetzen. Die *New York Times* kommentierte: »Wäre die Angelegenheit nicht so ernst, würden die Schwierigkeiten des Präsidenten bei der Suche nach einem willigen und fähigen Mann für den außerordentlich wichtigen Posten eines ›Assistant Secretary of State for Inter-American Affairs‹ geradezu lächerlich wirken. Es wurde berichtet, dass etwa 20 Bewerber in Betracht gezogen oder angesprochen wurden. Die Namen zweier Bewerber, welche die ihnen angebotene Position abgelehnt hatten, weil die Vollmachten zu gering waren, wurden bekannt. Die *Times* fuhr fort:

Vermutlich ist einer der Hauptgründe für ihre Weigerung die Streuung der Zuständigkeiten für lateinamerikanische Angelegenheiten. Das »Inter-American-Bureau« des Auswärtigen Amtes wurde von wenigstens drei Stellen in den Hintergrund gedrängt: der »Arbeitsgemeinschaft« unter Leitung Adolf Berles, den beiden Assistenten des Weißen Hauses, Richard Goodwin und Arthur Schlesinger jr., und in einigen Fällen wie zum Beispiel Kuba – der CIA. Als Folge davon ist die Arbeitsmoral des Stabes im Auswärtigen Amt gesunken. Wie kann Präsident Kennedy erwarten, dass irgend jemand von Rang und Namen diesen Posten unter solchen Bedingungen übernimmt? Bestenfalls dürfte es eine der schwierigsten und undankbarsten Aufgaben in der Regierung sein ... Mr. Kennedy wird den rechten Mann finden, wenn er ihm eine Position mit entsprechender Autorität und klarem Instanzenweg anbietet.

In der Wirtschaft haben Generaldirektoren die gleichen Schwierigkeiten wie Präsident Kennedy, wollen sie fähige Leute in unzureichend definierte Positionen holen. Ebenso wenig wie in der Regierung wollen fähige Menschen in der Wirtschaft oder auf anderen Gebieten Aufgaben mit unzulänglicher oder unklarer Vollmacht übernehmen. Aufgrund meiner Erfahrungen bin ich überzeugt, dass Leistung, berufliche Befriedigung und Begeisterung jedes hochqualifizierten Mannes – von seiner ersten Aufgabe an bis zu seiner Pensionierung – von der Struktur der Organisation, in der er arbeitet, beeinflusst werden. Irgendeine Struktur ist immer vorhanden, ob sie nun rein zufälliges Stückwerk oder die Folge eines formalen Planes ist.

Die Ergebnisse der Organisationsplanung werden in Diagrammen mit ihren Kästchen und Linien als Symbole für Instanzen dargestellt. In Wirklichkeit aber muss sich die Organisationsplanung mit den Handlungen, dem Ehrgeiz, den Gefühlen und der persönlichen Leistungsfähigkeit von Menschen auseinandersetzen. Inwieweit die Tätigkeiten des Einzelnen darauf ausgerichtet sind, das Unternehmensziel zu erreichen, hängt nach meiner Ansicht weitgehend davon ab, wie gut der Organisationsplan in diesem Sinne gestaltet ist und wie entschlossen ihn die Führungskräfte auf allen Ebenen selbst befolgen und andere zu seiner Befolgung anhalten. Die Kästchen und die Linien auf Organisationsplänen sind nichts als Planungssymbole, die als Teil des Management-Systems dazu beitragen, zweckmäßige und produktive Entscheidungen und Handlungen auszulösen.

Um diese Gesichtspunkte zusätzlich zu erläutern, wenden wir uns jetzt von den höchsten Regierungsebenen ab – und den untersten Ebenen eines erstklassigen Hotels in London zu. Neben jedem Bett im Claridge gibt es ein Schaltbrett mit drei Knöpfen, von denen jeder mit einem Symbol versehen ist: einer für das Zimmermädchen, einer für den Hausdiener, ein dritter für den Zimmerkellner. Als ich einmal den Knopf für das Zimmermädchen drückte und um Briefpapier bat, sagte sie mir, dass ich dafür den Knopf für den Hausdiener drücken müsste. »Jeder von uns hat seine eigenen Aufgaben, Sir«, sagte das Mädchen. Ein anderes Mal bat ich das Zimmermädchen, ein Tablett abzuräumen. Sie sagte: »Wollen Sie bitte nach dem Ober klingeln, Sir? Er würde sich bloß ärgern, wenn ich es an seiner Stelle mitnähme.«

Organisationsplanung ist ein Management-Prozess, dazu bestimmt, Menschen zu führen, so wie sie sind – mit all ihren guten und schlechten Eigenschaften. Zimmermädchen, Kellner, Produkt-Manager, die Walter Chryslers und die Bewerber für das Amt des »Assistant Secretary of State« – alle haben sie ihren Stolz. Jeder will eine eigene und klar definierte Tätigkeit, keiner will, dass irgend jemand in seine Befugnisse eingreift.

Eine übersichtlich geplante Struktur ist deshalb eines der besten Mittel, persönliche Politik und Persönlichkeitskonflikte in Schach zu halten. Man betrachte die Bemühungen der Regierung Eisenhower, eine einheitliche Organisation für das militärische Forschungs- und Ingenieurwesen einzurichten. Auch damals hatte die Regierung Schwierigkeiten, einen hervorragenden Mann für diesen Posten zu finden – diesmal für die Position des »Director of Research and Engineering« im Verteidigungsministerium. Die *New York Times* schrieb damals:

Aus verlässlichen Quellen verlautet, dass sich bisher kein entsprechend qualifizierter Bewerber für diese Position gefunden hat. Als einer der Gründe wird die hoffnungslose Verflechtung dieser Position mit kollidierenden Instanzen genannt, obwohl die Position an sich sehr bedeutend ist. Außerdem glauben Beobachter im Pentagon, dass wenige qualifizierte Persönlichkeiten Lust haben, es mit den komplizierten Interessenlagen in den Entwicklungsprogrammen der drei Waffengattungen aufzunehmen. »Jedes Mal, wenn irgend jemand eine Änderung oder ein gemeinsames Vorgehen im Pentagon vorschlägt, verkündet zumindest eine Waffengattung und gewöhnlich alle, dass die Änderung die nationale Sicherheit gefährden wird«, sagte ein Beamter. »Das Ergebnis sind dauernde interne Streitereien, in denen die Generäle bedeutend erfolgreicher sind als von außen hinzugekommene Professoren und Wirtschaftsführer«, fügte er hinzu.[30]

Auch ein noch so perfekter Organisationsplan wird nicht alle menschlichen Unvollkommenheiten ausschalten können. Ein mangelhafter Plan wird jedoch sicherlich die schlechtesten Seiten der Menschen hervorkehren und ein kostspieliges Durcheinander in der Organisation auslösen. Wirtschaftsführer haben – genau wie Generäle und Professoren – oft ihre internen Kämpfe. Wirtschaftsunternehmen sind wie alle Organisationen in politische Lager und Cliquen aufgespalten. Dieses Abbild der schlechten Seite der menschlichen Natur wird oft durch eine mangelhafte Organisationsstruktur verursacht. Jedenfalls begünstigt und erleichtert eine solche Struktur innere Streitereien und Kabalen.

## Organisatorische Richtlinien

Da dies kein technisches Buch werden soll, möchte ich nicht zu sehr auf die verschiedenen Techniken der Organisationspla-

---

[30] *The New York Times,* 16. Juni 1961.

nung eingehen. Ich möchte aber einige grundsätzliche Prinzipien oder Richtlinien für die organisatorische Planung veranschaulichen. Dies wird zeigen, wie einfach der Prozess in Wirklichkeit ist. Ich hoffe, dass es jedem Manager mit dem Willen zu führen helfen wird, organisatorische Mängel leichter aufzudecken und zu korrigieren, um so die vielen gewinnbringenden Vorzüge guter Organisation nützen zu können.

Die so genannten »Prinzipien der Organisation« sind keineswegs von generell bewiesener Gültigkeit wie etwa Naturgesetze. Tatsächlich sind sich Management-Fachleute über vieles selbst nicht einig. Ich glaube deshalb, dass man sie besser als Richtlinien bezeichnen sollte, Richtlinien, die aus der Beobachtung und Analyse menschlichen Gruppenverhaltens entstanden sind.

Diese Richtlinien, die in der menschlichen Natur und im gesunden Menschenverstand wurzeln, ergeben sich unmittelbar aus der Eigenart des organisatorischen Planungsprozesses selbst. Ich halte es deshalb für nützlich, sie nach den grundlegenden Schritten jeder organisatorischen Planung zu ordnen. Eine kurze Erörterung der Richtlinien eines jeden dieser Schritte wird zeigen, wie man die Aufgabe, eine wirkungsvolle Organisationsstruktur aufzubauen, anfassen soll.

*Das Aufstellen von Positionen.* »Ein viereckiger Pflock in einem runden Loch«, mit diesem Slogan wird in Amerika häufig ein Mann beschrieben, der seine Stellung nicht ausfüllt. Klassische Beispiele sind der Starverkäufer, der als Bezirksverkaufsleiter versagt, und der hervorragende Arbeiter, der einen schlechten Vorarbeiter abgibt. Die geschäftlichen Verluste und persönlichen Tragödien, die solchen Fehlschlägen folgen, sind eine große Verschwendung für die Wirtschaft. Häufig ist das Versagen nicht Schuld des Betroffenen, sondern die Folge schlechter organisatorischer Entscheidungen des Managements. Oft sind diese Fehlschläge zu vermeiden, wenn die übergeordneten Führungskräfte elementare Richtlinien für die Aufstellung von Positionen verstehen und beachten.

Grundsätzlich besteht der Organisations-Prozess in der Zuordnung von Arbeit und Menschen. Organisationsplanung beginnt infolgedessen mit der Entscheidung, welche Tätigkeiten notwendig sind; sie gruppiert dann diese Tätigkeiten – nach ihrer Art und ihrem Umfang –, sodass die Position Aufgaben umfasst, die ein Einzelner auch tatsächlich erfüllen kann.

Es gibt Richtlinien, um eine Position ausführbar zu gestalten. Im Grunde sollten die verschiedenen Arten der Tätigkeiten einer Stelle nicht so zahlreich sein, dass sie nur schwer zu besetzen ist. Das heißt, die Arbeit muss in sich homogen genug sein, dass im Allgemeinen genügend Bewerber zur Besetzung und Wiederbesetzung der Position ohne große Schwierigkeiten verfügbar sind. Da die meisten Menschen keine weite Palette von Fähigkeiten haben, sollten Positionen, die eine ungewöhnliche Vielfalt von Fähigkeiten erfordern, vermieden werden. Auch wenn im Augenblick eine außergewöhnliche Kraft zur Besetzung der in diesem Sinne schlecht geplanten Stelle verfügbar ist, wird es schwierig sein, Nachfolger auszubilden. Durchaus vermeidbare Umgestaltungen der Organisation werden die wahrscheinliche Folge sein.

Die verschiedenen Arten der Arbeit sind am zweckmäßigsten in Form von persönlichen Qualifikationen zu klassifizieren, welche die wirkungsvolle Ausübung jeder dieser Tätigkeiten erfordert.

- *Ausführende Arbeit* ist im Allgemeinen wiederkehrender Natur und erfordert Handeln anstatt Planen. Deshalb stellt sie relativ geringe Ansprüche an Vorstellungsgabe und analytisches Denkvermögen.

- *Analytische Arbeit* wie die Stabsarbeit der Ingenieure, der Markt- und Finanzanalytiker erfordert hochentwickelte analytische Fähigkeiten zur Lösung von Problemen. Auch Planungsarbeiten setzen analytische Fähigkeiten voraus.

- *Technische Arbeit* erfordert Kenntnisse auf einem Spezialgebiet wie zum Beispiel dem Ingenieurwesen, der Chemie, dem Rechnungswesen, Operations Research oder der elektronischen Datenverarbeitung. Dieses Wissen muss durch Ausbildung und praktische Erfahrungen erworben werden.

- *Schöpferische Arbeit* wie wissenschaftliche Forschung oder Werbung setzt einen hohen Grad an Vorstellungsvermögen, Phantasie und Ideenreichtum voraus.

- *Kontrollierende Arbeit,* angefangen von der Position eines Bezirksverkaufsleiters oder Gruppenleiters, erfordert das Wissen, wie man von Vollmachten Gebrauch macht, und die Fähigkeit zum Leiten und Delegieren.

- *Führungsarbeit* wie die eines Generaldirektors oder eines Direktors für Marketing erfordern Fähigkeiten, andere zur Bestleistung anzuspornen.

Auch auf unteren Ebenen können Stellen zwei oder mehr Grundtätigkeiten umfassen. Je höher die Position, desto vielfältiger können ihre Tätigkeitsmerkmale sein, da weniger Leute zur Besetzung dieser Stellen gebraucht werden. Ein besonders schöpferischer Mensch verabscheut Routinearbeiten; ihm diese zuzuordnen wäre Verschwendung relativ seltener Fähigkeiten. Ein Mann, der sich als Betriebsleiter bewährt hat, muss nicht unbedingt ein guter Analytiker, Verwalter oder Abteilungsleiter sein. Eine Position, die verschiedene Tätigkeitsmerkmale aufweist, ist deshalb weniger leicht auf wirksame Art zu besetzen. Die Zahl der qualifizierten Bewerber nimmt mit zunehmender Vielfalt der innerhalb einer Position gestellten Aufgaben ab.

Wie bereits erwähnt, muss sich der Zeitaufwand für die verschiedenen Tätigkeiten nach der Höhe der Position richten. Sie werden sich an meine Bemerkung erinnern, dass die Stellung eines Generaldirektors im Idealfall ein Minimum von ausführender Tätigkeit und ein Maximum von analytischen, schöpferischen, verwaltenden und Führungsaufgaben enthalten sollte.

Die Richtlinien zur Bestimmung, wie viel Arbeit einer Stelle zuzuordnen ist, sind notwendigerweise weniger spezifisch. Wenn die richtigen Arten von Arbeit einer Position zugeteilt werden, ist der Stelleninhaber in der Lage, mehr zu leisten. Der Umfang der Tätigkeit für eine richtig abgegrenzte Position kann am besten durch Beobachtungen der Linien-Manager bestimmt werden, denen Spezialisten wie Organisationsexperten und Betriebsingenieure zur Seite stehen. Auch kann durch versuchsweise Variieren einer Anzahl vergleichbarer Stellen das richtige Gleichgewicht zwischen Leistung und Kosten erzielt werden.

Jeder Manager sollte auf der Suche nach organisatorischen Verbesserungen erwägen, ob durch die Einrichtung neuer Stellen in Linie und Stab die Erträge gesteigert werden können. Um ihre Umsätze zu steigern und bessere Kontrolle von Arbeitsvorgängen und Kosten zu erzielen, benutzen amerikanische Unternehmen in der Regel mehr spezialisierte Stabsstellen als europäische Gesellschaften. Auf meine Frage, wie er seine Gewinne so kräftig erhöht habe, antwortete mir ein amerikanischer Generaldirektor: »Wir haben eine kleine Gemeinkostenstelle verdoppelt und auf diese Weise eine große Hauptkostenstelle halbiert.«

Vor der Einrichtung neuer Positionen müssen jedoch nicht nur die zusätzlichen Gehälter, sondern auch die versteckten Kosten in Betracht gezogen werden. Die zusätzlichen Personalaufwendungen (Pensionen, Versicherungen, Krankenversorgung und so weiter) müssen hinzugerechnet werden. Das Gleiche gilt für die Kosten von Büroräumen und Sekretärinnen. Oft wird auch der Kostencharakter der Schwierigkeiten bei der Wiederauflösung einer Stelle, die sich als unzweckmäßig erwiesen hat, übersehen. Der Betroffene und seine unmittelbaren Mitarbeiter werden sich einer solchen Absicht nach Kräften widersetzen und ihrer Argumentation mag nicht leicht zu begegnen sein.

Wirksame Organisationsplanung befasst sich also auch damit, sowohl den Wert bestehender Positionen, wie auch die Errichtung neuer Stellen zu überprüfen. Die einfache Frage, »Ist diese Tätigkeit notwendig?« kann zur Eliminierung von Tätigkeiten oder ganzer Stellen führen. Eine früher notwendige Tätigkeit kann sinnlos werden, wenn sich die Voraussetzungen ändern. Zum Beispiel mag sich ein bestimmter technischer Kundendienst aus der Zeit der Einführung eines neuen Produktes als unnötig erweisen, wenn sich das Produkt einmal durchgesetzt hat. In der Wirtschaft lässt der Wille zur Führung den Luxus wohlerworbener Rechte nicht zu.

*Erteilung von Vollmacht.* Eine Position kann erst voll zur Geltung kommen, wenn ihr Inhaber über die zur Ausführung seiner Pflichten oder Verantwortlichkeiten notwendigen Vollmachten verfügt. Diese Voraussetzung ist aber sehr leicht zu erfüllen, wenn ein bewährter organisatorischer Grundsatz (beziehungsweise eine Richtlinie) überall im Unternehmen befolgt wird: Verantwortung und Vollmacht dürfen nicht voneinander getrennt werden. Das bedeutet ganz einfach, dass jeder weiß, dass mit der Übertragung von Verantwortung auf eine bestimmte Position der Stelleninhaber auch die notwendigen Vollmachten zu ihrer Wahrnehmung besitzt. Diese Regel ist ein wesentliches Element für die Realisation des Willens zur Führung.

Viele kleine und große Unternehmen gehen in der Erteilung von Vollmachten noch weiter. Sehr oft fügen sie den schriftlichen Stellenbeschreibungen verschiedene Vollmachtserklärungen hinzu, für Investitionen, die Gewährung von Gehaltserhöhungen, die Einstellung von Menschen auf verschiedenen Gehaltsstufen, die Unterzeichnung von Verträgen, die Konsultierung von Rechtsanwälten, Beratern und anderem.

Es gibt zwei Arten von Vollmacht: Die der Linie und die der Funktion. Bei der Einführung eines Management-Systems sollten beide verstanden und angewendet werden. Es macht sich bezahlt, wenn man diese beiden Arten von Vollmacht richtig einsetzt und den Unterschied zwischen Linien- und Stabstätigkeit genau versteht.

Die *Linien-Vollmacht* verleiht als weithin übliche und am besten verstandene Art von Vollmacht dem Vorgesetzten das Recht, seinen Untergebenen direkte Anweisungen zu erteilen. Der Linien-Manager lenkt und kontrolliert seine Untergebenen disziplinarisch (Zustimmung oder Ablehnung) und durch Entscheidungen oder Empfehlungen bezüglich ihrer Entlohnung oder Beförderung. Sein elementarstes Kontrollmittel ist natürlich das Recht auf Einstellung und Entlassung. Das Bewusstsein, dass der Vorgesetzte das Recht hat, eine Kündigung auszusprechen, ist die stärkste negative Kontrolle innerhalb jedes Management-Systems.

Dem Linien-Manager obliegt die Entscheidung über Notwendigkeit, Zeitpunkt und Ort des Handelns und die Erteilung direkter Anweisungen an Linien-Untergebene. Er sagt »Tun Sie das« und »Tun Sie das *jetzt*«. Linien-Vollmachten und Verantwortung gehen Hand in Hand.

Die Linien-Vollmacht erstreckt sich unmittelbar vom Chef eines Unternehmens über die verschiedenen Stufen der Bevollmächtigten bis zur untersten Ebene, der noch irgendwelche Personen unterstehen. Im amerikanischen Militärwesen verfügt der Präsident als Oberkommandierender über eine direkte Linie von Vollmacht bis hinunter zum Kompanie- oder Zugführer jeder amerikanischen Einheit irgendwo auf der Welt.

Das alles ist sehr klar und nicht besonders technisch. Jetzt wollen wir uns aber der funktionalen Vollmacht zuwenden:

Der Begriff der funktionalen Vollmacht ist subtiler als der der Linien-Vollmacht. Er wird auch weniger allgemein verstanden und angewendet. Doch können Verständnis und richtige Anwendung dieses Begriffs für jedes Unternehmen von hohem Wert sein. Sein Wert wächst mit zunehmender Unternehmensgröße, vielfältigeren Interessenbereichen und zunehmender Empfindlichkeit gegenüber den schnellen Veränderungen der Umwelt,

*Funktionale Vollmacht* entspringt größerem technischem oder spezialisiertem Wissen. Sie enthält das Recht, darauf zu achten, dass die laufenden Tätigkeiten anderer den Forderungen der mit funktionaler (oder technischer) Weisungsbefugnis ausgestatteten Stelle entsprechend ausgeführt werden.

Linien-Vollmacht beruht auf Befehlsgewalt, die funktionale Vollmacht auf Wissen. Der Inhaber von Linien-Befugnis ordnet an »Tun Sie das« und »Tun Sie das *jetzt*«. Der Inhaber funktionaler Vollmacht sagt, »Wenn Sie das tun, tun Sie es in dieser Form – beziehungsweise im Einklang mit dieser Vorschrift oder jenem Maßstab.«

Vielleicht kann die Bedeutung der funktionalen Vollmacht am besten durch Beispiele veranschaulicht werden:

1. Der Leiter des Rechnungswesens besitzt funktionale Weisungsbefugnis für alle Teile des Rechnungswesens überall im Unternehmen. Er schreibt vor, wie alle Vorgänge rechnerisch festgehalten werden, und die Manager in der Linie müssen seine Anweisungen befolgen.

2. Die Einkaufsabteilung legt Maßstäbe für Einkäufe fest, die von den Linien-Abteilungen örtlich zu tätigen sind. Wenn sie Teile, Zubehör oder Materialien einkaufen, müssen sie diese Maßstäbe einhalten.

3. Die Personalabteilung verfügt über funktionale Vollmacht, Vorschriften für die Linien zu erlassen, wie Beschwerden behandelt werden sollen, welche Gehaltsgrenzen, oben und unten, eingehalten werden müssen und welche Regeln bei Kündigungen zu beachten sind.

4. Die Abteilung für Public Relations schreibt vor, welche Themen von den Werksleitern mit der Lokalpresse erörtert und wie sie erörtert werden sollen.

Diese Beispiele weisen auf einen anderen wichtigen Aspekt des Begriffs der funktionalen Vollmacht hin: Die Linien-Manager verleihen dieser Nachdruck, wenn sie ihre eigene Autorität dahinter stellen. Der Generaldirektor weist alle Linien-Manager an, die Vorschriften, Methoden und Maßstäbe der funktionalen Abteilungen zu befolgen und durchzusetzen. Deshalb sind funktionale Abteilungen nicht nur Ratgeber. Sie verfügen über eigene Weisungsbefugnis, welche durch Linien-Vollmachten unterstützt wird. Funktionale Abteilungen sind, wie wir noch sehen werden, nicht mit Stabsabteilungen zu verwechseln.

Funktionale Abteilungen müssen ihre Aufgabe in der Durchsetzung ihrer Vorschriften und Verfahren im Sinne einer Ausübung von Autorität auffassen und nicht nur schlicht Ratschläge erteilen. Ihre Tätigkeit wird dadurch nützlicher und verantwortlicher sein, und die hieraus resultierenden Richtlinien werden eher beachtet. Das bedeutet natürlich nicht, dass funktionale Abteilungen ihre Vollmacht in arroganter Weise missbrauchen sollen. Tatsächlich brauchen die wirksamsten funktionalen Abteilungen selten ihre Autorität zu demonstrieren. Ihre Vorschriften,

Maßstäbe und Methoden müssen so vernünftig und so nützlich sein und so überzeugend dargeboten werden, dass die Linien-Abteilungen sie gerne befolgen und durchsetzen.

Ist eine Linien-Abteilung mit der Vorschrift, Methode oder Norm einer funktionalen Abteilung nicht einverstanden, und kann die Meinungsverschiedenheit nicht beseitigt werden, wird sie an den nächsthöheren Linien-Vorgesetzten der beiden differierenden Abteilungen verwiesen. Ein Betriebsleiter mag zum Beispiel mit dem Leiter des Rechnungswesens seines Betriebes nicht einer Meinung sein; dieser untersteht ihm zwar, muss jedoch die in der Abteilung Gesamtrechnungswesen der Gesellschaft global fixierten Methoden durchsetzen. Der Betriebsleiter wird zunächst seinen Leiter des Rechnungswesens zu überzeugen suchen. Misslingt dies, so bringen sie das Problem vor ihre entsprechenden Linien- und funktionalen Vorgesetzten, die durch eine Diskussion das Problem zu lösen trachten. Die letzte Entscheidung bleibt beim höchsten beiden gemeinsamen Linien-Vorgesetzten, vor den die Angelegenheit gebracht werden kann – vielleicht sogar beim Generaldirektor.

Dieses System von Kontrolle und Gegenkontrolle ist von großem Wert, um den besten Kompromiss zwischen der schnellen und der richtigen Lösung herbeizuführen – das heißt im Einklang mit den Grundsätzen, Maßstäben und dem Leitbild des Unternehmens. Ein übereifriger funktionaler Manager kann wichtige Geschäfte nicht lange verzögern, weil sie mit einer funktionalen Vorschrift, Methode oder einem Standard nicht übereinstimmen. Das liegt daran, dass Linien-Manager stets die Möglichkeit haben, funktionale Manager oder ihre eigenen Linien-Vorgesetzten davon zu überzeugen, dass die funktionale Richtlinie falsch ist und geändert werden muss oder dass in diesem Falle eine Ausnahme gemacht werden sollte. So wird der Ausgleich linienmäßiger und funktionaler Vollmacht zu einem wichtigen Mittel für die Entwicklung und die Erhaltung der Loyalität zu einem Management-System, das dem Willen zur Führung Durchschlagskraft verleiht.

Beste Nutzung von Kontrolle und Gegenkontrolle zwischen linienmäßiger und funktionaler Vollmacht gestattet ein Firmenleitbild, das auf tatsachenorientiertem Vorgehen bei der Lösung von Problemen besteht. Unter einem solchen Leitbild werden die Mitarbeiter zu bestimmen suchen, was richtig ist und nicht, wer Recht hat. Überzeugung anhand von Tatsachen ist wirksam. Angesichts neuer Tatsachen können Menschen ihre Meinung ändern, ohne dabei das Gesicht zu verlieren. In einer Atmosphäre der Tatsachen können Probleme gelöst werden, ohne dass man Gefühle verletzt; das »Jetzt habe ich es ihm aber gezeigt« und »Ich habe es ja schon immer gesagt« nimmt wesentlich ab.

Die meisten funktionalen Manager besitzen auch Linien-Vollmacht. Zum Beispiel haben der Leiter des Rechnungswesens, des Einkaufs und des Personalwesens sowie der Leiter der Public-Relations-Abteilung gegenüber den Mitarbeitern ihrer eigenen Abteilungen Weisungsbefugnis.

Zusammengefasst ergeben sich folgende Vorteile für ein Unternehmen, wenn funktionale Vollmacht entwickelt, verstanden und praktisch angewendet wird:

- Funktionale Vollmacht stellt ein wirksames Mittel dar, technisches und spezialisiertes Wissen im Unternehmen produktiver einzusetzen. Die funktionale Führungskraft, die fundierte Vorschriften, Maßstäbe und Methoden auf der Grundlage technischen Wissens und ausreichender Untersuchungen und Analysen entwickelt hat, verfügt dann auch über Vollmacht, um sie durchzusetzen. Mit zunehmender Bedeutung von Wissenschaft, Technologie und allgemein fortschreitendem Wissen für den unternehmerischen Erfolg wird die Bedeutung dieses

Vorteils steigen. Funktionale Spezialisten mit Vollmacht sind eher in der Lage, ihrem Unternehmen zu helfen, Wandlungen zu meistern und zu nutzen.

- Mit angemessener funktionaler Vollmacht ausgestattet, brauchen sich Spezialisten und Techniker nicht zurückgesetzt und gänzlich auf ihre Überzeugungskraft angewiesen zu fühlen. Gleichzeitig sollte sie jedoch ihre Kenntnis der Einspruchsmöglichkeiten der Linien-Manager – wenn nicht gesunder Menschenverstand – davon abhalten, aufdringlich und arrogant aufzutreten. Folglich kann ein Unternehmen, in dem funktionale Vollmacht eingeführt ist, qualifizierte Spezialisten, die schließlich jedes Unternehmen in einer Umwelt rapider technologischer Veränderung benötigt, leichter an sich ziehen und halten.

- Das System der Kontrollen und Gegenkontrollen gewährleistet durch die ihm eigene Möglichkeit, höhere Instanzen anzurufen, dass die Linien-Manager für wichtige Probleme jederzeit zur Verfügung stehen. Der Leiter des Unternehmens kann somit sicher sein, dass die letztlich für den Gewinn verantwortlichen Linien-Manager ihre Linien-Vollmachten voll ausüben können. Auch weiß er, dass Probleme von entsprechender Tragweite schließlich zu ihm gelangen, wenn sie auf der unteren Ebene nicht gelöst werden können.

- Die Anerkennung und Ausübung funktionaler Vollmachten kann für ein Unternehmen einen mächtigen Wettbewerbsvorsprung bedeuten, weil sie gewährleisten, dass Ideen von Wert erkannt und nutzbringend ausgewertet werden. Ich kenne drei Unternehmen, deren Erfolg weitgehend auf ausgezeichneten Grundsätzen und Programmen der Personalpolitik beruht, die von den leitenden Angestellten der Personalabteilung ausgearbeitet und durch Ausübung anerkannter funktionaler Vollmacht in die Tat umgesetzt werden. In allen drei

Unternehmen haben die Linien-Manager den Wert dieser Vorschriften erkannt und setzen sie heute aus freien Stücken durch.

In vielen Branchen herrscht ein so starker Wettbewerb, dass nur das ständige Hervorbringen von Ideen und die Durchschlagskraft des Managements einen Wettbewerbsvorteil zeitigen können. Wir haben gesehen, wie funktionale Vollmacht die Leistungsfähigkeit des Managements steigern kann. Ebenso trägt sie zur Entwicklung neuer Ideen bei. Eine starke funktionale Abteilung lockt Menschen mit Ideen an. Und mit funktionaler Weisungsbefugnis hinter ihren Ideen können diese in Form differenzierter und relevanter Politiken unmittelbar in den Betriebsablauf eingefügt werden.

Ich habe die funktionale Vollmacht so ausführlich beschrieben, weil ich glaube, dass sie jedem Unternehmen einen echten Vorsprung im Wettbewerb verschaffen kann, sofern es Energie und Zeit auf dem Einbau dieses Konzepts in sein Management-System widmen will. Wenden wir uns jetzt einer kurzen Erörterung der Stabstätigkeit zu, die unser Verständnis des Konzepts der funktionalen Vollmacht vervollständigen wird.

*Stabsarbeit,* richtig verstanden, besteht aus der Sammlung von Tatsachen, ihrer Analyse und der Entwicklung von Ratschlagen und Empfehlungen. Im Gegensatz zu einer funktionalen Stelle verfügt eine Stabsstelle – wie zum Beispiel Marktforschung – über *keine Vollmachten;* sie hat lediglich beratenden Charakter. Eine Stabsstelle kann ihre Empfehlungen nicht durchsetzen, wie wertvoll sie auch immer sein mögen. Stabspersonal kann nur beraten und überzeugen; nach Belieben können die funktionalen und die Linien-Abteilungen den Rat befolgen oder ignorieren.

Die Bezeichnung »Stab« wird häufig auch verwendet, um Tätigkeiten zu kennzeichnen, die nicht eindeutig Linien-Aufgaben sind. Hierdurch wird das Konzept der funktionalen Vollmacht verwischt und entwertet. Diese Unklarheit hat den Nachteil, dass sie einen möglichen Wettbewerbsvorteil von vornherein ausschließt.

Die Überzeugungskraft ihrer Mitarbeiter ist für den Erfolg einer Stabsstelle ausschlaggebend. Je tatsachenorientierter jedoch das Firmenleitbild ist und je nachdrücklicher es befolgt wird, um so mehr werden Tatsachen anstatt persönliche Überzeugungskunst den Ausschlag geben. Darüber hinaus werden die leitenden Mitarbeiter eines gut geführten Unternehmens ihre positive Einstellung zur Beratung durch Stäbe deutlich machen, und dadurch auch andere hierzu veranlassen.

In einigen Unternehmen, die sich besonders mit der Einrichtung eines Management-Systems befasst haben, werden die Kosten der Stabsarbeit den einzelnen Abteilungen entsprechend ihrer Inanspruchnahme belastet. Von den Stabsstellen wird dabei erwartet, dass ihre Leistungen so marktgerecht sind, dass sie sich gewissermaßen einen »Kundenstamm« in der Linie aufbauen können. Die technische Abteilung von Dupont veröffentlicht zum Beispiel einen Prospekt über ihre Dienstleistungen für die Leiter der Betriebsabteilungen.

Der Unterschied zwischen einer Stabsstelle und einer funktionalen Stelle liegt in der Art ihrer Tätigkeit. Manche technischen Tätigkeiten erfordern Vollmacht und können nicht nur von Beratung und Empfehlung abhängen. Ob eine bestimmte Stelle mit funktionaler Weisungsbefugnis ausgestattet wird, muss der Generaldirektor bestimmen. Mit Hilfe genauer Stellenbeschreibungen lässt sich diese Entscheidung leicht treffen.

Die Stabstätigkeit in den amerikanischen Unternehmen hat zwar in den letzten 25 Jahren stark zugenommen; es ist aber eine weitere Ausweitung notwendig, um mit der wachsenden Größe und Kompliziertheit der Unternehmen und den schnellen Veränderungen in ihrer Umwelt Schritt zu halten. Erforderliche neue Stabsstellen – für strategische Planung, Logistik und Organisationsplanung – werden auf weniger Befürchtungen und Widerstände stoßen und können deshalb mit mehr Erfolgsaussichten eingerichtet werden, wenn ihr ausschließlich beratender Charakter klargestellt ist. So können die Kräfte am Werk, innerhalb und außerhalb des Unternehmens, durch erweiterte Stabsarbeit besser gemeistert und genutzt werden.

## Der organisatorische Begriff »Amt«

Die Vorstellung, dass jede wesentliche Position im Unternehmen ein *Amt* darstellt, trägt wesentlich zur Übertragung des Führungswillens auf das gesamte Unternehmen bei und verhilft ihm zum Durchbruch. Dieses Konzept ist subtil, aber einfach und zweckmäßig. Es bedeutet, dass jede Position aus einem Bündel von Verantwortlichkeiten und Befugnissen besteht, ohne Rücksicht auf die Person des Inhabers. Der Betreffende füllt das Amt aus, ist aber nicht mit diesem identisch.

Dieses Konzept ist allgemein anerkannt und wird allgemein verstanden, soweit es zum Beispiel das Amt des Präsidenten der Vereinigten Staaten betrifft. Dieses Amt ist völlig von der Person getrennt und größer als der Mann, der es jeweils ausfüllt. Aufgrund der Autorität und Macht des Präsidentenamtes sieht sich sein Inhaber veranlasst, den Erwartungen des Landes zu entsprechen. Dadurch wächst er häufig über sich selbst hinaus und überrascht durch die Souveränität, mit der er das Amt ausfüllt.

In den meisten Großunternehmen gilt das Gleiche Konzept für das Amt des Generaldirektors. Der Generaldirektor erweitert oder beschränkt die Autorität seines Amtes. Die Art, wie er seine Tätigkeit auffasst und seine Aufgabe ausführt, zeigt seinen Untergebenen, wie er seinen Auftrag erfüllt und erzeugt in ihnen ein sehr reales Bild vom *Amt* des Generaldirektors. Sie handeln und reagieren entsprechend. Dieses Konzept kann ein nützliches und einflussreiches Element eines Management-Systems sein, sofern es die Geschäftsleitung versteht und womöglich durch den bewussten Aufbau von »Ämtern« auf allen Leitungsebenen verwirklicht.

Der Generaldirektor einer Großunternehmung war eine sehr dominierende Persönlichkeit. Er delegierte kaum, seine Entscheidungen waren jedoch brillant und erfolgreich. Als sein Nachfolger das Amt übernahm, war er fast überwältigt von der Anzahl der Probleme, die ihm zur Entscheidung vorgelegt wurden. Was ihn noch mehr bestürzte war, wie die Menschen an seinen Lippen hingen und wie sie auf jedes Anzeichen seiner Meinung reagierten, als ob er ihnen einen Befehl erteilt hätte. Ich erklärte ihm, dass die Angehörigen seines Unternehmens das »Amt« des Präsidenten so auffassten, wie es von seinem Vorgänger gestaltet worden war. Ich riet ihm, sein Amt durch allmähliche Delegation von Entscheidungsbefugnissen umzugestalten und sicherzustellen, dass seine Untergebenen nicht seine Wünsche vorausahnen, sondern seine Analyse der Tatsachen und seine Schlussfolgerungen und Entscheidungen abwarten sollten. Nach etwa drei Jahren war das Amt des Generaldirektors in diesem Unternehmen in seiner Gestalt verändert, aber es blieb ein *Amt.*

Leider werden in den meisten Unternehmen Positionen auf unteren Leitungsebenen nicht als *Ämter* betrachtet. Zwar wird jede Führungsposition bis zu einem gewissen Grade als Amt anerkannt, aber allzu oft muss jede Führungskraft unterhalb des Generaldirektors ihre Position in zu starkem Maße selbst aufbauen. Neue Stelleninhaber sind oft gezwungen, mit anderen Führungskräften um Befugnisse zu kämpfen, die eindeutig der Position und nicht dem Mann zugeordnet sein sollten. In Unternehmen mit an Personen orientiertem Management werden die Befugnisse der Position unter Umständen von Woche zu Woche oder gar von Tag zu Tag verändert, je nach dem Stand der persönlichen Beziehungen des Stelleninhabers zu Vorgesetzten, deren Machtstellung fest etabliert ist. Wo keine eindeutig festgelegten »Ämter« bestehen, wird anhaltenden Machtkämpfen Vorschub geleistet. Wenn ein neuer Mitarbeiter eine Stelle übernimmt, warten die anderen ab, wie viel Unterstützung der neue Mann von oben erhält. Solche Kämpfe sind nicht nur unnütze Verschwendung von Energie; sie erlauben es außerdem dem »Politiker«, sich eine Macht zu verschaffen, die dem Amt nicht zusteht. Wenn der Kampf um Macht oder Prestige extreme Formen annimmt, werden viele fähige Führungskräfte kündigen, weil sie nicht in einer Atmosphäre der Unsicherheit arbeiten wollen, die sie dauernd beschäftigt hält, nur darüber nachzudenken, wo sie eigentlich stehen.

Die Einführung eines Management-Systems erfordert deshalb, wo immer möglich Respekt vor dem Amt zu schaffen. Dies kann durch das bereits beschriebene Vorgehen erreicht werden: durch die Definition der Verantwortlichkeiten und Vollmachten jeder Position und durch Klarstellung, dass das »So wird es bei uns gemacht« von jedem Manager – angefangen beim Generaldirektor – verlangt, Positionen zu definieren und Mitarbeiter für sie heranzubilden.

Jeder Manager unterstützt diesen Aufbauprozess, wenn er seine Untergebenen in der Ausübung der Befugnisse ihrer Position bestärkt und sie gleichzeitig für die Ergebnisse ihrer Entscheidungen verantwortlich macht. Dabei muss er jedoch eindeutig klarstellen, dass er die Vollmachten der *Position* und nicht diejenigen des Stelleninhabers stützt. Diese Methode gewährleistet persönliche Sicherheit, reduziert persönliche und dienstliche Streitereien auf ein Minimum, erhöht die Leistung und weckt echtes Zusammengehörigkeitsgefühl.

## Struktur und Personal

Ich habe bereits von der Zweckmäßigkeit einer Definition der idealen Struktur und Beschreibung jeder Position sowie der idealen Qualifikation des Stelleninhabers gesprochen. Das mag man als ein theoretisches Vorgehen betrachten. Der große praktische Wert dieser Methode liegt jedoch in der Anstrengung, das Ideal zu erreichen.

Nur zu selbstverständlich wird in den meisten Situationen die ideale Struktur einer Stellung geändert, damit sie auf den verfügbaren Mann passt. Ungewöhnliche Verantwortlichkeiten werden einer Position zugeteilt, weil der Inhaber über irgendwelche besonderen Fähigkeiten verfügt. Zwei Positionen wiederum werden kombiniert, um den ungewöhnlich vielfältigen Fähigkeiten einer bestimmten Person zu entsprechen. Die Verantwortung einer Position wird eingeschränkt, weil ihr Inhaber nicht alle an und für sich notwendigen Fähigkeiten besitzt. Unter solchen Umständen werden nicht alle Aufgaben erledigt, und ein Teil des »Amtes« verkümmert.

Diese und andere Arten von Anpassung sind ein inhärenter Bestandteil jeder Organisationsplanung, weil die idealen Personen fast nie verfügbar sind. Nichtsdestoweniger lohnen sich die Bemühungen, das Ideal zu erreichen, weil die Menschen gewöhnlich an der Aufgabe wachsen, die ihnen im Rahmen ihrer Position gestellt wird. Außerdem ist die Auswahl von Menschen immer eine bessere, wenn sie auf der Grundlage von Idealvorstellungen getroffen wird.

Den Wert, die erforderlichen Idealfähigkeiten zu spezifizieren, um damit eine Grundlage für die Besetzung von Stellen zu schaffen, kann ich nicht genug betonen. Ich erinnere mich eines Falles, wo der Aufsichtsratsvorsitzende und der Generaldirektor eines Unternehmens die Stelle des Letzteren neu zu besetzen hatten, da der Vorsitzende wegen Pensionierung vom Generaldirektor abgelöst werden sollte. Es gab drei ausgezeichnete Kandidaten. Bei der Diskussion stellte ich fest, dass man sich gerade auf denjenigen einigen wollte, der nach meiner Meinung nicht der am besten geeignete war. Ich schlug vor, mich ein Memorandum anfertigen zu lassen, um einmal die wesentlichen Probleme, die während der nächsten zehn Jahre auf den Generaldirektor zukommen würden, wie auch die dadurch in dieser Stellung erforderlichen persönlichen Qualifikationen zusammenzufassen.

Nach einer Reihe von Entwürfen konnten wir uns über die Eigenart der Position und die zu ihrer Besetzung erforderlichen Qualifikationen schriftlich einigen. Dann bewerteten Aufsichtsratsvorsitzender und Generaldirektor die drei Kandidaten nach diesen Kriterien. Sehr bald einigten sie sich auf einen Mann, den sie fast übergangen hätten. Er stellte sich als eine hervorragende Wahl heraus, und das Unternehmen gedieh unter seiner Führung beträchtlich.

Ob es sich um die Position eines Bezirksverkaufsleiters, Meisters oder Vorstandsvorsitzender handelt, stets sollte auf die gleiche Weise vorgegangen werden: Definition der

Position, Beschreibung ihrer Tätigkeitsmerkmale, Ermittlung der idealen Qualifikationen für die Stellung, Analyse der persönlichen Eigenschaften jedes Bewerbers auf der Grundlage erbrachter Leistung und schließlich bestmögliche Abstimmung von Tätigkeitsmerkmalen und persönlichen Qualifikationen des Bewerbers.

Diese Methode gewährleistet Objektivität und zwingt, mehr Bewerber zu überprüfen, um den Mann zu finden, der den idealen Merkmalen am meisten entspricht. Ich möchte die Zweckmäßigkeit dieses Verfahrens durch ein weiteres Beispiel belegen. Bei der Auswahl eines Generaldirektors für eine große Gesellschaft entwickelte der Aufsichtsrat ein Memorandum, welches die gewünschten Qualifikationen des nächsten Generaldirektors beschrieb. Es enthielt folgende Erklärung:

Die Mitglieder des Aufsichtsrats sind sich bewusst, dass diese Eigenschaften den »idealen« Mann (den es nicht gibt) beschreiben, doch wollen wir nichtsdestoweniger jeden Bewerber vor unserer Wahl mit diesen Qualifikationen vergleichen und im Hinblick auf sie seine Stärken und Schwächen abwägen. Wir glauben, eine bessere Wahl treffen zu können, wenn wir mit idealen Qualifikationen anstatt mit Kompromissen beginnen.

Diesem Beispiel entspricht unsere Methode: Bei der Stellenbesetzung ist es besser, mit einer Aufstellung von idealen Qualifikationen als mit bloßen Mutmaßungen über die Art Persönlichkeit, welche die zu besetzende Stellung erfordert, zu beginnen. Dieses Vorgehen versetzt auch den für die Auswahl Verantwortlichen in die Lage, denjenigen entgegenzutreten, die versuchen, einem Freund oder jemand, dem sie verpflichtet sind, zu einem Posten zu verhelfen. Dies ist das an Tatsachen orientierte Verfahren in der Personalpolitik.

# Der Aufsichtsrat[31]

Die Schwierigkeit, fähige Männer in den Aufsichtsrat zu bringen und sie zu tatsächlich wirksamer Mitarbeit zu bewegen, sind zwei häufige Klagen von Unternehmensleitern. Es ist schwierig, solche Männer zu finden und sie an dieser Art von Aufgabe zu interessieren. Viele Unternehmen sind von der Arbeit des Aufsichtsrats enttäuscht. Dies sind schwerwiegende Klagen, denn ein wirksamer Aufsichtsrat ist eine wesentliche Komponente jedes Management-Systems. Die Frage des Aufsichtsrats kann hier nicht im Einzelnen behandelt werden. Ich möchte jedoch auf die beiden eben genannten spezifischen Probleme eingehen, da ich glaube, dass sie in Wechselbeziehung zueinander stehen.

*Die Besetzung des Aufsichtsrats:* Die allgemeine Beobachtung, dass es schwierig ist, an gute Männer für den Aufsichtsrat heranzukommen, hat zwei hauptsächliche Beweggründe. Einer davon ist, dass nur wenige Gesellschaften reiflich überlegte Anstrengungen machen, solche Männer an der Stellung zu interessieren. Die Unternehmen, die zu dieser Regel eine Ausnahme bilden, planen gewöhnlich weit voraus, was für Qualifikationen sie in ihrem Aufsichtsrat vertreten sehen wollen, und ermitteln die Namen von Männern, die diesen Erfordernissen genügen. Wenn dann eine Stelle zu besetzen ist, sind diese Unternehmen in der Lage, mit mehreren Kandidaten ins Gespräch zu kommen. In einigen

---

[31] *Anmerkung des Übersetzers:* Der Aufsichtsrat in amerikanischen Unternehmen ist in seiner Funktion und Zusammensetzung grundsätzlich verschieden von der Stellung des Aufsichtsrats in deutschen Unternehmen. Im Gegensatz zu diesem kann jener einen maßgeblichen und kontinuierlichen Einfluss auf die Unternehmensleistung ausüben. Unter den Mitgliedern des amerikanischen Aufsichtsrats befinden sich praktisch immer – manchmal sogar ausschließlich – »insiders«, das heißt, leitende Angestellte des Unternehmens. Weiterhin ist die Bestellung der Aufsichtsratsmitglieder vornehmlich Sache des »chief executive«, der oft die Stellen des Aufsichtsratsvorsitzenden und des Generaldirektors in Personalunion verbindet.

Gesellschaften ist das Anwerbungsprogramm für potentielle Mitglieder des Aufsichtsrats nicht nur gut organisiert, sondern als besondere Verantwortung einer der höchsten Führungskräfte übertragen. Die meisten Unternehmen jedoch gehen bei der Suche nach Aufsichtsratsmitgliedern relativ planlos vor.

Der zweite Grund für die allgemeine Schwierigkeit, Aufsichtsräte zu besetzen, besteht im Mangel an Anreizen. Einige Firmen versuchen, die Mitgliedschaft in finanzieller Hinsicht attraktiver zu machen. Aber Geld ist selten ein ausreichender Anreiz für gute Aufsichtsratsmitglieder, besonders in größeren Gesellschaften. Der Grund ist einfach. Die meisten dieser Männer sind ohnehin in derartig hohen Steuergruppen, dass höhere Bezüge ihr Nettoeinkommen nur geringfügig steigern.

Für die meisten Aufsichtsratsmitglieder gibt es bessere Anreize als Geld. Gut geleitete Gesellschaften bieten ihren Aufsichtsratsmitgliedern, die gleichzeitig als Führungskräfte in anderen Firmen arbeiten, viele Gelegenheiten, neue Managementverfahren kennenzulernen und ihre Erfahrungen anderweitig zu bereichern. In diesem Sinne hat das Unternehmen, welches ein wirksames Management-System aufweist, für Führungskräfte anderer Firmen bedeutende Anreize, seinem Aufsichtsrat beizutreten. Weiterhin bietet das gut geleitete Unternehmen seinen Aufsichtsratmitgliedern Prestige – wie auch die Sicherheit, dass sie nicht fortwährend unangenehmen Problemen und Entscheidungen hinsichtlich der Leistung von leitenden Angestellten gegenüberstehen werden.

Viele Männer lehnen es ab, einem Aufsichtsrat beizutreten oder verlieren ihr Interesse, nachdem sie sich ihm angeschlossen haben, weil die Unternehmensleitung ihnen keine Gelegenheit gibt, tatsächlich Einfluss auf die Geschäfte auszuüben. Fähige Aufsichtsratsmitglieder wollen wissen, was vor sich geht; sie wollen an der Festlegung der wesentlichen Politik der Gesellschaft, an der Auswahl seiner leitenden Angestellten und an der Bewertung ihrer Leistung teilnehmen. Sie wollen eine Aufgabe haben und eine Verantwortung tragen. Indem die Unternehmensleitung diese Voraussetzungen für das einzelne Aufsichtsratsmitglied erfüllt, wird sie eine höhere Leistung des gesamten Aufsichtsrats gewährleisten.

*Die Arbeit des Aufsichtsrats:* Der Unternehmensleiter, der mit der Arbeit seines Aufsichtsrats unzufrieden ist, sollte sich zunächst einmal darüber klar werden, wie er den Aufsichtsrat tatsächlich nutzt. Der Aufsichtsrat ist ein unabhängiger Verwaltungskörper – oder sollte es sein. Unter anderem hat er die Aufgabe, den Unternehmensleiter (»chief executive«) zu bestellen und dessen Leistungen zu beurteilen. Der fähige Unternehmensleiter wird seinem Aufsichtsrat die Grundlage zu kritischer Beurteilung und Hilfestellung vermitteln. Er wird ihm zu verstehen geben, dass er beides erwartet und begrüßt. Diese Haltung macht die Arbeit des Aufsichtsrats sowohl interessanter als auch produktiver.

Zu viele Unternehmensleiter versäumen es, vollen Nutzen aus fähigen Mitgliedern ihres Aufsichtsrats zu ziehen, einfach weil sie sich nicht um deren Rat und Hilfe bemühen. Fähige Aufsichtsratsmitglieder sind von oberflächlichen Sitzungen enttäuscht und verärgert, lediglich als Jasager benutzt zu werden. Über die Aufsichtsratsmitglieder einer Gesellschaft mit einem sehr dominierenden Leiter kursiert ein Witz: Wenn man eine Gruppe unaufhörlich nickender Männer den Gang entlanggehen sieht, kann man sicher sein, es sind die Mitglieder des Aufsichtsrats auf dem Wege zu einer Sitzung. Sie sind dabei, sich im Ja-Sagen zu üben.

Wenn der Unternehmensleiter in der Tat angemessen mit seinem Aufsichtsrat zusammenarbeitet und dessen Leistungen trotzdem zu wünschen übriglassen, dann liegt der Fehler wahrscheinlich bei den Mitgliedern selbst, der Zeit, die sie auf ihre Arbeit im Aufsichtsrat verwenden, oder dem Interesse, das sie der Firma entgegenbringen. Aufsichtsratsmitglieder, die keine Aufsicht ausüben, sollten aus freien Stücken zurücktreten oder abgelöst werden. Sie sind eine Belastung unserer freien Marktwirtschaft. Die Vernachlässigung ihrer Pflichten gegenüber den Aktionären gefährdet das Unternehmen. Und Fälle grober Pflichtversäumnis enthalten natürlich das Risiko gerichtlicher Verfahren gegen die betreffenden Aufsichtsratsmitglieder.

## Der Generaldirektor[32]

Die hauptsächlichen Verantwortungsbereiche eines Generaldirektors sind allgemein bekannt: endgültige Entscheidungen über wesentliche Probleme, Zustimmung zur Auswahl leitender Mitarbeiter und ihrer Vergütung, Einholung der Zustimmung des Aufsichtsrats zu Handlungen und Entscheidungen, die über die Vollmachten des Generaldirektors hinausgehen und so weiter. Weitere wichtige Aufgaben der Position werden aber oft von den Generaldirektoren selbst und auch von den Aufsichtsräten übersehen, die ihn bestellen, in seiner Arbeit unterstützen und seine Leistung bewerten.

Zur Begründung seines Rücktritts als Generaldirektor der Cowles Magazines & Broadcasting Inc. (Herausgeber der Zeitschrift *Look*) und seiner Weiterarbeit als Aufsichtsratsvorsitzender und »chief executive« sagte Gardner Cowles im Mai 1964:

---

[32] *Anmerkung des Übersetzers:* Der Generaldirektor in amerikanischen Unternehmen hat wesentlich größere Entscheidungsbefugnisse als die meisten Vorstandsvorsitzenden von deutschen Aktiengesellschaften.

Diese Änderung wurde vom Aufsichtsrat auf meinen Wunsch beschlossen. Sie bedeutet nicht, dass ich in Zukunft weniger arbeiten werde. Ich hoffe jedoch, mich mehr der langfristigen Planung widmen zu können und mehr Zeit für die Prüfung möglicher Akquisitionen zu haben.

Cowles hatte offensichtlich die Absicht, mehr Zeit auf etwas zu verwenden, was ich als »strategische Planung« bezeichnet habe. Er war sich einer Aufgabe bewusst, die viele Generaldirektoren vernachlässigen: Chefarchitekt für die Unternehmensstrategie zu sein. Wie bereits ausgeführt, bestimmen strategische Pläne, welcher Art die Tätigkeit des Unternehmens sein soll, in welche Richtung es steuert und wie seine Ziele angesichts der ihm gegenüberstehenden Konkurrenz zu erreichen sind. Verantwortung und Initiative für diese strategische Planung liegen beim Generaldirektor.

Der Generaldirektor braucht zwar strategische Pläne nicht selbst zu entwickeln, er muss jedoch von ihrer Wichtigkeit überzeugt sein und darauf achten, dass sie entwickelt und durchgeführt werden. Er muss das Unternehmen so führen, dass es zum Beispiel mit zunehmender internationaler Konkurrenz und mit schnellen technologischen, politischen und sozialen Änderungen Schritt hält. Weil nachhaltiger Erfolg Wachstum voraussetzt, muss er darauf vorbereitet sein, mit Problemen ständig wachsender Größe und Kompliziertheit fertig zu werden.

Der Generaldirektor eines erfolgreichen Unternehmens ist gleichzeitig Chefarchitekt des Management-Systems seines Unternehmens. Wenn das System bereits besteht, muss er es nutzen, ausbauen und sich ändernden Bedingungen anpassen.

Ich glaube deshalb, dass ein Generaldirektor seiner Verantwortung besser gerecht wird, wenn er sich selbst nicht nur als Unternehmensleiter und letzte Entscheidungsinstanz, sondern auch als Gestalter zweier großer Aufgabenbereiche fühlt: 1) Einstellung des Unternehmens auf die Kräfte seiner Umwelt und 2) Errichtung und Erhaltung eines Management-Systems. Unternehmerischer Erfolg erfordert in zunehmendem Maße Unternehmensführer, die Konzeptionen und Ideen in Grundsätze und Begriffe mit großer Anwendungsbreite übertragen können. Sowohl unter gegenwärtigen, wie auch unter zukünftigen Bedingungen ist der ideale Unternehmensführer ein Mann sowohl der Ideen als auch der Tat.

Der Generaldirektor ist außerdem der höchste Personalchef für den Führungsstab. Ihm obliegt es, für ausreichenden und hochqualifizierten Nachwuchs zu sorgen; er muss sich um dessen Ausbildung, Bezahlung und Beförderung und auch um das Einhalten der Personalpolitik kümmern. Diese Verantwortungsbereiche werden im nächsten Kapitel besprochen werden.

Der Generaldirektor ist natürlich der Leiter des Unternehmens. Diese Aufgabe erfordert, dass er durch strenges Befolgen des Management-Systems seines Unternehmens ein Beispiel setzt und seine Mitarbeiter veranlasst, ihm darin zu folgen. Tatsächlich besteht einer der großen Vorteile eines Management-Systems darin, dass es der Führung jene Hebelkraft verleiht, welche es jedem Generaldirektor erleichtert, ein erfolgreicher Manager zu sein. Dies wird in Kapitel 8 noch näher besprochen werden.

Wenn ich die Leistung von Generaldirektoren beobachtete, habe ich bemerkt, dass den meisten hervorragenden Führungskräften etwas gemeinsam ist: Sie spüren die wesentlichen Probleme, besonders die schwierigen Personalprobleme auf den höheren Leitungsebenen, auf und lösen sie. Schwache Generaldirektoren dagegen neigen dazu, schwierige Probleme in der Hoffnung zu umgehen, dass sie von selbst verschwinden.

Auch wenn ein Problem später besser bewältigt werden kann oder sich mit der Zeit von selbst erledigt, wird der starke Generaldirektor ausdrücklich bestimmen, dass gerade dies die Lösung ist und darauf achten, dass die entsprechenden Mitarbeiter erfassen, wie das Problem behandelt werden soll. Ein solches Verfahren bestärkt die Mitarbeiter in ihrem Vertrauen in seine Führerschaft, weil sie wissen, dass er schwierigen Fragen nicht aus dem Weg geht.

Meine bisherigen Beobachtungen haben mich davon überzeugt, dass der Unterschied zwischen einer guten und einer ausgezeichneten Leistung eines Unternehmensführers weitgehend davon abhängt, wie gut er die folgenden wesentlichen Aufgaben bewältigt – *Aufgaben, für welche die Initiative bei ihm liegt.*

- Entwicklung strategischer Pläne einschließlich der Ermittlung wesentlicher neuer Möglichkeiten und Sicherstellung, dass diese wahrgenommen werden
- Gestaltung des Management-Systems
- Steuerung der Personalpolitik für Führungskräfte
- Persönliche Befolgung des Management-Systems und Gewährleistung, dass andere es befolgen
- Identifizierung von wesentlichen Problemen und Überwachung ihrer Lösung beziehungsweise Inangriffnahme
- Erstellung inspirierender Führerschaft.

## Dezentralisation und Rezentralisation

Die Einführung der divisionalen Gliederung des Betriebsgeschehens – eines der auffallendsten Phänomene im Management der letzten vier Jahrzehnte – hat der Dezentralisation von Verantwortung und Entscheidungsbefugnis in der amerikanischen Wirtschaft Auftrieb gegeben. Mit Du

Pont und General Motors als Schrittmacher, gewann der Trend zur divisionalen Gliederung in den letzten zwei Jahrzehnten neue Impulse durch die außerordentlich erfolgreiche Dezentralisation bei General Electric unter der Führung von Ralph Cordiner. Es gibt aber auch die Fachmeinung, dass die wachsende Verwendung elektronischer Datenverarbeitung diesen Trend verlangsamen oder sogar ins Gegenteil verkehren wird.

Der Grundgedanke der divisionalen Gliederung besteht darin, bessere Mittel der Führung für in sich geschlossene Geschäftszweige zu finden. Deshalb werden die meisten divisionalen Geschäftsbereiche für einzelne Erzeugnisse oder Produktgruppen errichtet. Die Ausgliederung gestattet es den leitenden Angestellten dieses Geschäftsbereiches, ihre Interessen und ihre Aufmerksamkeit auf ein »Unternehmen im Unternehmen« zu konzentrieren und für dieses unmittelbar die Verantwortung zu tragen. Tatsächlich gehen meinen Untersuchungen zufolge die Konzernleitungen der auf diese Weise am erfolgreichsten aufgegliederten Unternehmen außerordentlich weit, um Eingriffe in die Verantwortlichkeit der Bereichsleitungen zu vermeiden.

Ich bin davon überzeugt, dass eine Umkehrung oder Verlangsamung dieses Trends zur Delegation und Divisionalisierung durch den Computer unangebracht ist. Ein kluges Management wird dem Computer nicht gestatten, in die Delegation von Entscheidungsbefugnis auf die Bereiche und innerhalb dieser Einheiten einzugreifen.

Der Computer ist ein außerordentliches Informationsinstrument mit außerordentlichen Auswirkungen auf das Unternehmen schlechthin, einschließlich der Organisationsstruktur. Aber er ist und bleibt ein Informationsinstrument. Seine Funktion besteht darin, Informationen zu beschaffen, die vorher nicht verfügbar waren oder nicht so genau oder so schnell erarbeitet werden konnten. Er ermöglicht es dem Management, sich über den relativen Wert verschiedener Entscheidungsalternativen zu informieren und verbessert damit die Qualität der Entscheidungen. Alle diese Informationen sind in der Zentrale eines Konzerns oder eines Geschäftsbereiches schnell verfügbar und erleichtern den zentralisierten Entscheidungsprozess.

Aber unzureichende Information ist nur einer der Gründe zur Delegation und Aufgliederung des Unternehmens – und nicht einmal der hauptsächliche. Eine Rückverlagerung des Entscheidungsprozesses auf eine dem Bereichsleiter übergeordnete Ebene wird die Verantwortlichkeit dieses Bereiches mindern. Sie schränkt den internen Wettbewerb zwischen den Bereichen ein, setzt die Bedeutung des Bereichsgewinns als Leistungsmaßstab und als Grundlage für Leistungsanreiz herab und beeinträchtigt die Entwicklung von Führungskräften auf den unteren Leitungsebenen.

Aus diesen Gründen glaube ich, dass die Führungsspitze eines Konzerns – ebenso wie das Management innerhalb der Bereiche – der Versuchung widerstehen sollte, Informationen aus der elektronischen Datenverarbeitung dazu zu gebrauchen, den mittleren Führungskräften Entscheidungen abzunehmen.

## Reorganisation

In vielen Unternehmen ist »Reorganisation« ein böses Wort, sollte es aber nicht sein.

Jede Reorganisation ist unbeliebt, weil sie Änderungen mit sich bringt – und die Menschen verabscheuen im Allgemeinen jede Änderung. Änderungen im Zusammenhang mit einer Reorganisation sind wegen ihrer möglichen Auswirkungen auf die Sicherheit des Arbeitsplatzes besonders gefürchtet. Es könnten ja Leute entlassen werden! Das bloße Wort Reorganisation hat einen negativen Beigeschmack erhalten, weil es gewöhnlich zur Ankündigung durchgreifender Veränderungen einschließlich der Einsparung von Arbeitsplätzen verwendet wird. Solche Ankündigungen werden besonders dann sofort aufgegriffen, wenn das Unternehmen oder der entsprechende Bereich mit Verlust arbeitet. Änderungen der Organisationsstruktur und der Aufgabenverteilung sind dann oft notwendig, um Verluste in Gewinne umzuwandeln.

Tatsächlich aber ist *Reorganisation* nichts anderes als *Organisation,* abgesehen davon, dass jene eine Umplanung anstatt einer Neuplanung von Tätigkeiten ist. Reorganisation klingt viel weniger furchterregend, wenn man in diesem Sinne an sie herangeht. Und in diesem Sinne sollte jedes Unternehmen den Management-Prozess der auf die Meisterung veränderter Umstände ausgerichteten organisatorischen Planung betreiben.

In einem wachsenden, erfolgreichen Unternehmen muss häufig reorganisiert werden. Für umfangreicher oder komplizierter werdende Tätigkeiten müssen neue Positionen hinzugefügt, bestehende Positionen geändert werden. Ein Kriterium für überlegtes und erfolgreiches Management ist eine weitgehende Toleranz gegenüber Änderungen und Umorganisation innerhalb der Leitung selbst. In einem erfolgreich expandierenden Unternehmen müssen organisatorische Veränderungen als Routine angesehen werden.

Ich kann mich aber auch an verschiedene Unternehmen erinnern, die organisatorische Veränderungen zu oft vornehmen. Die sich daraus ergebenden Nachteile sind offensichtlich. Die ständige Störung des normalen Geschäftsablaufs hindert die Stelleninhaber, ihre Aufgaben verstehen zu lernen, vermindert ihre Leistungsfähigkeit und erhöht die Kosten. Schließlich durchschneidet jede wesentliche Änderung die »Arterien und Nerven« der dienstlichen Beziehungen zwischen Menschen, die sich aneinander gewöhnt haben; neue Beziehungen müssen erst wieder aufgebaut werden.

Zweifellos bedarf es einer geschickten Unternehmensführung, Änderungen so auszubalancieren, dass das Unternehmen einerseits organisatorisch auf der Höhe bleibt, andererseits aber zu einschneidende oder zu häufige Änderungen vermieden werden, welche die Mitarbeiter dauernd in Zweifel, Unentschlossenheit und Unrast halten. Nach jeder wesentlichen organisatorischen Umstellung benötigen die Mitarbeiter Zeit, sich einzugewöhnen und die neue Struktur und Arbeitsweise handhaben zu lernen. Eine Verwaltungsorganisation sollte weitgehend routinemäßig funktionieren, damit die Angestellten ihre Aufgaben erfüllen können, ohne viel darüber nachdenken zu müssen, wer was tut.

Durch beständige und den Umständen entsprechende Erneuerung der Organisationsstruktur wird somit Reorganisation als ein normales, routinemäßiges Element des programmierten Management-Systems allgemein akzeptiert werden.

## Die Organisation des Organisierens

Da die organisatorische Planung ein wesentlicher Management-Prozess ist, und eine wichtige Komponente im Management-System darstellt, erfordert ihre Durchführung in jedem größeren Konzern oder Bereich eine besondere Stabseinheit. Eine solche Einheit kann aus einem Stab von mehreren Mitarbeitern bestehen, oder auch nur aus einem zeitweilig die Funktion ausübenden Mitarbeiter. Wichtig ist, dass der Stabsmann oder der Leiter der Stabsstelle für Organisationsplanung das Vertrauen und die Unterstützung des Generaldirektors genießt. Er sollte deshalb dem

Generaldirektor direkt oder einem von dessen unmittelbaren Untergebenen unterstehen.

Der Leiter des Stabes benötigt keine Spezialerfahrung. Es muss nur ein Mann sein, der überall Vertrauen genießt. Bei entsprechender Intelligenz, analytischer Begabung, Vorstellungskraft und gesundem Menschenverstand kann er Organisationsplanung durch die Praxis und die Lektüre der einschlägigen Fachliteratur erlernen.

Erfolgreiche Unternehmen betrachten Organisationsplanung als eine besondere Aufgabe, deren Lösung wesentlich zum Erfolg beitragen kann. Wird sie auch oft vernachlässigt, stellt die Organisationsplanung doch eine Waffe dar, die jedes Unternehmen in ihrem Erfolgsarsenal haben sollte.

# 6 Personalpolitik für Führungskräfte: Entwicklung der wichtigsten Kraftquellen des Unternehmens

Vor einigen Jahren aß ich mit Branch Rickey, damals General Manager der Brooklyn Dodgers, zu Abend. Rickey befand sich in jenen Tagen auf dem Höhepunkt seines Erfolges, weil er die Dodgers von einem zweitrangigen Baseball-Club zu einem dauernden Anwärter auf die Meisterschaft in der Nationalliga gemacht hatte. Unsere Zusammenkunft bezweckte, ihm für eine Rede vor dem Harvard Business School Club von New York, den ich damals leitete, einige Informationen zu geben.

Durch meine Beschäftigung mit Management-Problemen war ich zu der Ansicht gelangt, dass man für die Personalverwaltung der Führungskräfte von den Managern im Profisport, insbesondere von jenen des Baseballs und Footballs, eine Menge lernen könne. Aus den Sportberichten entnahm ich, dass Branch Rickey Konzeptionen entwickelt hatte, die bei allen Arten von Unternehmen angewendet werden könnten. Unser gemeinsames Abendessen und sein späterer Vortrag bestätigten meine Vermutung.

Während seiner erfolgreichen Karriere bei den St. Louis Cardinals war Rickey einer der Pioniere des »Farm-Systems« – eines Netzes kleinerer Tochter-Clubs, die unerprobte Spieler anstellen und ausbilden, von denen dann die erfolgreichsten in den Ligaverein aufrücken. Beim Essen sagte Rickey an jenem Abend: »Was ich bei einem Spieler suche, sind Tempo, kräftiger Wurfarm, scharfes Auge und Intelligenz.

Sind diese Fähigkeiten und der Wille zum Erfolg vorhanden, dann können wir aus einem beträchtlichen Teil unseres Rohmaterials gute Spieler machen. Einige werden sich zu Stars entwickeln.«

Das ist ein sicherer und einträglicherer Weg, fuhr Rickey fort, als bewährte Spieler von anderen Clubs zu kaufen. Junge unerfahrene Spieler erhalten ein niedrigeres Gehalt, das man dann aufgrund tatsächlicher Bewährung erhöhen kann. Dieses System gewährleistet Talentreserven, und ein etwaiger Überschuss kann weiterverkauft werden. Das in St. Louis entwickelte System hat sich auch in Brooklyn bewährt. Inzwischen ist es in allen Ligen üblich.

Ein weiterer Kommentar über die Bedeutung fähiger Spieler für den Erfolg im Baseball stammt von Joe Williams, einem bekannten Sportberichterstatter der Zeitungen des Scripps-Howard-Konzerns.

Vom 1. Oktober an haben die Detroit Tigers eine neue Leitung unter Fred Knorr, einem lokalen Rundfunk-Manager. Seit zehn Jahren haben die Tiger nicht mehr gewonnen. Knorr glaubt, dass er eine ausgezeichnete Idee für ein Comeback hat.»In der nächsten Saison werden wir einen äußerst aktiven Manager haben, der die Spieler begeistern und draußen auf dem Feld für sie kämpfen wird.« Sicherlich wird Knorr bald entdecken, dass Manager, ob sie nun mit ihren Stimmbändern oder ihrem Verstand arbeiten, nur in direktem Verhältnis zu dem Talent ihrer Spieler erfolgreich sein können.

## Das Personalwesen für Führungskräfte als Bestandteil des Systems

Mein Einblick in die internen Verhältnisse erfolgreicher Unternehmen hat mich davon überzeugt, dass Williams'

Beobachtungen im Baseball auch für die Wirtschaft gelten. Dies ist schon auf den ersten Blick so offensichtlich, dass ich seine Aussage nur geringfügig umformulieren würde: Der Unternehmenserfolg steht in direktem Verhältnis zu dem Format der einer Unternehmensleitung zur Verfügung stehenden Führungstalente.

Das Personalwesen für Führungskräfte ist deshalb eine wesentliche Komponente eines erfolgreichen Management-Systems und deshalb bin ich auch der Meinung, dass die grundsätzliche Strategie eines Unternehmens so gestaltet und ausgeführt werden sollte, dass hochtalentierte Führungskräfte angezogen, gehalten und aktiviert werden. Darüber hinaus sind die Wechselbeziehungen zwischen diesem und anderen Systemkomponenten von entscheidender Bedeutung für die Leitung von hochqualifiziertem Führungspersonal.

Die bloße Tatsache, dass eine talentierte Führungskraft auf der Gehaltsliste ist, bedeutet noch lange nicht, dass sie der Unternehmensleitung wirkungsvoll zur Verfügung steht. Sie muss auch produktiv arbeiten. Volle Produktivität aber erfordert, dass die Führungskräfte zweckgerichtet, wirksam und mit entsprechender Begeisterung denken, entscheiden und handeln. So gesehen, wird auch jede andere Komponente des Systems die Produktivität des Führungspotentials beeinflussen.

Die eigentliche Feuerprobe eines Management-Systems kann nur in der Führungspraxis erfolgen. Um dem Willen zu führen tatsächliche Wirkung zu verleihen, muss deshalb das Management-System 1) genügend Führungstalente bereitstellen, 2) diese Talente an den richtigen Stellen einsetzen und 3) jede einzelne Führungskraft zu produktiver Arbeit anregen. Zur Erfüllung dieser Forderungen des Systems müssen die folgenden fünf Grundvoraussetzungen in der Personalleitung für Führungskräfte adäquat geschaffen sein:

- Planung des Bedarfs an Führungskräften
- Anwerbung und Auswahl von hochqualifizierten Nachwuchskräften in ausreichender Anzahl
- Ausbildung von Nachwuchs- und Führungskräften, um Leistungssteigerung und Aufrücken in höhere Positionen zu ermöglichen
- Beförderung von Führungskräften und Entlassung leistungsschwacher Mitarbeiter
- Entlohnung der Führungskräfte nach einem auf Leistung bezogenen System.

Als ich vor einigen Jahren einen Artikel für den *Harvard Business Review* verfasste, führte ich eine Erhebung über hochtalentierte Kräfte durch. 1900 anonyme Fragebogen gingen hauptsächlich an Absolventen der sechs führenden Graduate Business Schools, die in Großunternehmen beschäftigt waren. Ungefähr 600 kamen zurück, in den meisten Fällen mit ausführlichen Kommentaren. Die Ergebnisse bestätigten viele Schlussfolgerungen, die ich aus Diskussionen mit besonders begabten Männern im Laufe der Jahre gezogen hatte. In der nun folgenden Besprechung dieser fünf Grundvoraussetzungen stützte ich mich zum Teil auf diese Erhebung.

## Planung des Bedarfs an Führungskräften

1955 gewannen die Cleveland Browns in der National-Liga die Football-Meisterschaft, nachdem sie auch die von 1954 errungen hatten. Dieser Doppelerfolg folgte auf zehn aufeinanderfolgende Meisterschaften in der 2. Division; sieben davon konnten erst nach Wiederholung erzielt werden. Paul Brown, Trainer und General Manager der Browns, sagte:

»Im Grunde war die Klasse unserer Spieler für den Sieg ausschlaggebend.«

In der *New York Times* bemerkte Arthur Daley über Brown: »Kein Football-Trainer oder Baseball-Manager ist auch nur einen Deut besser als seine Spieler. Der energiegeladene Brown hat durch langfristige Planung sichergestellt, dass er die richtigen Leute hatte.«[33]

Jedes Mitglied einer Unternehmensführung wird mir beistimmen, dass die Qualität der Führungskräfte für den Erfolg in der Wirtschaft ebenso wichtig ist wie diesbezügliche langfristige Planung. Ich konnte jedoch feststellen, dass in den meisten Unternehmen – einschließlich der bestgeführten – spezifische und wirksame Planung des Bedarfs an Führungskräften viel zu wünschen übrig lässt. Dieser Aufgabe wird man besser gerecht werden, wenn die Planung des Bedarfs an Führungskräften unter strategischen Gesichtspunkten als Bestandteil des Management-Systems erfolgt.

In einem der größten und erfolgreichsten amerikanischen Unternehmen, in dem diese Grundsätze ernst genommen werden, hat der Personalleiter jedes Konzernbereiches in seinem Büro einen Stahlschrank. Dieser Schrank, der nur hierfür bevollmächtigten Personen zugänglich ist, enthält einen Organisationsplan des Konzernbereiches mit den Ergebnissen der langfristigen Planung für die Versorgung mit Führungskräften. In jeder Position auf dem Organisationsschema sind drei bewegliche bunte Karten befestigt. Jede trägt einen Namen und ein Geburtsdatum: die des gegenwärtigen Stelleninhabers, seines Ersatzmannes und eines möglichen anderen Kandidaten. Die Farben geben über die gegenwärtige Bewertung des langfristigen Potentials jedes Mannes Aufschluss. Dies ist ein einfaches,

---

[33] Unter anderem *The New York World-Telegram*, 29. August 1956.

jedoch hochwirksames System langfristiger Planung von Führungskräften und beruht auf regelmäßigen, eingehenden, schriftlichen Leistungsbeurteilungen durch die Linien-Vorgesetzten.

Eine so ausgeprägte Systematik in der Planung von Führungskräften existiert selbst in höchst erfolgreichen Unternehmen selten. Zum Beispiel kenne ich ein hervorragendes Unternehmen, in dem ein entsprechender Plan auf einem einzigen Blatt Papier niedergelegt ist, das sich im Schreibtisch des Generaldirektors befindet. Irgendeine Form der Personalplanung für Führungskräfte ist jedoch zur Bereitstellung der richtigen Art und Anzahl von Führungskräften notwendig. Dabei sollte man eine einfache Planungsform schwer verständlichen, kunstvollen Graphiken und farbigen Diagrammen vorziehen. Allzu oft betrachten Unternehmen die Personalplanung für Führungskräfte als ein isoliertes und nicht so wichtig zu nehmendes Verfahren anstatt als nützlichen und unerlässlichen Bestandteil eines Gesamt-Management-Systems.

Das Planen der Pensionierung ist wegen der Gewissheit, dass jeder Manager aus Altersgründen einmal zurücktreten muss, der leichteste Teil der Personalplanung. Ist ein Pensionsalter von 65 vorgeschrieben (jetzt beinahe eine Standard-Vorschrift in den großen amerikanischen Unternehmen), kann der Zeitpunkt der Nachfolge genau bestimmt werden. Ob Beförderung, Kündigung, Krankheit oder Tod den Ersatz einer Führungskraft während eines gegebenen Zeitabschnitts erfordern, ist nur schwer, wenn nicht unmöglich vorauszusagen; gewiss ist jedoch, dass beinahe jede Führungskraft im Verlauf ihrer Karriere wenigstens ein-, nicht selten mehrmals aus dem einen oder anderen Grund ersetzt werden muss. Offensichtlich erfordert dies eine gründliche Planung, will man sich gegen unvoraussehbare Fälle absichern.

Die Wahrscheinlichkeit des Verlusts von vielversprechenden Führungskräften wird noch verstärkt durch das schnelle Anwachsen von Personalberatungsfirmen. Diese Firmen sind bei der Besetzung von Positionen von außen sehr nützlich. Auf der anderen Seite der Gleichung steht aber der Verlust eines talentierten Mitarbeiters bei der abgebenden Unternehmung. Deshalb ist es notwendig, den Stamm an Führungskräften noch tiefer zu staffeln – und ihren Motivationen noch mehr Aufmerksamkeit zu schenken –, wenn die Firma zusätzlich gegen diese neue Ursache von Verlusten an Führungskräften abgesichert sein soll.

Besonders erfolgreiche Unternehmen beugen solchen Ungewissheiten vor, indem sie von jedem leitenden Angestellten die Nominierung und Ausbildung eines Stellvertreters verlangen. Eine solche Staffelung von talentierten Führungskräften ist eine gesunde Grundlage für Wachstum durch Expansion oder Akquisition. Schon manche attraktive Akquisition ist unterblieben, weil Führungskräfte für das zugekaufte Unternehmen fehlten. Umgekehrt werden viele Firmen verkauft, weil sie keine wirksame Führung mehr besitzen. Das erfolgreiche Unternehmen fördert sein eigenes Wachstum, indem es für ausreichenden Zugang und die Weiterentwicklung von Nachwuchskräften plant.

Ein erfolgreiches Unternehmen, das für großzügige (jedoch nicht überschüssige) Führungsreserven sorgt, braucht sich nicht über den gelegentlichen Weggang eines hochqualifizierten Mitarbeiters zu beunruhigen. Darüber hinaus wird eine Begabtenreserve das Wachstum des Unternehmens anregen und dadurch solche Verluste auf ein Mindestmaß beschränken. (Ich erinnere an meine früheren Ausführungen über die Strategie der Armstrong Cork Company, die abgewirtschaftete Unternehmen aufkauft, damit sich ihre Nachwuchsführungskräfte bewähren können).

Die Entwicklung eines *Überschusses* an Führungskräften –
sozusagen ihre Hortung – ist nicht nur kostspielig, sondern
auch eine Verschwendung knapper volkswirtschaftlicher Ressourcen. Echtes Talent ist ehrgeizig; wenn ihm klar wird,
dass in einer Unternehmung ein Überangebot herrscht, wird
der hochbefähigte Mann ein Angebot von außerhalb des
Unternehmens annehmen oder gar suchen. Langfristig regelt
sich deshalb ein Überschuss von selbst.

Die Personalplanung hat auf Konzernebene zu erfolgen.
In einem Unternehmen mit verschiedenen Konzernbereichen sollte die individuelle Ausbildung von vielversprechenden Führungskräften Versetzungen von einem zum anderen
Konzernbereich einschließen. Hochqualifizierte Manager
sind eine Ressource des *Gesamt*unternehmens. Deshalb
sollte die Entwicklung dieser Ressource in den Händen
eines hochqualifizierten und – anerkannten Leiters des
Gesamtpersonalwesens liegen.

Abgesehen von der Anwerbung junger Nachwuchskräfte aus den Colleges und Graduate Schools, sollte die
Personalplanung für Führungskräfte auf einem organisierten
Programm der Leistungsbewertung beruhen (siehe Kapitel
8). Bei vernünftiger Leistungsbewertung sind die Methoden
der Personalplanung für Führungskräfte recht einfach; der
Wille zur Führung kann sich jedoch nicht voll auswirken,
sofern dieses einfache Verfahren nicht zu einem echten und
aktiv genutzten Teil des Management-Systems eines Unternehmens wird.

## Anwerbung und Auswahl

Ein Unternehmen muss nicht nur um seinen Marktanteil,
sondern auch um seinen Anteil an den zur Verfügung
stehenden Talenten kämpfen. Da überall in der Welt die an

einer Karriere in der Wirtschaft interessierten Führungstalente knapp sind, ist es ein wichtiger Zweck des Management-Systems und der Strategie eines Unternehmens, solche Begabungen anzuziehen, auszuwählen, sie zu erhalten und produktiv einzusetzen.

Die meisten erfolgreichen Unternehmen suchen Kandidaten für eine Beförderung in den eigenen Reihen. Deshalb wird die Anwerbung von Nachwuchskräften hauptsächlich an Colleges und (in zunehmendem Maße) an den Graduate Schools betrieben. Von Zeit zu Zeit muss jedoch jedes Unternehmen Stellungen besetzen, in welchen erfahrene Männer, die im eigenen Unternehmen nicht verfügbar sind, gebraucht werden.

*Der Kampf um Talente:* Viele Jahre hindurch erörterte John W. Gardner – Minister für Gesundheit, Erziehung und Soziales, früherer Präsident der Carnegie Corporation, Autor von »Excellence« und »Self-Renewal« und scharfer Beobachter und Analytiker der heutigen Gesellschaft – in jedem Jahresbericht der Carnegie Corporation ein größeres Thema. Eines dieser Themen war »Die große Jagd nach Talenten«. Dazu schrieb er:

Wir sind Zeugen einer Revolution in der Haltung der Gesellschaft gegenüber Männern und Frauen von besonderen Fähigkeiten und höherer Ausbildung. Zum ersten Mal in der Geschichte sind solche Männer und Frauen in großem Maße gefragt. Jahrhundertelang sind menschliche Gesellschaften mit ihrem Talent verschwenderisch umgegangen. Als Folge tiefgreifender sozialer und technologischer Entwicklungen in unserer Gesellschaft sind wir heute gezwungen, nach Begabungen zu suchen und sie wirksam einzusetzen. Unter den historischen Veränderungen, die unser Zeitalter kennzeichnen, könnte diese auf lange Sicht die folgenreichste sein … Nie haben in der amerikanischen

Geschichte so viele Menschen so viel Geld in die Suche nach Talent investiert.[34]

Der »Labor-Letter« des *Wall Street Journal* vom 3. August 1965 enthielt folgenden Absatz:

Die Banken versuchen krampfhaft, offene Stellen auf allen Ebenen zu besetzen. Der Präsident der Mid-City National Bank in Chicago beklagt eine »andauernde Knappheit erstklassiger Manager; wir halten ständig nach guten Leuten Ausschau« ... Eine Bank im Osten hat ihre Aufwendungen für die Anwerbung während der letzten zwei Jahre verdoppelt. Für einige Banken werden die Lücken kritisch; viele der Nachkriegsfusionen können auf die Verknappung an fähigen Leuten zurückgeführt werden, sagt ein New Yorker Bankier.

Die weltweit wachsende Nachfrage nach Führungskräften in der Wirtschaft wird durch neue technologische Fortschritte und die zunehmende Kompliziertheit erfolgreicher unternehmerischer Betätigung noch verstärkt. Mit dem Bedarf an Managerbegabungen und ihrer Entwicklung hat sich auch Lord Heyworth, damals Vorsitzer der Unilever Ltd., auf der Jahreshauptversammlung in London im Jahre 1956 in einer bemerkenswerten Feststellung auseinandergesetzt.[35] Lord Heyworth beschrieb Unilever als ein anglo-holländisches Gemeinschaftsunternehmen mit mehreren Hundert Tochtergesellschaften in mehr als 40 Ländern, mit damals 270.000 Arbeitnehmern, von denen 22.600 (oder etwa 8 Prozent) leitende Angestellte waren – 16.400 Leiter kleiner Abteilungen und 6.000 Führungskräfte der mittleren und höheren Ebene.

Er zeigte sodann, dass in den relativ einfachen Plantagenbetrieben in Nigeria und Kamerun die leitenden Ange-

---

[34] *The New York Times,* 7. November 1955.
[35] Carnegie Corporation, *Annual Report for 1956.*

stellten nur 3 Prozent der Arbeitnehmerschaft ausmachten. In den komplizierteren Bereichen des Unternehmens in England und den Niederlanden waren 11 Prozent aller Arbeitsplätze leitende Positionen. In den USA waren wegen des »höheren Grades der Automation und der fortschrittlicheren Umgebung« 15 Prozent aller Unilever-Arbeitnehmer Führungskräfte. Lord Heyworth beendete seine Analyse mit folgender Feststellung:

... Mit zunehmender Unternehmensgröße werden wir mehr Manager brauchen. Wie ich an anderer Stelle bereits gesagt habe, zeichnet sich eine Entwicklung ab, in deren Verlauf der relative Anteil der Führungskräfte weiterhin steigen wird. Dies kommt zu einem Zeitpunkt, wo der Kampf um gute Manager überall schärfer wird. Deshalb können wir in unseren Anstrengungen nicht nachlassen. Wir dürfen nicht von den Universitäten, Schulen und technischen Lehranstalten erwarten, dass sie dieses Problem ohne unser Zutun lösen. Wir müssen unsere Methoden der Anwerbung und Auswahl ständig überprüfen. Wir müssen jede Gelegenheit wahrnehmen, unsere eigenen Mitarbeiter weiterzubilden, ihre Leistungsfähigkeit zu verbessern und sie aufsteigen zu lassen. Wir alle müssen die Wichtigkeit der Ausbildung verstehen. Wenn wir diese Dinge nicht tun und sie nicht in jedem Land tun, in dem Unilever Interessen hat, wird sich dies sehr bald in den Ihnen vorgelegten Ergebnissen zeigen.

Lord Heyworths Analyse eines durch zunehmende Technisierung und Kompliziertheit wachsenden Anteils an Führungskräften stimmt mit der Ansicht von Du Pont überein. Vor einigen Jahren wies ein Artikel im »Du Pont Stockholder« darauf hin, dass mehr als 25 Prozent der Belegschaft von Du Pont seinerzeit als Führungspersonal eingestuft wurden. Mit einem Blick auf die Zukunft sagte der Artikel:

So groß auch die Zunahme bisher war, die Führer der Wirtschaft stehen heute einer drückenden Verknappung an Führungskräften gegenüber, die für die zukünftige Entwicklung ein ernsthaftes Hindernis werden kann. Während der nächsten zehn Jahre wird ein Nettozuwachs von wenigstens 50 Prozent für erforderlich gehalten, außer dem Ersatz für normale Abgänge durch Pensionierung, Krankheit, Berufswechsel und Tod.[36]

Meine eigenen Beobachtungen haben ergeben, dass diese Ansichten von Unilever und Du Pont durch die anschließende Entwicklung bekräftigt worden sind, wenn auch der Einfluss der Computer heute diesen Trend möglicherweise verlangsamt. Mit zunehmender Kompliziertheit der Wirtschaft gestattet die elektronische Datenverarbeitung eine Vereinfachung des Entscheidungsprozesses; es gibt bereits Anzeichen, dass der Computer den Bedarf an Führungskräften der mittleren Ebene vermindert hat. Wie sich der Einfluss dieser gegenläufigen Kräfte im mittleren Management schließlich einpendeln wird, ist kaum vorherzusehen.

Der normale Widerstand gegen Neuerungen – wie er in jedem Unternehmen vorhanden ist – wird wahrscheinlich die Lösung dieses Problems hinauszögern. Es ist eindeutig, dass der Computer die Anzahl von Führungskräften und Mitarbeitern auf den unteren Ebenen mit sich dauernd wiederholenden Tätigkeiten vermindern wird; im Nettoergebnis dürfte aber zweifellos der Anteil der Führungspositionen steigen.[37]

Es gibt keine klaren Beweise und nur wenige Meinungen, wonach der Computer den Bedarf an *hochqualifizierten* Managern vermindern wird. In der Tat erfordern die größere Menge und höhere Qualität der durch den Com-

---

[36] *The Times,* London, 25. Mai 1956.
[37] »The Great Talent Search; With Industry's Growing Complexity Comes Increased Need for Management Skiiis«, *Du Pont Stockholder,* Winter 1957/58.

puter verfügbaren Informationen intensivere Analysen und gestatten mehr Gestaltungsfreiheit im Entscheidungsprozess. Dementsprechend werden die Führungskräfte ihre Tätigkeit als geistig anspruchsvoller empfinden, weil die Bereiche alternativer Entscheidungsmöglichkeiten größer werden.

Mit zunehmendem Bedarf an hochtalentierten Führungskräften während des nächsten Jahrzehnts wird die Notwendigkeit, in der Personalplanung von Führungskräften und ihrem Einsatz strategisch vorzugehen, immer dringender. Die Personalstrategie muss deshalb der Abnehmer- und Gewinnstrategie rangmäßig gleichgestellt sein.

Leider hat das Angebot mit dem wachsenden Bedarf der Wirtschaft an hochtalentierten Führungskräften nicht Schritt gehalten. Die Lehrkräfte der betriebswirtschaftlichen Fakultäten sind darüber beunruhigt, dass sich nur ein kleiner Teil der überdurchschnittlichen Begabungen des Landes für eine Karriere in der Wirtschaft entscheidet. In einer Rede über »Die Rolle der Wirtschaftshochschulen in der wirtschaftlichen Entwicklung des Landes« sagte George P. Baker, Dekan der Harvard Business School:

Es gibt keine zuverlässigen statistischen Unterlagen darüber, wie viele von den besten 10 Prozent aller College-Absolventen jeden Jahres eine Laufbahn in der Wirtschaft wählen. Nach den verlässlichsten Schätzungen, die wir heute haben, studieren höchstens 7 Prozent von ihnen Betriebswirtschaft, während 20 Prozent Juristen und 22 Prozent Mediziner werden. Wenn die Wirtschaft den heutigen Anforderungen erfolgreich begegnen will, und wenn wir glauben, dass die Tätigkeiten und Entscheidungen der Manager auf allen Ebenen wirtschaftlicher Organisationen Kräfte des Wachstums auslösen und fördern, dann ist es unsere Aufgabe, Wege zu finden, um einen höheren Anteil der begabtesten jungen Leute in unsere Wirtschaftshochschulen zu bringen.

Langfristig gesehen, haben Wirtschaftsführer sowohl die Möglichkeit als auch die Verantwortung gegenüber der Nation, eine Karriere in der Wirtschaft für die besten Kräfte des Landes anziehender zu machen. Wenn sie diese Verpflichtung ernst nehmen, wird auch die einzelne Unternehmung von der höheren Produktivität ihrer eigenen Führungskräfte profitieren. Inzwischen sollten jedoch die Unternehmen ihre Strategie so planen und ihr betriebliches Geschehen so gestalten, dass sie der starken Konkurrenz für hochqualifizierte Führungskräfte begegnen können.

*Bessere Anwerbung an den Universitäten:* Einer der Wege, dem verschärften Wettbewerb um Talente zu begegnen, ist eine Verbesserung der Methoden in der Anwerbung im College und in den Graduate Schools. Gespräche mit den Arbeitsvermittlungsstellen der Universitäten und mit Studenten haben mich überzeugt, dass die Werbebemühungen der Unternehmen sowohl in ihrem Umfang als auch ihrer Qualität verbessert werden können. Es überrascht, wie ungeschickt sich selbst führende Unternehmen an den Universitäten verhalten.

Ich glaube, dass die wichtigste Einflussgröße für die Ergiebigkeit der Anwerbung im College der Rückfluss von Informationen über das Unternehmen an die Universität ist. Die Ansichten der gegenwärtigen Studenten über ein Unternehmen werden in starkem Maße davon beeinflusst, was sie von früheren Absolventen darüber hören. Ein fähiger Absolvent kann sehr leicht von seinen Vorgängern erfahren, wie ein Unternehmen geführt wird, wie attraktiv die Aufstiegsmöglichkeiten zu sein scheinen, und wie ein neuer Mann während der ersten Jahre behandelt wird. Im Vergleich zu dieser Art von Informationsrückfluss können selbst die gerissensten Anwerber und die schlauesten Maßnahmen der Anwerbung die Ansicht der Studenten über ein Unternehmen und dessen Bemühungen, hochbegabte Absolventen anzuwerben, nur marginal beeinflussen.

Verbesserungen in der Führung und den Wachstums- und Gewinnaussichten des Unternehmens sind der beste Weg zum Erfolg bei der Anwerbung guter Nachwuchskräfte an den Universitäten – und dies ist zweifellos ein langfristiger Zweck des Management-Systems. Die erfolgreiche Unternehmung hat die besten Aussichten, die größte Anzahl hervorragender Kräfte von Colleges und Graduate Schools rekrutieren zu können. Jene Unternehmen, die zusätzliches Talent anscheinend am Wenigsten nötig haben, bekommen es am Leichtesten, und umgekehrt. Somit ist bessere Unternehmensführung das beste Mittel zu größerem Erfolg in der Personalbeschaffung.

Kurzfristig jedoch können die meisten Unternehmen viel erreichen, wenn sie mit von der Universität frisch eingestellten Nachwuchskräften während der ersten zwei Jahre vernünftiger umgehen. Der Generaldirektor eines sehr großen Unternehmens beklagte sich mir gegenüber einmal über die geringe Anzahl junger Leute, die sein Unternehmen direkt von den Wirtschaftshochschulen gewinnen konnte. Ich fragte ihn, wie man mit ihnen verfahre. »Wir stecken sie sofort in unser zweijähriges Ausbildungsprogramm für College-Absolventen«, antwortete er. »Wir geben ihnen keine Sonderstellung. Wir wollen keine Kronprinzen in unserem Unternehmen.« Allerdings vermied er schon dadurch das »Kronprinz«-Problem, indem er nur wenige – entsprechend begabte – junge Menschen aus den Wirtschaftshochschulen an sich ziehen konnte.

Diskussionen mit mehreren Hundert Absolventen von Wirtschaftshochschulen über ihre Laufbahn haben mich im Laufe der Jahre überzeugt, dass besonders begabte Leute in den ersten zwei Jahren ihrer Unternehmenspraxis folgendermaßen behandelt werden wollen:

1. Sie wollen eine Arbeit, die ihnen viel abverlangt und wichtig ist. Sie wollen keine Routinearbeit, die keine geistigen Ansprüche stellt, und sie wehren sich gegen subalterne Aufgaben, die sie Untertänigkeit lehren oder »auf Vordermann bringen« sollen.

2. Überdurchschnittliche Kräfte verlangen Verantwortung, sobald sie sich ihr gewachsen fühlen. Sie erwarten auch frühzeitig eine Chance, um zu zeigen, dass sie ihr gewachsen sind. Sie wollen nicht, dass sie wegen ihrer Jugend diese Chance nicht erhalten. In meiner Erhebung über Begabungen stand in zwei Dritteln der zurückgesandten Fragebogen, dass man jungen Menschen schneller echte Verantwortung für ihre Aufgabe übertragen solle.

3. Qualifizierte Kräfte wollen, dass man ihre Ideen und Vorschläge ernst nimmt. Sie wollen nicht vor den Kopf gestoßen werden oder hören, dass sie »den Kahn nicht ins Schwanken« bringen sollen. Sie erwarten nicht, dass alle ihre Vorschläge übernommen werden. Wenn man sie aber ablehnt, wollen sie die Gründe dafür erfahren.

4. Gute Mitarbeiter erwarten nicht, dass sie mit Glacéhandschuhen angefasst werden oder besondere Vergünstigungen erhalten. Sie wollen ausschließlich nach ihren Verdiensten beurteilt – aber auch entsprechend anerkannt – werden.

Nach meiner Meinung ist der Wettbewerb um wirtschaftliche Begabungen so scharf, dass die erfolgreiche Unternehmung Wege finden muss, den hervorragenden Absolventen diese Wünsche zu erfüllen. Leider werden zu viele Führungskräfte von den Erfahrungen während ihrer eigenen Laufbahn geleitet. Die meisten von Ihnen kamen in die Wirtschaft, als der Wettbewerb um den begehrten Nachwuchs weniger akut war. Deshalb begreifen sie die Tatsachen des heutigen Wettbewerbs auf dem Markt für Führungstalente nicht. Glücklicherweise sind meines Erachtens die Forderungen qualifizierter Nachwuchskräfte auch vom Standpunkt des Unternehmens gerechtfertigt. Wenn man ihnen entspricht, wird das Management gleichzeitig eine knappe und wertvolle volkswirtschaftliche Quelle besser erschließen.

Ich meine, dass die Lösung des Problems darin liegt, eine Unternehmensstrategie, ein Firmenleitbild und Verfahrensgrundsätze und Programme zu entwickeln, die spezifischer auf die Haltungen und den Ehrgeiz hochbegabter Leute eingehen.

Nachstehend zähle ich einige Verhaltensmaßregeln für die Verbesserung der Ergebnisse der Anwerbtätigkeit in den Universitäten auf:

1. Übertreiben Sie nicht, wenn Sie von Ihrem Unternehmen und den Chancen, die es bietet, sprechen. In meiner Erhebung sagten 20 Prozent der Einsender, dass ihre Unternehmen die Rekrutierungs- und Auswahlmethoden verbessern könnten, würden sie mit den Übertreibungen aufhören. Hochbegabte Menschen sind einsichtig genug, um zu wissen, dass jedes Unternehmen positive und negative Seiten hat. Sie erwarten Offenheit von einem zukünftigen Arbeitgeber. Sie werden die negativen Seiten ohnehin kennenlernen, wenn sie erst in das Unternehmen eingetreten sind.

2. Versuchen Sie es nicht mit der »Bewirtungsmasche«. Wegen der knappen Marktlage, besonders bei den Graduate Schools, haben die besseren Kandidaten meist etwa ein Dutzend Angebote, und man ist leicht verlockt, sie mit »Speis und Trank« zu beeinflussen. Diese Methode erweist sich jedoch gewöhnlich als Bumerang.

3. Beteiligen Sie ausgezeichnete frühere Absolventen, die jetzt bei Ihnen beschäftigt sind, an der Rekrutierung, insbesondere, wenn sie schnelle Fortschritte gemacht haben und somit gute Repräsentanten Ihres Unternehmens sind. Dies schafft positiven Informationsrückfluss zur Hochschule und bietet dem gegenwärtigen Absolventen die Möglichkeit, sich selbst mit den Augen eines anderen zu sehen, der noch nicht zu hoch auf der Erfolgsleiter steht. Die Begeisterung solcher früheren Studenten überzeugt gewöhnlich mehr als die »Parteireden« über das Unternehmen, wie sie von einem berufsmäßigen Personalanwerber gehalten werden.

4. Treffen Sie Ihre Entscheidung über die Auswahl in den Universitäten – wie auch andere Auswahlentscheidungen – nach den grundlegenden Fähigkeiten des Einzelnen. Dies kann am besten geschehen durch Prüfung seiner bisherigen Leistungen im College und in der High School, während seiner Sommerbeschäftigungen und sogar bei seiner Betätigung bei Pfadfindern und anderen Jugendgruppen. Eine früh begonnene und nicht abgerissene Kette überlegener Leistung ist die beste Gewähr für künftigen Erfolg.

*Anwerbung für höhere Positionen:* Auch wenn ein Unternehmen ein gutes Personalbeschaffungsprogramm hat und, wenn möglich, aus den eigenen Reihen befördert, müssen gelegentlich höhere Positionen von außen neu besetzt werden.

In solchen Fällen besteht der erste Schritt in einer genauen Beschreibung der persönlichen Eigenschaften, die für eine erfolgreiche Besetzung der Position notwendig sind: analytische Begabung, Vorstellungsvermögen, die Fähigkeit, zu leiten und zu führen, und so weiter. Allzu viele Positionen werden von außen hauptsächlich auf der Grundlage von Erfahrungen in der gleichen Industrie oder in ähnlicher

Beschäftigung besetzt. Meine Beobachtungen haben mich überzeugt, dass selbst in hohen Positionen grundlegende persönliche Eigenschaften wichtiger sind als frühere Erfahrungen in der gleichen Industrie oder in ähnlicher Tätigkeit. Wie eine Aufgabe angefasst wird und was für den persönlichen Erfolg erforderlich ist, sind zuverlässigere Entscheidungsfaktoren für den künftigen Erfolg als die technischen Einzelheiten der Position.

Selbst Manager, die das Prinzip des Aufstiegs aus den eigenen Reihen befürworten, versäumen häufig, das Unternehmen nach Menschen durchzukämmen, welche die grundsätzliche Qualifikation für die Position haben und eine Chance verdienen. Ich kann es nicht beweisen, doch glaube ich, dass der Mann von innen, der zu 65 Prozent für eine Position geeignet ist, mehr leisten wird als ein typischer Mann von außen, der zu 90 Prozent qualifiziert erscheint. Solche Bewertungen sind meist ungleich, weil die Schwächen des eigenen Mannes bekannt sind, während die des Mannes von außen im Voraus kaum beurteilt werden können. Da der Erfolg eines eigenen Mannes die Moral und die Leistung der Führungskräfte insgesamt erhöhen wird, lohnt es sich gewöhnlich, sogar ein beträchtliches Risiko mit einem eigenen Mann einzugehen, besonders dann, wenn als einziger Grund seine Jugend oder Mangel an Erfahrung für diese Position gegen ihn sprechen.

Personalberater und -vermittler sind das geeignetste Mittel, Kandidaten für Positionen aufzufinden, die nicht aus den eigenen Reihen besetzt werden können. Obwohl ein kompetenter Personalberater die Bewerber prüfen wird, bevor er sie in Vorschlag bringt, ist es wichtig, dass die Unternehmensleitung die Auswahl nicht nur trifft, sondern auch als ihre eigene Verantwortung betrachtet. Sieht man den neuen Mann als Auswahl des Personalberaters an, wird man im Unterbewusstsein eine geringere Verpflichtung empfinden, dem von außen kommenden Mann in seiner neuen Position zum Erfolg zu verhelfen.

Zuverlässige Referenzen über die Fähigkeiten des erfahrenen neuen Mannes einzuholen, erfordert besondere Sorgfalt und viel Aufwand. Vollständige und objektive Bewertungen sind im Allgemeinen kaum zu erhalten. Man will jemandem helfen, der keine Arbeit hat oder man will einen Mann nicht verlieren, der noch im Unternehmen ist. Außerdem gibt es für einen Freund, früheren Arbeitgeber oder gegenwärtigen Kollegen des Stellenbewerbers wenig Anlass, einem Fremden gegenüber absolut aufrichtig zu sein. Deshalb sollte die Prüfung von Referenzen vorzugsweise persönlich oder telefonisch erfolgen. Ein paar Überprüfungen sollten von Personen durchgeführt werden, die den Bewerber nicht interviewt haben und daher nicht unbewusst versuchen werden, ihre eigene Beurteilung zu bestätigen. Bei den Bemühungen um eine objektive Beurteilung sollte gegenüber den Referenzgebern vom Befrager immer betont werden, dass es einem Bewerber nur schaden würde, wenn er die neue Position nicht ausfüllen könnte. Auskünfte sollten auch von Menschen eingeholt werden, deren Namen nicht vom Bewerber angegeben wurden. Insbesondere muss man sich um die Identifizierung von Schwächen des einzelnen Bewerbers nachdrücklich bemühen.

Auch die besten Methoden bei der Feststellung der erforderlichen Eigenschaften, bei Interviews und bei der Überprüfung von Bewerbern können nicht alle Fehler bei der Auswahl für höhere Positionen ausschließen. Ein mir bekannter erfahrener Generaldirektor beurteilt die Erfolgschancen eines Mannes, der von außen her in eine höhere Position tritt, nicht höher als 50 zu 50. Vorsorge für einen genügend großen Zustrom von Nachwuchs aus College und Universität kann jedoch die Notwendigkeit, »Außenseiter« anzuwerben, auf ein Minimum beschränken.

# Die Weiterbildung von Führungskräften

Wie in der Bekleidungsindustrie gibt es im Management gelegentlich modische Wellen. Die Weiterbildung der Manager war in der Wirtschaft während der vergangenen zehn Jahre der letzte Schrei. Eine enorme Menge von Worten und Geld sind für diese Tätigkeit aufgewandt worden. Meine Beobachtungen haben mich überzeugt, dass dieser Aufwand nicht sehr produktiv war, sieht man einmal von einem stärkeren Interesse der Manager für die Notwendigkeit der Management-Fortbildung ab.

Ich habe zum Beispiel den Leiter des Personalwesens einer Maschinenbaufirma gefragt, wie dieses Unternehmen seine leitenden Angestellten ausbilde. Er übergab mir ein vierseitiges maschinengeschriebenes Memorandum mit den Worten: »Hier sind einige der Unterlagen, die wir unseren Führungskräften für das eigene Studium und zum Weiterreichen an ihre Untergebenen in die Hand geben.« Ich sah, dass dieses Memorandum unter dem Titel »Techniken des Managements« aus einer Liste von 68 Geboten und Verboten bestand, wie zum Beispiel: gefällig sein, beharrlich sein, nicht aufregen, guter Zuhörer sein, und so weiter.

Wem das albern klingt, der sehe sich einmal den Inhalt eines Kurses an, der von einem anderen Unternehmen zur Ausbildung seiner Führungskräfte gekauft wurde. Seine Überschrift lautet »Wie man ein guter Manager ist«, und er enthält »100 besondere Punkte«. Viele dieser 100 Punkte sind ihrerseits in 10 bis 25 »Unterpunkte« gegliedert. Der folgende Satz ist zum Beispiel einer von 17 Unterpunkten zu Hauptpunkt 99: »Sie dürfen Ihre dienstlichen Handlungen nicht von persönlichen Gefühlen, Neigungen und Vorurteilen beeinflussen lassen.«

Wahrscheinlich mehr als über jeden anderen Aspekt des Managements sind Gemeinplätze darüber geschrieben worden, wie man sich als Führungskraft zu verhalten hat. Diese Rezepte richten keinen Schaden an. Werden sie von einem Mann gelesen, der wirklich eine Führungskraft sein will, werden ihm die meisten dabei helfen. Ich beabsichtige nicht, weitere Platitüden dem schon vorhandenen Schatz hinzuzufügen, sondern ich möchte zeigen, wie die Fortbildung der Führungskräfte in den meisten erfolgreichen Unternehmen betrieben wird und möchte sie als Teil eines Management-Systems in die richtige Perspektive rücken. Nur wenn die Fortbildung der Führungskräfte ein Teil des Systems ist, kann sie nach meiner Meinung wirklich erfolgreich sein.

Ich habe beobachtet, dass es in erfolgreichen Unternehmen hauptsächlich der Geist der Unternehmensführung ist, welcher bestimmt, ob die Führungskräfte sich fortbilden und ob sie überhaupt lernen wollen. Weil die beste Ausbildung auf der Fortbildung der eigenen Person beruht, ist ein echter Drang zum Lernen unerlässlich.

Eigene Fortbildung jeder Art wird am stärksten durch den Druck einer realen Lebenssituation, die Leistung fordert, angeregt. Man muss aber wissen, dass der Zwang zur Leistung aus der Situation kommt und nicht vom Chef diktiert wird. Man erinnere sich der jungen, unerfahrenen Männer, die zu Kriegszeiten mit Erfolg Truppen, Schiffe, U-Boote und Flugzeuge befehligt haben. Ihr eigenes Leben und das anderer hing von ihrem Erfolg ab. Man erinnere sich auch daran, wie schnell ägyptische Lotsen die ausländischen Lotsen erfolgreich ablösten, als Nasser den Suez-Kanal 1956 nationalisierte. Die Meinung der Welt war bis dahin gewesen, dass die Steuerung eines Schiffes durch den engen, 103 Meilen langen Kanal so kompliziert sei, dass Nasser den Kanal nicht in Betrieb halten könne. Doch eine Woche nach dem Ausscheiden der 140 ausländischen Lotsen hatte nach einem Bericht der Associated Press eine kleine Mannschaft ägyptischer Piloten 253 Schiffe sicher durch den Kanal bugsiert.[38]

Die Voraussetzung für tatsächliche Führungsleistungen ist ein Tätigkeitsbereich, für den der Manager das volle Gewicht der Verantwortung spürt. Seine Fortbildung gedeiht, weil die Situation die eigene Weiterentwicklung verlangt. Da der Arbeitsplatz gleichzeitig Studienplatz ist, schreitet die Entwicklung natürlich und sozusagen automatisch voran. John Gardner sagt hierzu in »Selbsterneuerung«: »Die Entwicklung von Fähigkeiten ist zumindest teilweise ein Dialog zwischen dem Einzelnen und seiner Umgebung. Wenn sie in ihm steckt, und die Umgebung nach ihr verlangt, wird die Fähigkeit sich von selbst entwickeln.«[39]

Was also sind die Merkmale eines Management-Systems, das eine Situation schafft, die den Managern zu ihrer eigenen Weiterentwicklung den größten Anreiz bietet? Wahrscheinlich gibt es keinen leitenden Angestellten, der härter und wirksamer arbeitet als der erfolgreiche Eigentümer eines eigenen Unternehmens in der freien Marktwirtschaft. Er arbeitet mit Hingabe und Entschlossenheit. Niemand bildet ihn aus. Seine Leistungsfähigkeit wurzelt hauptsächlich in zwei grundsätzlichen Elementen seiner Situation: 1) Er ist verantwortlich und 2) er trägt das Risiko. Kurz, er hat Erfolg oder er verliert an Geld, Stolz und Befriedigung, und zwar in direktem Verhältnis zum Grad seiner Aufgabenerfüllung. Nur der Erfolg, nicht die Anstrengung, ist entscheidend.

Deshalb ist es eine Forderung an jedes Großunternehmen, eine Arbeitssituation zu schaffen, die jede Führungskraft soweit wie möglich selbstständig sein lässt. Die erfolgreichs-

---

[38] Vgl. »Automation and the Middle Manager«, hrsg. v. der American Foundation on Automation and Employment, Inc., 1966.
[39] The New York Times, 23. September 1956.

ten Unternehmen erreichen das, indem sie jedem Manager für seine eigenen Entscheidungen und Handlungen Verantwortung und Rechenschaftspflicht übertragen. Diese beiden Begriffe bedeuten nicht das Gleiche. Ein Manager ist verantwortlich, wenn er einen klar definierten Aufgabenbereich hat und man von ihm erwartet, dass er die übertragenen Pflichten ausführt. Er ist rechenschaftspflichtig, wenn er die zur Ausführung seiner Aufgaben notwendige Vollmacht besitzt und die Gewissheit hat, dass er gemäß seiner eigenen Leistung beurteilt und entsprechend entlohnt oder gemaßregelt wird. Die Verantwortung wird also in erster Linie vom Organisationsplan bestimmt. Die Rechenschaftspflicht ergibt sich jedoch hauptsächlich aus den Handlungen und Haltungen der Vorgesetzten in ihrem Umgang mit den Untergebenen. Diese wiederum werden vom Leitbild des Unternehmens und anderen Komponenten des Management-Systems bestimmt. Zuordnung von Verantwortung und Rechenschaftspflicht erfordert vor allem tatsächliche Delegation. Darüber hinaus sind die hauptsächlichsten Hilfen für persönliche Fortbildung in der Arbeit Leistungsbewertung und Anleitung durch den Vorgesetzten. Wenn ich nur diese drei Faktoren der Weiterentwicklung erörtere, setze ich das Vorhandensein eines insgesamt günstigen Arbeitsklimas voraus (siehe Kapitel 8). Ich werde außerdem jede Erörterung der von außen angebotenen Lehrgänge und Konferenzen sowie der internen formalen Ausbildungsprogramme und anderer empfehlenswerter, aber immer nur ergänzender Hilfsmittel auslassen.

*Delegation:* In der oben bereits zitierten Rede von Lord Heyworth findet sich eine ausgezeichnete Betrachtung über Delegation und die Fortbildung von Führungskräften:

Wenn nun alles gesagt und getan ist, wenn wir Kurse, Seminare, Konferenzen, Podiumsdiskussionen und ähnliche Hilfsmittel voll ausgeschöpft haben, kommen wir zu meinem

Ausgangspunkt zurück, dass nämlich im Grunde die Ausbildung der leitenden Angestellten und auch des Nachwuchses durch ihre Tätigkeit erfolgt. Niemand kann aber seine Eigenschaften in einer Beschäftigung voll entfalten, wenn ihm seine Vorgesetzten keine Gelegenheit dazu geben. Das bedeutet, dass wir die Delegation wirklich durchführen müssen und dieser Grundsatz nicht nur ein Lippenbekenntnis bleiben darf. Delegation bedeutet jedoch nicht, sich zurückzulehnen, die Füße auf den Tisch zu legen und einem Untergebenen die Arbeit zu überlassen. Es ist vielmehr ein positiver Akt des Vertrauens. Die meisten Menschen können das nicht von selbst. Wir alle neigen dazu, einem Mann eine Aufgabe zu übertragen und ihm dann über die Schulter zu schauen, damit er keine Fehler macht. Diese Neigung muss genauso unterdrückt werden, wie die, nur an Untergebene, die immer auf Nummer sicher gehen, zu delegieren. Auf diese Weise kann man kein vorwärtsschauendes und fortschrittliches Corps von Führungskräften schaffen. Ohne wirkliche Delegation kann eine Unternehmensführung nicht beweglich und wirkungsvoll arbeiten. Umgekehrt wird niemand delegieren wollen, wenn die Führung nicht lebendig und wirksam ist. Sollten diese beiden Thesen so aussehen, als ob sie irgendwo im Unternehmen einen Circulus vitiosus hervorriefen, müssen wir ihn unterbrechen.

Dieser Circulus vitiosus, auf den sich Lord Heyworth bezog, ist nur ein weiteres Beispiel für die systematische und reziproke Arbeitsweise der verschiedenen Management-Prozesse. Da ein erfolgreiches Unternehmen hochqualifizierter Management-Talente bedarf, und da nur ein erfolgreiches Unternehmen solche Begabungen an sich ziehen kann, müssen Strategie, Politik und Programme des Unternehmens entsprechend gestaltet werden.

Wie wir in Kapitel 5 gesehen haben, sollte die Delegation mit einer klaren Definition der Verantwortung und

Befugnis beginnen. Ein ehrgeiziger Mann wird nach Verantwortung streben, und das Leitbild des Unternehmens sollte ihn darin bestärken. Ein guter Team-Spieler wird aber auch zögern, in die Verantwortungsbereiche anderer einzudringen.

Delegation wird erleichtert, wenn in der Praxis des Unternehmens die Positionen als *Ämter* behandelt werden, die von bestimmten Inhabern besetzt sind; nicht aber, wenn es jedem Einzelnen erlaubt ist, den Umfang seines eigenen Aufgabenbereiches selbst abzustecken und seine Befugnisse festzulegen. Dieser Begriff des *Amts* wird, wie wir gesehen haben, gefördert, wenn die Befugnisse in Stellenbeschreibungen schriftlich niedergelegt sind.

Delegation wird andererseits erschwert, wenn die persönliche Stellung anstatt der sachlichen Position betont wird. In einem solchen Unternehmen muss jede Führungskraft zunächst auf seine eigene Position bedacht sein und kann erst in zweiter Linie die Tatsachen bedenken, auf die sich seine Entscheidungen und Handlungen gründen sollten. Umgekehrt wird Delegation erleichtert in einer Unternehmung, die an Entscheidungen und Handlungen mit einer tatsachenorientierten Methode herangeht. In einem solchen Unternehmen prüfen die Führungskräfte aller Ebenen die Tatsachen gemeinsam, anstatt ihre Zeit mit der Beobachtung ihrer gegenseitigen Prestigegewinne und -verluste zu verbringen.

Wenn zu detaillierte Anweisungen *vor* der Handlung und zu detaillierte Überprüfung *nach* der Handlung gang und gäbe sind, so ergibt sich mangelhafte Delegation. Jedem Untergebenen sind automatisch ohnehin gewisse Richtlinien für seine Handlungen gesetzt: Leitsätze, Pläne und Budgets. Wenn ihm zusätzlich sein Vorgesetzter seine Handlungen schrittweise vorschreibt, muss sich der Untergebene wie eine Marionette vorkommen. Seine Freiheit, selbstständig zu denken und Erfahrungen zu sammeln ist beschränkt, die Gelegenheit, aus Fehlern zu lernen, ausgeschlossen. Die gleiche

Wirkung wird erzielt, wenn der Untergebene weiß, dass seine Handlungen in allen Einzelheiten nachgeprüft werden. Statt seine eigene Urteilsfähigkeit einzusetzen, wird er dann versuchen, herauszufinden, was sein Vorgesetzter wohl tun würde.

Während seiner Amtszeit als Verteidigungsminister wurde der Ex-Generaldirektor von General Motors, Charles E. Wilson, gefragt, ob er dem Armee-Minister detaillierte Aufträge erteilt habe. Mr. Wilson antwortete: »Man kann niemandem solche Anweisungen geben; so wird das nicht gemacht. Das wäre, als ob man jemandem sagt, wie man Eier auslöffelt. Man gibt jemandem eine Aufgabe und lässt ihn sie auf seine Weise ausführen.«

Delegation wird häufig auch von Vorständen beeinträchtigt, die von ihren Untergebenen aus dem Stegreif detaillierte Informationen über den Betriebsablauf erwarten. Folgende Klage ist typisch:

»Ich krümme mich immer, wenn der Generaldirektor mich sprechen will. Ich kann sicher sein, dass er mich über Dinge in meinem Tätigkeitsbereich befragen wird, die ich nicht weiß. Er diskutiert nicht Pläne oder Ergebnisse, sondern ausschließlich Einzelheiten der Ausführung von so geringer Bedeutung, dass ich sie nicht kenne und auch gar nicht kennen will. Ich muss aber versuchen, mich über minuziöse Einzelheiten zu orientieren, damit er mich nicht für dumm verkauft. Tatsächlich verschwende ich so viel Zeit an der Diskussion solcher Details mit meinen Untergebenen, dass sie glauben müssen, ich habe kein Vertrauen zu ihnen. So pflanzt sich die Krankheit nach unten fort.«

Viele sonst fähige Generaldirektoren hegen die sonderbare Ansicht, dass das Befragen ihrer leitenden Mitarbeiter nach Einzelheiten sie »auf Trab« brächte. In Wirklichkeit hält es sie auf. Ganz gewiss trägt diese Gewohnheit nicht dazu bei, sie selbst oder die Führungskräfte unter ihnen fortzubilden. Es muss nur jeder seinen Vorgesetzten dauernd informieren.

Wo auch relativ geringfügige Entscheidungsvorlagen nach oben gehen, ist Delegation fast mit Sicherheit unvollständig oder wirkungslos. Diese Weitergabe nach oben ist eine Folge verschiedener Umstände: Untergebene wissen nicht, ob sie die Entscheidungsbefugnis besitzen. Sie wollen sich gegen Kritik absichern; der Vorgesetzte macht es dem Untergebenen durch seine eigene Entscheidungsbereitschaft leicht, die Entscheidung an ihn weiterzugeben. Diese Tendenz nach oben ist menschlich, und nur der Vorgesetzte kann sie verhindern.

Man kann also zusammenfassen: Vorgesetzte mit den besten Erfolgen bei der Weiterentwicklung von Führungskräften 1) wenden auf Tatsachen begründete und objektive Methoden im Umgang mit ihren Untergebenen an, 2) vermeiden ins Einzelne gehende Anweisungen und Überprüfungen, 3) verlangen keine detaillierten Angaben aus dem Stegreif über die Durchführung, 4) erwarten von ihren Untergebenen Entscheidungen und 5) erlauben ihren Untergebenen in angemessenem Umfang Irrtümer.

*Leistungsbewertung:* Ich erinnere mich eines leitenden Angestellten, dessen unzureichende Leistung überall im Unternehmen heimlich diskutiert wurde. Auf meine Frage, wie er in diese Position gekommen sei, sagte mir ein anderer Manager, dass er bei einer Konferenz die Aufmerksamkeit des Generaldirektors auf sich gezogen hatte. Das ist kein alleinstehendes Beispiel. Auswahl auf der Grundlage des »Gesehenwerdens« ist üblich. In einem Unternehmen ohne ein organisiertes Programm zur Leistungsbewertung für Entlohnung und Aufstieg im Management ist dieses Ausleseverfahren entschuldbar und sogar bis zu einem gewissen Grade notwendig.

Eine Gehalts- und Beförderungspolitik auf Leistungsgrundlage muss Verfahren und Programme für schriftliche Beurteilungen einschließen. Diese sind ebenfalls ein nützliches Instrument, um die Weiterbildung der Führungskräfte zu fördern.

Viele Unternehmen unterziehen sich zwar der Mühe einer Leistungsbewertung ihrer Mitarbeiter, nutzen sie jedoch nicht völlig aus – hauptsächlich, weil sie nicht wirklich von ihrem Wert überzeugt sind. Das Ausfüllen der Bewertungsformulare ohne anschließende wirksame Verwendung der Ergebnisse ist kostspielig und frustrierend. Jede Form ohne Inhalt wirkt sich stets nachteilig auf den Gewinn aus, weil Kosten verursacht, aber keine nützlichen Ergebnisse produziert werden.

Du Pont veranschaulicht den Wert eines wohlorganisierten und straff geleiteten Bewertungsprogramms für Personalentscheidungen und als Mittel der Leistungssteigerung. Eine Betrachtung der Bedeutung solcher Programme für die Gewinne des Unternehmens legt folgende Kommentare und Vorschläge nahe:

1.  Ein Programm zur Leistungsbewertung einschließlich der notwendigen Verfahren und Formulare sollte von jeder Unternehmung auf deren spezifische Ziele zugeschnitten sein und nicht von anderswo kopiert werden. Es gibt keinen anerkannten Maßstab für ein unter allen Umständen richtiges Programm. Zweifellos sind positive Erfahrungen anderer von Nutzen, sie müssen jedoch stets der eigenen Firmensituation angepasst werden.

2.  Leistungsbewertung kann nur durch einen in regelmäßigen Zeitabständen zu erstellenden schriftlichen Bericht ordnungsgemäß erfolgen. Die schriftliche Form des Berichts ist notwendig, damit 1) keine Elemente und Maßstäbe der Leistung vom Beurteiler übersehen

werden und 2) er zu verantwortungsvollem Durchdenken und Erstellen einwandfreier Auskünfte gezwungen ist.

Zur Verhinderung des unfairen Verfahrens, Entloh-
nungs- und Beförderungsentscheidungen hauptsächlich
von jüngsten Leistungen abhängig zu machen, ist eine Reihe
von Berichten erforderlich. Eine noch frisch im Gedächtnis
gebliebene Leistung ist nicht unbedingt repräsentativ und
kann kein Bild abgeben, das frei von den Verzerrungen
kürzlicher Begeisterung oder Enttäuschung ist.

3. Werden Leistungsbewertungen durchgeführt, aber
   nicht genutzt, so ist das ganze Programm zum Schei-
   tern verurteilt. Die Führungskräfte müssen davon
   überzeugt sein, dass die Beurteilungen tatsächlich die
   Entscheidungen über Vergütung, Beförderung und die
   Fortbildung der Mitarbeiter beeinflussen. Sonst werden
   sie die Erstellung von Beurteilungsberichten ganz aufgeben – oder doch nur den Kosten verursachenden Teil
   durchführen. Deshalb müssen die Unternehmensleitungen die Beurteilungsberichte tatsächlich und sichtbar
   für ihre Personalentscheidungen heranziehen.

*Anleitung:* Ein 38 Jahre alter Verkaufsleiter sagte mir
einmal, dass er bis zu seiner Versetzung in sein gegenwärti-
ges Arbeitsgebiet niemals zuvor Anleitung irgendwelcher
Art erhalten habe. »In meinem letzten Bezirk«, sagte er,
»habe ich gute Erfahrungen gesammelt, aber keine Schulung erhalten. Mein Bezirksleiter wollte, dass seine Mitarbeiter ihn mochten. Deshalb sagte er uns nie irgend etwas
Unangenehmes und beanspruchte oder kritisierte uns nie
über Gebühr. Mein gegenwärtiger Chef ist anders. Er sagt
mir tatsächlich, wie ich mich bewähre, besonders, was ich

falsch gemacht habe und wie ich besser werden kann. Ich mag ihn zwar nicht so gerne wie meinen letzten Chef, doch respektiere ich ihn mehr – und ich lerne mehr. Hätte ich ihn nur fünf Jahre früher zum Chef gehabt.«

Aus vielen solchen Diskussionen habe ich gelernt, dass ein Vorgesetzter, der sich offen mit seinen Untergebenen über deren Leistungen und Möglichkeiten zur Verbesserung ausspricht, zumeist Anerkennung, Respekt und Sympathie gewinnt. Durch diese offenen Aussprachen bewirkt er die Weiterentwicklung seiner Untergebenen. Ihre Leistungssteigerung wiederum erzeugt in ihm ein Gefühl der Befriedigung.

Ich erinnere mich an ein Interview mit einem leitenden Angestellten, mit dem ich mich zum ersten Mal vor fünf Jahren unterhalten hatte. Zwischenzeitlich war er zweimal befördert worden, und sein Heranwachsen als Führungskraft sowie seine Begeisterung für seine Aufgabe beeindruckten mich derart, dass ich ihn nach den Gründen hierfür fragte. Er erklärte mir, dass seine beiden letzten Vorgesetzten ihm volle Verantwortung delegiert und mit ihm freimütig über seine Fehler gesprochen hätten. Das Ergebnis war offensichtlich sowohl für das Unternehmen als auch für den Mann selbst erfreulich.

Drei Kommentare aus den Antworten auf meine Erhebung über hochqualifizierte Führungskräfte bestätigen diese Meinung:

»Der Chef ist der beste Lehrmeister. Etwas zusätzliche Ausbildung mag wünschenswert sein, doch Durchführung ist die beste Schulung.«

»Nach meiner Meinung entwickeln sich junge Leute am schnellsten, wenn man ihnen viel Gelegenheit zur eigenen Leistung und die Zusicherung gibt, dass ein erfahrener Kollege mit höherem Rang stets ein offenes Ohr für sie hat. Kurz, man vereine die Energie und Aggressivität der Jugend mit der reifen Urteilskraft einer älteren Führungskraft.«

»Besprechen Sie häufig die gestellten Erwartungen und eventuelle Unzulänglichkeiten. Vor allem anderen seien Sie stets offen.«

Meine Diskussionen mit leitenden Angestellten haben mich im Laufe der Jahre zu folgenden konkreten Schlussfolgerungen über die Anleitung von Mitarbeitern kommen lassen:

1. Zu oft zögert ein Vorgesetzter aus Furcht vor möglicher Verletzung von Gefühlen, mit einem Untergebenen über dessen Fehler und Schwächen offen zu sprechen oder »peinliche« oder »schwierige« Gespräche mit ihm zu führen. Wüssten solche Manager nur, wie sehr die meisten Untergebenen echte Kritik erhoffen, würden sie den Sprung ins kalte Wasser tun – und die Diskussion viel leichter und lohnender finden, als sie ursprünglich geglaubt hatten.

2. Ein persönlicher Rat sollte unmittelbar erteilt werden, wenn die Tatsachen im Gedächtnis des Untergebenen und Vorgesetzten noch frisch sind. Aufschub vermindert den Wert einer Belehrung.

3. Im Rahmen eines organisierten Programms sollte sich der Vorgesetzte des Mittels einer schriftlichen Leistungsbeurteilung bedienen. Auf diese Weise wird dem Untergebenen klar, auf welcher Grundlage er beurteilt wird. Diese Methode bringt dem Beurteilten auch den Vorteil spezifischer Vorschläge zur Überwindung festgestellter Schwächen.

4. Vorgesetzte sollten Lob und Kritik zu Richtlinien ausweiten, die auch in anderen Situationen anwendbar sind. Dies kann geschehen, indem die Stellungnahme auf eine Zielsetzung, Strategie, ein Prinzip, einen Leitsatz oder eine Methode bezogen wird. Jeder leitende Angestellte und Vorgesetzte muss sich darüber im Klaren

sein, dass vollkommene Erfüllung seiner Aufgabe es von ihm verlangt, auch Lehrmeister zu sein. Und er sollte sich unbeirrt als ein solcher verhalten.

Bei General Motors, Armstrong Cork und anderen gut geführten Unternehmen ist die Weiterentwicklung der Untergebenen ein Prüfstein guter Leistung. »Würde ich heute Nachmittag von einem Bus überfahren«, sagte John Blamy, Produktionschef der Pontiac-Division bei General Motors, »wären hier wenigstens vier Leute – ich meine hier innerhalb der Produktionsabteilung bei Pontiac – morgen früh zur Übernahme meines Platzes bereit. Müssten wir sie woanders suchen, selbst innerhalb unserer Division, hätte ich meine Aufgabe nicht erfüllt.«[40]

*Stellenaustausch:* Planmäßiger Stellenwechsel innerhalb des Unternehmens ist bei Du Pont der Weg nach oben. General Foods versetzt häufig von einem Konzernbereich zum anderen. Federated Stores tauscht die Mitarbeiter von Niederlassung zu Niederlassung aus. Texaco versetzt seine Leute im Marketing von einem Landesteil in den anderen. »Würde ich meinem Sohn raten, wie man bei General Motors vorwärtskommt«, erklärte Elliot M. Estes, damals Generalmanager der Pontiac-Division, »würde ich ihm sagen: harte Arbeit und Bereitwilligkeit zum Stellenwechsel.«

Die Beschäftigung in Stabsstellen schult Denkvermögen und analysierende und schöpferische Fähigkeiten. Eine vorübergehende Stabstätigkeit in der Konzernleitung wird den Leiter eines Konzernbereiches nach seiner Rückkehr leistungsfähiger arbeiten lassen. Andererseits wird der Stab von der auf Durchführung ausgerichteten Betrachtungsweise des Bereichsleiters profitieren.

---

[40] John W. Gardner, *Self-Renewal: The Individual and the Innovative Society,* Harper & Row, New York, 1963, S. 11.

Der Stellenaustausch ist ein erprobtes Mittel zur Fortentwicklung der Fähigkeiten einer Führungskraft, aber auch die Befürworter dieses Prinzips zögern oft bei seiner Anwendung. Jugend, Mangel an Erfahrung und das Risiko eines Fehlschlages sind die hauptsächlichsten Gegenargumente. Das sind jedoch keine guten Entschuldigungen.

Es gibt nur einen Weg: man muss es eben einmal versuchen. In der Gewissheit, dass es meistens gut gehen wird, sollte man die Risiken und Kosten getrost auf sich nehmen. Unternehmen mit erfolgreichen Programmen für den Stellenaustausch handeln entsprechend. In »Selbsterneuerung« sagt John Gardner:

In einer Organisation macht sich ein durchdachtes System zum Stellenwechsel der Mitarbeiter nicht nur für die Fortentwicklung des Einzelnen, sondern auch für organisatorische Beweglichkeit sehr bezahlt. Ungehinderte Bewegung der Mitarbeiter durch die gesamte Organisation baut Schranken der internen Verständigung ab, vermindert die Gegnerschaft zwischen den Bereichen und gewährleistet einen freieren Fluss von Informationen und Ideen.[41]

Wie so viele andere Aspekte der Unternehmensführung ist die Weiterentwicklung von leitenden Angestellten zwar einfach, doch nicht leicht durchzuführen. Ein Mann muss das volle Gewicht echter Verantwortung spüren. Das erfordert vollständige Delegation von Entscheidungsbefugnis und das Wissen, dass er für die Ergebnisse seiner Tätigkeit zur Rechenschaft gezogen wird.

Ein Mitarbeiter muss wissen, wo er steht, und wie er sich bewährt. Er muss von Stelle zu Stelle wechseln. Und er braucht und wünscht Offenheit seitens seines Vorgesetzten, um zu erfahren, wie er seine Leistung steigern kann. Wird auf diese einfachen Regeln im Arbeitsklima eines gutgeführten

---

[41] »Getting Ahead in General Motors«, *Forbes*, 1. Dezember 1962.

Unternehmens ständig geachtet, so wird seine größte Kraft-quelle, der Bestand an fähigen Führungskräften, voll entfaltet werden.

## Beförderung und Entlassung

Die Aufstiegschance ist für Führungskräfte zweifellos ein wesentlicher – wenn nicht der wesentlichste Anreiz zur Leistungssteigerung und Weiterentwicklung im Unternehmen. Eine Beförderung bringt nicht nur höhere Bezahlung, mehr Ansehen und Macht mit sich, sondern spornt auch zu höherer Verantwortung an.

Es war nicht überraschend, dass in meiner Begabtenumfrage fast 70 Prozent derjenigen, die ihren Unternehmen treu blieben, »gute Chancen zum Aufstieg« als Grund angaben. Ungefähr der gleiche Prozentsatz derjenigen, die wechselten, gaben an, dass sie unter anderem eine bessere Aufstiegschance gesucht hätten. Nachstehend gebe ich einige ihrer typischen Kommentare über frühere Arbeitgeber wieder:

»Keine Weiterentwicklung der Mitarbeiter. Management am Fortschritt uninteressiert, will nur Bestehendes erhalten.«

»Es gab wenig Bewegungsfreiheit zum Aufstieg in eine höhere Position in einem anderen Sektor innerhalb der Organisation. Aufstieg gibt es nur, wenn eine Stelle frei wird.«

»Das Unternehmen beschäftigte zu viele Angestellte. Es standen einfach zu viel gute Leute Schlange.«

In jeder Organisation ist Beförderung ein wesentliches personalpolitisches Instrument für Führungskräfte. Die *New York Times* kommentierte die Berufung von Nicholas Katzenbach zum Generalstaatsanwalt der USA nach vier Jahren guter Arbeit im Justizministerium wie folgt:

Ein wichtiger Weg zur Anwerbung von Staatsbeamten mit überragenden Fähigkeiten besteht in der Belohnung uneigennütziger Dienste. Talent erzeugt Talent, weil gute Männer gerne in einer Atmosphäre arbeiten, in der überragende Leistung vom Vorgesetzten anerkannt wird. Durch die Beförderung von Katzenbach beweist der Präsident, dass er an dieses Prinzip glaubt und bereit ist, danach zu handeln.[42]

Da sich Führungsfähigkeiten am wirksamsten beim Tragen von Verantwortung entwickeln, werden die Menschen in den bestgeleiteten Unternehmen frühzeitig in ihrer Laufbahn befördert – so zum Beispiel bei Du Pont und IBM. Viele gut geführte Unternehmen haben erkannt, dass frühzeitige Beförderung die Anwerbung und Erhaltung begabter Mitarbeiter und die Fortentwicklung ihrer Fähigkeiten begünstigt. Aus meiner Begabtenumfrage stammt folgender Kommentar: »Geben Sie den Gedanken auf, ein qualifizierter Mann müsse zwanzig Jahre beim Unternehmen gewesen sein, ehe er größere Aufgaben übernehmen kann.« Eine Politik frühzeitiger Beförderung stößt in den Universitäten – der ergiebigsten Quelle für Nachwuchskräfte – auf so gute Resonanz, dass einige Unternehmen sogar damit in akademischen Publikationen werben.

Natürlich erweisen sich nicht alle Beförderungen als gerechtfertigt. Selbst wenn der Beförderte in reichlichem Maße Alter, Dienstzeit und Erfahrung mitbringt, kann er in seiner neuen Tätigkeit versagen, nachdem ihm ausreichende Gelegenheit zur Demonstration seiner Fähigkeit gegeben worden ist. In diesem Falle steht das Unternehmen vor einer der schwierigsten Entscheidungen im Geschäftsleben: Soll man sich von ihm trennen oder nicht?

Ein wirksames System der Motivation muss nicht nur die Aussicht auf Belohnung, sondern auch die Möglichkeit

---

[42] John W. Gardner, *Self-Renewal: The Individual and the Innovative Society,* Harper & Row, New York, 1963, S. 77.

einer Maßregelung enthalten. Beförderung mag nicht unbedingt die höchste Anerkennung sein, aber Entlassung ist sicherlich die äußerste Maßregelung. Jeder Manager zögert mit Maßregelungen, besonders wenn sie mit der Entfernung eines Mannes aus seiner Position verknüpft sind oder die Aufforderung zur Kündigung enthalten.

Ein Merkmal hervorragender Führung ist jedoch die Bereitwilligkeit, Problemen unmittelbar gegenüberzutreten, auch wenn es sich dabei um Fragen schlechter Leistung mit der eventuellen Folge einer Entlassung handelt. Einen Mann mit schlechter Leistung nach angemessener Probezeit in seiner Stellung zu belassen, ist gegenüber dem Unternehmen, anderen Führungskräften und gewöhnlich auch gegenüber dem Betroffenen selbst unfair. Die Duldung schwacher Leistung hat schädliche Auswirkungen im gesamten Management-System zur Folge; umgekehrt hat die Bereitschaft, den Tatsachen ins Gesicht zu sehen und notwendige Kündigungen in fairer Weise vorzunehmen, einen multiplikativen, aufbauenden Effekt für das Ansehen der Unternehmensleitung und für das Management-System.

In einem mir bekannten erfolgreichen Unternehmen bemüht man sich, einen Versager auf die Ebene zurückzuversetzen, auf der er vor seiner Beförderung erfolgreich tätig war – vorzugsweise nicht in die gleiche Position, sondern in eine ähnliche Tätigkeit unter anderen Bedingungen. Tatsächlich widerspricht die Erfahrung einer Reihe von mir vertrauten Unternehmen der allgemeinen Annahme, dass ein Mitarbeiter nicht erfolgreich zurückgestuft werden kann. Alles hängt von dem Mann, den Umständen und der Art ab, wie man bei der Rückversetzung vorgeht.

Wenn jedoch eine Rückversetzung oder Versetzung in eine andere Position im Unternehmen nicht ratsam erscheint, ist es in jedem Falle besser, sich von einem schwachen Mitarbeiter zu trennen, als ihn in seiner Stellung zu belassen. Natürlich muss jedem klar sein, dass eine Beförderung jeweils das Risiko eines Widerrufs oder gar einer Entlassung in sich birgt. Bekannte Universitäten und Beratungsfirmen betreiben eine Personalpolitik des »Up or Out«, die – als akzeptierte Bedingung für die Einstellung – eine innerhalb bestimmter Zeitabschnitte oder für ein bestimmtes Alter kontinuierlich zu erstellende Leistung vorschreibt.

Es ist überraschend, wie oft ein Mann nach seiner Entlassung aus einem Unternehmen in einem anderen zufriedenstellend arbeitet. Vielleicht wurde er hierdurch zur Mehrleistung angeregt, oder vielleicht sind es nur die veränderten Bedingungen, die ihm eine bessere Nutzung seiner Fähigkeiten erlauben. Obwohl mir tragische Kündigungsfälle bekannt sind, kenne ich aber auch Leute, die persönlich durch eine Kündigung profitiert haben und woanders bessere Positionen gefunden haben. Ein Vorteil früher Beförderung besteht darin, dass die Fähigkeiten eines Mitarbeiters in jungen Jahren auf die Probe gestellt werden. Versagt ein Mann und muss er entlassen werden, so ist er noch jung genug, in eine andere Stellung überzuwechseln, die ihm den vollen Einsatz seiner Fähigkeiten gestattet.

Wie schwierig Entlassungsentscheidungen auch sein mögen, der Erfolg des Unternehmens verlangt von Zeit zu Zeit, dass sie getroffen werden. Kein Unternehmen kann seinen Umsatz und Marktanteil erhöhen, seine Rendite verbessern oder die Kontinuität eines schlagkräftigen Managements sicherstellen, wenn es mit leistungsschwachen Leuten auf irgendeiner Ebene der Unternehmensführung belastet ist. Der äußerste Prüfstein des Willens zur Führung ist der Wille zur Entlassung.

# Die Vergütung der Manager

Der Gebrauch finanzieller Anreize, um die Leistung von Führungskräften zu steigern und deren Entwicklung zu fördern, ist ein weites und vielseitiges Thema. Bonusse und Rechte auf preisgünstigen Erwerb von Aktien des Unternehmens haben sich überall in der amerikanischen Wirtschaft als starker Ansporn für Führungskräfte erwiesen. Ihre breitere Anwendung in Europa dürfte entsprechende Erfolge zeitigen. Ohne das Problem der Vergütung leitender Angestellter erschöpfend behandeln zu wollen, halte ich drei Anmerkungen zu diesem wichtigen Mittel der Personalpolitik für Führungskräfte an dieser Stelle für angebracht.

Erstens glaube ich nicht, dass Geld die Führungskräfte in dem Maße antreibt, wie allgemein angenommen wird. Ich leugne nicht, dass leitende Angestellte wegen Geld arbeiten: ganz offensichtlich erwarten sie gute Bezahlung für gute Leistung. Allein der in seinen volkswirtschaftlichen Auswirkungen negative Aspekt der stark progressiven Einkommenssteuer ist ein Beweis, dass Geld ein wichtiger Anreiz ist. Ich glaube aber, dass nichtfinanzielle Anreize wichtiger sind, als allgemein angenommen wird. Oder mit anderen Worten: Kein Unternehmen sollte sich zu sehr auf Geld als Mittel der Anwerbung, Erhaltung und Produktivität von Führungskräften verlassen. Es bedarf mehr als nur des Geldes, diese primäre Kraftquelle der Unternehmung zu erschließen.

Lassen Sie mich diese Behauptung veranschaulichen:

- Viele Führungskräfte haben mir vertraulich erzählt, dass sie Positionen mit wesentlich höheren Vergütungen in Form von Gehältern, Bonussen und Optionen zum Aktienerwerb abgelehnt haben, weil dieser finanzielle Vorteil von attraktiven nichtfinanziellen Faktoren in ihrer gegenwärtigen Firma und/oder von nachteiligen nicht

finanziellen Faktoren im anderen Unternehmen über-
kompensiert wurde.

- Oft nehmen Führungskräfte Positionen in anderen Unternehmen bei gleicher oder gar niedrigerer Bezahlung
wegen anderer günstiger Umstände an: Aufstiegsmöglichkeiten, eine faszinierende Aufgabe, Arbeitsklima etcetera.
- Hochbezahlte Führungskräfte geben oft vertraulich zu,
dass sie infolge Mangels an Gelegenheiten, unzureichen-
der Beanspruchung durch die gestellten Aufgaben oder
schlechtes Arbeitsklima nicht voll ausgelastet sind.

Natürlich ist Geld wichtig. Es ist jedoch mehr als nur Geld
nötig, einen hochqualifizierten Mann zu interessieren und
zu halten; besonders aber dann, wenn man die Fähigkeiten
eines solchen Mannes voll nutzen will. Je höher die Steuer-
klasse, desto weniger ist Geld als Anreizmittel geeignet, und
desto wichtiger werden nicht finanzielle Faktoren.

Zweitens gefährdet die komplizierte Mechanik der
Administration von den Bezügen der leitenden Angestellten oft die Wirksamkeit der Führungspersonal-Politik in
großen Unternehmen. In solchen Organisationen ist eine
Regelung der Gehaltsfragen auf Grundlage der Leistungsbewertung notwendig, um gerecht zu entlohnen. Ausge-
klügelte Punktsysteme und andere starre Methoden können aber eine gute Personalpolitik für Führungskräfte auch
behindern, statt sie zu entlasten. In einer großen Firma
verzerrte zum Beispiel ein Punktsystem in Kombination
mit einer Vorschrift über gleiche Titel in allen Konzern-
reichen die Gehaltsskala so sehr, dass Versetzungen innerhalb des Konzerns erschwert wurden. In vielen Unternehmen werden durch Verzögerungen bei der Neube-
wertung von Positionen Beförderungen und Versetzungen,
die zur Fortbildung von Führungskräften und zur Leistungssteigerung beitragen würden, verhindert.

Drittens wird ein Unternehmen mit einem Firmenleitbild von Fairness und Gerechtigkeit in allen Angelegenheiten bei der Regelung der Management-Vergütungen einen großen Vorteil haben. Die Führungskräfte erkennen die Schwierigkeiten für eine faire Regelung der Vergütung an. Sie wissen, dass unmittelbare Gleichstellung nicht immer möglich ist, wenn Führungskräfte von außen hereingebracht werden. Das Leitbild des Unternehmens gibt ihnen jedoch das Vertrauen, dass eine gleiche Behandlung so schnell wie möglich herbeigeführt werden wird. Sie werden sich deshalb über geringe und zeitweilige Ungleichheiten in der Vergütung keine Sorgen machen.

In einer Botschaft an den Kongress im Jahre 1965 sagte Präsident Johnson:

Der Erfolg aller unserer (Verteidigungs-)Maßnahmen hängt von unserer Fähigkeit ab, hervorragende Männer und Frauen für den Militärdienst zu gewinnen, ihre Begabungen voll zu entwickeln, zu nutzen und zu erhalten.

Das Gleiche trifft gewiss auch auf wirtschaftliche Unternehmen zu. Aber die Erhaltung der Begabung hervorragender Leute genügt nicht – sie müssen durch Fortbildung, Ansporn, Disziplin und Führung produktiv eingesetzt werden. Das Management-Programm beschäftigt sich mit allen diesen Elementen, ihrem Wechselspiel untereinander und ihren wechselseitigen Beziehungen zu jeder anderen Komponente des Systems.

# 7 Durchführungsplanung, Lenkung und Kontrolle: Das Gleis und die Signale

Fünf Jahre lang hatte der Geschäftsbereich Konsumgüter eines großen diversifizierten Unternehmens jedes Jahr eine Erhöhung von Umsatz und Gewinn veranschlagt und erreicht. Von diesen Ergebnissen ausgehend wurden bedeutende Investitionen für neue Fabrikeinrichtungen vorgenommen. Auf einmal verwandelten sich innerhalb weniger Monate die gesunden Gewinne des Geschäftsbereiches in Verluste. Der Generaldirektor war bestürzt.

Was war geschehen?

Die Erklärung war einfach. Jedes Jahr hatte der Geschäftsbereich den Verkauf seines gut eingeführten Produktes auf ein neues geographisches Gebiet ausgedehnt. Dabei hatte er den Aufwand für Werbung und Verkaufsförderung in seinen bestehenden Märkten reduziert, um das Geld für die neuen Gebiete zu verwenden. Fünf Jahre lang glichen der zusätzliche Umsatz und die Gewinne auf den neuen Märkten die stagnierenden oder abnehmenden Marktanteile des Bereiches in den alten Gebieten aus. Dann wurde jedoch der gebietsmäßigen Ausdehnung des Bereiches infolge schärferer Konkurrenz Einhalt geboten, was zu einer Erhöhung der Ausgaben für Werbung und Verkaufsförderung in allen Gebieten führte. Ein Dahinschmelzen der Gewinne war dadurch unvermeidbar.

Der Generaldirektor meisterte die Krise durch Schließung von Betrieben und drastische Maßnahmen zur Kostensenkung. Dann setzte er eine totale Überholung der Durchfüh-

rungsplanung und -kontrolle in Gang. Wie andere Generaldirektoren hatte er gelernt, dass ein Management-System nur
schlagkräftig sein kann, wenn diese beiden Komponenten
zweckvoll gestaltet sind und wirksam zusammenarbeiten.

## Planung: Die Endphasen

Wie wir in Kapitel 3 gesehen haben, bietet sich der Planungsprozess als Kontinuum beziehungsweise Spektrum dar.
Seine verschiedenen Stufen können in der Praxis nicht
scharf voneinander getrennt werden. Deshalb müssen strategische Pläne bis zur Endphase des Planungsprozesses
geführt werden. Andernfalls würde die Unternehmensleitung
trotz Ausübung der finanziellen Kontrolle mit Hilfe von
Budgets keine wirkungsvolle Überwachung der Durchführung darstellen. Für diese Lehre bezahlte jener verblüffte
Generaldirektor einen hohen Preis.

Die Endphasen des Planungsprozesses, die in diesem
Kapitel beschrieben werden, verlangen von den Führungskräften aller Ebenen, dass sie wenigstens einmal im Jahr über
das Geschick jedes einzelnen Geschäftsbereiches und der Unternehmung als Ganzes intensiv nachdenken. Ohne diesen
Zwang würden sie wahrscheinlich die hauptsächlichen Probleme, die zu bewältigen sind, und die wesentlichen Chancen, die ergriffen werden können, gar nicht erkennen.
Darüber hinaus zwingt dieses Vorgehen dazu, die strategischen Pläne zu überprüfen oder eine strategische Planung
einzuführen, falls sie noch nicht vorhanden ist.

Nachdem wir uns nun über die vollständige Struktur des
Management-Systems im Klaren sind, ist es an der Zeit, die
Endphasen des Planungsprozesses zu behandeln: das mittelfristige Programm für das Management und die Entwicklung
von kurzfristigen Durchführungsplänen, auf denen das jähr-

liche Budget für kurzfristige Mittel und das Investitionsbudget aufbauen. Zum Schluss wird kurz die Kontrolle als Komponente des Management-Systems behandelt, einschließlich der Anwendungsarten des Management-Programms und der Ausführungsplanung zu Zwecken der Kontrolle. Das Management-Programm, der jährliche Ausführungsplan und die Budgets bilden das Gleis, auf denen jedes Unternehmen läuft; die Kontrollen signalisieren, wie gut es läuft.

Ich habe die Besprechung der Durchführungsseite des Planungsspektrums bis jetzt aufgeschoben, weil der Durchführungsplan die kombinierten Ergebnisse und Einflüsse aller anderen Komponenten des Systems widerspiegelt. Das Leitbild des Unternehmens, seine strategischen Pläne, das Management-Programm, Grundsätze, Organisationspläne, Maßstäbe und Methoden – alle werden im Durchführungsplan verarbeitet, der für alle Entscheidungen und Handlungen im kommenden Jahr maßgebend ist. Der Durchführungsplan fügt gewissermaßen die voneinander abhängenden Komponenten des Management-Systems zusammen und integriert ihre Wechselbeziehungen innerhalb des Systems. Die Sicherstellung einer vollen Wirksamkeit von Abnehmer-, Gewinn- und Personalstrategie im täglichen Betriebsgeschehen erfordert Pläne zur Durchführung der strategischen Planung und des Management-Programms im Einklang mit dem gesamten Management-System.

## Vorteile formaler Planung

Das Einführen und Vervollkommnen formaler Planung der hier und in Kapitel 3 beschriebenen Art beansprucht ein beträchtliches Maß an Zeit und Energie seitens des leitenden Personals. Vor der Einführung eines solchen Programms wird deshalb jedes Management von dessen Nützlichkeit überzeugt sein wollen. Nachstehend werden einige der hauptsächlichen Vorzüge eines derartigen Programms aufgezählt:

- *Informationen zur Verbesserung der Unternehmensführung.* In jedem Unternehmen – besonders in einer Gesellschaft mit mehreren Konzernbereichen – versieht das hier vorgeschlagene Planungsprogramm die Unternehmensspitze mit besseren Informationen für die strategische Planung und die allgemeine Geschäftsführung. Eine durchdringende, auf Tatsachen gegründete und systematische Analyse jedes Geschäftsbereiches wird wenigstens einmal im Jahr sichergestellt. Diese Informationen ermöglichen der Unternehmensleitung, das relative Potential jedes Konzernbereiches zu beurteilen und damit bessere Entscheidungen über die Zuteilung von Menschen und Mitteln zu treffen. Zusätzlich macht sie alle wettbewerbsmäßigen und technologischen Veränderungen bei Produkten oder Märkten sichtbar, welche die Zukunftsaussichten irgend eines Geschäftsbereiches beeinflussen könnten.
- *Allgemeiner Rahmen zur Revision durch die Unternehmensleitung.* Vorausgesetzt, dass eine einheitliche Methode und Systematik für die Überprüfung von Prognosen und Plänen jedes Geschäftszweiges oder -bereiches vorhanden sind, müssen die Manager an der Spitze eines diversifizierten Unternehmens nicht unbedingt jeden Geschäftszweig gut kennen, um eine sinnvolle Revision der Pläne und Budgets durchzuführen. Deshalb ist diese Art von Planung besonders in Großunternehmen mit verschiedenartigen Konzernbereichen von Nutzen.
- *Akzentuierung der für langfristigen Gewinn kritischen Faktoren.* Diese Methode lenkt die Aufmerksamkeit der Unternehmensleitung auf die Schlüsselprobleme, die den

Gewinn nachteilig beeinflussen können, und auf die Chancen zur Erhöhung des Gewinns. Die Methode erfordert die Entwicklung von Programmen zum Erreichen von Zielen, Lösen von Problemen und Ausnutzen von Gelegenheiten. Sie sorgt dafür, dass den langfristigen und kurzfristigen Zielen der Konzernbereiche und des Gesamtunternehmens und der Durchsetzung dieser Pläne disziplinierte Aufmerksamkeit gewidmet wird.

- *Kontrolle im Voraus.* Management-Programme und Durchführungspläne ermöglichen eine Kontrolle im Voraus. In einem Unternehmen mit mehreren Konzernbereichen zum Beispiel kann die Konzernleitung – ohne den Eindruck einer Einmischung zu erwecken – die Ziele und Programme jedes Bereiches vor Genehmigung der Durchführungspläne und der entsprechenden Budgets systematisch überprüfen. Jener Bereich für Konsumgüter mit der unerwartet scharfen Rückläufigkeit des Ertrages besaß ein formales Programm zur Aufstellung von Budgets. Der Planungsprozess war jedoch rudimentär; die Unternehmensleitung akzeptierte die veranschlagten Ergebnisse routinemäßig, ohne Gelegenheit zu haben, die ihnen zugrunde liegenden Pläne einzusehen und zu überprüfen.

- *Delegation ohne Abdankung.* Wirksam gestaltete Management-Programme gewährleisten der Unternehmensleitung die qualitative und quantitative Beurteilung aller wichtigen Elemente eines Geschäftszweiges. Der Generaldirektor kann deshalb vertrauensvoll delegieren, ohne in seinem Verantwortungsbereich abzudanken. Somit steht dieses Verfahren mit seiner Betonung sowohl qualitativer als auch finanzieller Ergebnisse nicht in Konflikt mit der Dezentralisation von Vollmachten an autonome Konzernbereiche. Es zeigt jedoch, wie töricht es ist, Leitern von Konzernbereichen die gesamte Verantwortung für ihre

Tätigkeiten zu übertragen und nur die Vorlage von Finanzplänen zu verlangen, die den lang- und kurzfristigen Zielen der Konzernleitung entsprechen.

Nehmen wir den Fall eines Großunternehmens mit mehr als einem Dutzend Geschäftsbereichen: Sein Generaldirektor war stolz darauf, so weit dezentralisiert zu haben, dass einschließlich des zentralen Rechnungswesens, seiner Sekretärin und seines Chauffeurs, der Personalbestand in der Hauptverwaltung unter 200 lag. Er besaß ein gutentwickeltes Budgetierungsprogramm, aber kein wirksames Planungsprogramm. Tatsächlich hatte er gleichermaßen abgedankt wie delegiert. Er verlor zunächst die Kontrolle – später seine Stellung.

- *Rechtzeitige Revision.* Richtig entwickelte Management-Programme und Durchführungspläne legen Schwächen und Stärken bloß, sodass man sie im Voraus berücksichtigen kann. Ein solches Vorgehen hätte beispielsweise die Gefahr einer einschneidenden Verschlechterung des Ergebnisses im Geschäftsbereich der Konsumgüter im Voraus aufgedeckt, und die Dinge hätten einen anderen Gang genommen. Die unüberlegten Anlageninvestitionen wären zugunsten anderer Pläne unterlassen worden. Die Unternehmensleitung und auch das mittlere Management sollten daher durch das Planungsprogramm mindestens einmal im Jahr angehalten werden, hinter die reinen Finanzzahlen zu sehen und sich von der Stärke, langfristigen Gesundheit und Vitalität jedes einzelnen Geschäftsbereiches des Unternehmens zu überzeugen. Nur dann bedeutet Delegation nicht gleichzeitig Abdankung.
- *Verbesserte Leistungsmessung.* Zu viele Unternehmen messen die Leistung lediglich an den geplanten finanziel-

len Ergebnissen, die normalerweise im Budget niedergelegt sind. Diese Methode erlaubt keine gute quantitative Messung und schließt die qualitative Messung völlig aus. Wie wir gesehen haben, kann ein Unternehmen oder ein Geschäftsbereich sein Budget einhalten und sich dennoch der wirksamen Leistungskontrolle durch die Geschäftsleitung entziehen. Nach Jahren zufriedenstellender betrieblicher Erfolge kann die Unternehmensleitung plötzlich durch ein schlechtes Ergebnis überrascht werden.

Im Gegensatz dazu versieht ein fundiertes Planungsprogramm die Geschäftsleitung mit quantitativen und qualitativen Maßstäben zur Beurteilung der geplanten Unternehmensleistung. Tatsächlich wird durch die Ermittlung, wie gut die einzelnen Führungskräfte den Planungsprozess selbst durchführen, ein neuer qualitativer Maßstab geschaffen. Während des laufenden Jahres kann dann die Geschäftsleitung die effektive Leistung beurteilen, indem sie ermittelt, ob die Programme fristgemäß fertiggestellt und die geplanten Ergebnisse erzielt wurden, das heißt Kontrolle durch Soll-Ist-Vergleich. Ein genehmigter Durchführungsplan ist für die Unternehmensleitung eine viel breitere Grundlage zur Bewertung der Leistung einzelner Bereichsleitungen als ein genehmigtes Budget. Darüber hinaus erlaubt er jedem Bereichsleiter, die Leistung seiner Untergebenen auf annähernd gleiche Weise zu beurteilen. Zum Beispiel kann er feststellen, ob jeder Inhaber einer Schlüsselposition sein Programm rechtzeitig durchgeführt und die geplanten Ergebnisse auch erzielt hat.

Wegen dieser beträchtlichen Vorteile sind Geschäftsleitungen, die diese Planungsmethoden perfektioniert haben, ihre enthusiastischsten Verfechter. Grund für ihre Begeisterung sind wahrscheinlich zwei Nebeneffekte dieses Planungsverfahrens. Erstens wird es durch den Mechanismus der Festle-

gung von Prioritäten und Koordinierung von Tätigkeiten
den Führungskräften auf allen Ebenen ermöglicht, ihre Zeit
und Energie auf die strategischen Grundsatzprobleme zu
konzentrieren, die den langfristigen Erfolg des Unternehmens bestimmen. Zweitens ist das Verfahren ein ausgezeichnetes Mittel zur Fortbildung der Führungskräfte auf allen
Ebenen, weil es diese zu gründlichem, schöpferischem und
systematischem Nachdenken über die Unternehmung als Ganzes und jeden ihrer Geschäftsbereiche zwingt.

## Der Aufbau des Management-Programms

Die vorletzte Phase dieses Planungsverfahrens erfordert
die schriftliche Fixierung eines Management-Programms.
Damit werden die breitausgelegten strategischen Pläne in
spezifische mittelfristige Durchführungsprogramme umgewandelt, die ihrerseits wiederum in Jahrespläne als Grundlage des Budgets umgeformt werden können. Einige Pla-
nungsprogramme gehen unmittelbar vom strategischen Plan
in einen Durchführungsplan über. Beispielsweise wird in
dem Artikel über das Planungsprogramm bei Celanese
Folgendes gesagt:

Ein Durchführungsplan versieht das strategische Ske-
lett mit Fleisch und Muskeln. Während ein strategischer Plan
die fordernde Frage nach dem »Was« aufwirft, antwortet
ein Durchführungsplan mit einem überzeugenden »Wie«,
»Wer« und »Wann«. Sinngemäß haben die Ziele eines
Durchführungsplanes mehr mit Expansion als mit Erkun-
dung, mehr mit Wachstum als mit Richtungswechsel zu
tun. [43]

Falls es verfahrensmäßig möglich ist, halte ich jedoch die
Unterteilung des Planungsspektrums in drei Phasen und die

---

[43] *Celanese World,* Januar 1966.

Entwicklung eines separaten Management-Programms für vorteilhafter. Wie bereits erwähnt, trägt das mittelfristige Management-Programm mit seinen zusätzlichen Daten zur Überprüfung der bestehenden Zielsetzung und der langfristigeren Strategie bei und verstärkt den Zwang zur Entwicklung eventuell notwendig werdender neuer strategischer Pläne. Überdies ist das Management-Programm eng mit dem strategischen Plan verknüpft und stützt sich in hohem Maße auf die ihm zugrunde liegenden Analysen. Das Management-Programm ist also der Kern des Planungsprozesses und liegt zeitlich zwischen dem strategischen Plan und dem Durchführungsplan, wobei aber alle drei Prozesse ineinander übergehen. Der Planungsprozess mag in der Praxis sogar manchmal gleichzeitig die Entwicklung eines Management-Programms und des Durchführungsplanes erfordern.

Wie der strategische Plan ist das Management-Programm, im Gegensatz zum Durchführungsplan, nicht an einen bestimmten Zeitabschnitt gebunden. Die Pläne, aus denen es sich zusammensetzt, reichen so weit in die Zukunft, wie qualitative und quantitative Prognosen wirklichkeitsnah erstellt werden können – normalerweise zwischen zwei und sechs Jahre. Geht man über diese Zeitspanne hinaus, werden in den meisten Branchen unvorhersehbare Änderungen dem Programm weitgehend theoretischen Charakter verleihen. Andererseits müssen in Branchen wie Chemie oder Stahl neue Anlagen mehrere Jahre im Voraus geplant und gebaut werden. Der Test hat dann zwei Seiten: Die *Notwendigkeit* einer Vorausplanung und ihre *Realistik*. Natürlich ergeben sich bei der Projektierung eines Geschäftszweiges für die nächsten zwei bis sechs Jahre viele Pläne, die praktisch sofort ausgeführt werden können. Solche Pläne werden einfach in den Durchführungsplan des kommenden Jahres aufgenommen.

Somit ist es Aufgabe der Durchführungsplanung, das Management-Programm in den jährlichen Durchführungsplan umzuwandeln, das heißt zu entscheiden, welcher Teil des Management-Programms während des nächsten Etat-Jahres auf welche Weise verwirklicht werden soll. Die Arbeitsablaufplanung ist somit Bestandteil des Durchführungsplanes, nicht des Managementprogramms.

Einige Unternehmensleitungen möchten vielleicht das Planungsspektrum in anderer Weise unterteilen. Solange alle Schlüsselelemente des Planungsprozesses einbezogen werden, spielt die Art der Unterteilung eigentlich keine Rolle. Bei einer Teilung in drei Phasen werden jedoch die meisten Einzelheiten schon bei der Erstellung des Management-Programms erarbeitet und danach bei der Vorbereitung des Durchführungsplanes verfeinert. Ist überdies das Management-Programm erst einmal aufgestellt, kann seine alljährliche vollständige Neufassung unter Umständen entfallen. Eine sorgfältige Analyse und Überprüfung muss jedoch zur Ermittlung eventuell notwendiger Änderungen alljährlich vorgenommen werden.

Diese Herausstellung des Management-Programms soll den Planungsvorgang vereinfachen. Ohne Rücksicht auf die Untergliederung des Planungsprozesses muss in jedem Fall für alle Planungsphasen, einschließlich einer notwendigerweise etwas komplizierten Reihe von Überprüfungen und Genehmigungen, genügend Zeit zur Verfügung stehen. Deckt sich das Geschäftsjahr mit dem Kalenderjahr, ist die typische Planungsperiode Juni bis Januar.

Ein schriftliches Management-Programm muss für jeden Geschäftszweig, jeden Konzernbereich und für das Gesamtunternehmen aufgestellt werden. Der grundlegende Baustein ist das Management-Programm für jeden einzelnen Geschäftszweig, das aus folgenden Elementen bestehen sollte:

- Merkmale und Aussichten der Branche – mit einer Beurteilung der Wettbewerbsposition des Unternehmens
- Nahziele des Unternehmens
- Wesentliche Probleme und Chancen
- Aktionsprogramme zur Erreichung der Nahziele, Bewältigung der Probleme und Ausnutzung von Chancen
- Finanzielle Folgerungen

Es darf nicht vergessen werden, dass das Management-Programm nicht funktional organisiert ist, das heißt es beschäftigt sich nicht im Einzelnen mit Marketing, Technik und Fertigung. Normalerweise befasst es sich mit Problemen und Chancen in einer Größenordnung, die alle Funktionen berührt. Erst der Durchführungsplan überträgt die umfassenden Gesamtpläne des Management-Programms in spezifische Pläne und Ablaufpläne für die einzelnen Funktionen, Marketing, Technik, Fertigung und Ähnliches.

Das Management-Programm geht durch alle Funktionen hindurch, während die Durchführungspläne gewöhnlich nach Funktionen organisiert sind. Dies ist die Planungsphase, in der die Alternativen geprüft werden und entschieden wird, auf welche Weise die Mittel auf die wesentlichen Programme verteilt werden sollen. Die Strategien werden zum Leben erweckt und auf ihre Brauchbarkeit geprüft.

Während der Durchführungsplan detaillierte Schritte vorschreibt, um das Endergebnis zu erzielen, ist das Management-Programm normalerweise zusammenfassender Natur. Die Durchführung einer Marktstudie über die 200 bedeutendsten potentiellen Kunden könnte zum Beispiel ein wesentlicher Schritt im Rahmen eines Programms zur Erhöhung des Marktanteils sein. Das Management-Programm würde lediglich das gewünschte Endergebnis, die grundsätzliche Verantwortung und den Termin zur Fertigstellung festlegen. Der Durchführungsplan hingegen würde alle wesentlichen Schritte, die zur Durchführung der Erhebung erforderlich sind, die genauen Verantwortlichkeiten und die einzelnen Termine für jeden Schritt enthalten. Ohne im Einzelnen auf Planungsverfahren, wie sie in Planungsrichtlinien vorliegen, einzugehen, wollen wir uns jetzt den fünf Abschnitten oder Elementen eines schriftlichen Management-Programms und den hierfür erforderlichen Informationen zuwenden.

## Die Branchenaussichten und die Wettbewerbsposition

Die Gegebenheiten in der Branche und die Gewinnaussichten werden, ebenso wie die Wettbewerbslage jedes Geschäftszweiges, für die Erstellung strategischer Pläne bereits eingehend untersucht worden sein. Für die Entwicklung des Management-Programms ist eine solche vorherige Analyse unerlässlich; sie braucht nicht wiederholt zu werden. Die jährliche Überprüfung und Entwicklung des Management-Programms erfordern jedoch, dass das Linien-Management (mit Unterstützung des Planungsstabes) noch einmal gründlich, schöpferisch und systematisch über jeden Geschäftszweig und die betreffende Branche nachdenkt.

Deshalb muss wenigstens einmal im Jahr eine sorgfältige Analyse jeder bedeutsamen Änderung der wichtigsten Erfolgsfaktoren in der Branche – zum Beispiel neue technologische Prozesse – und eine Überprüfung der Trends stattfinden, sodass die Unternehmensleitung in der Lage ist, die langfristigen Chancen der Branche zu beurteilen. Eine solche Analyse kann die Notwendigkeit zu weiteren Untersuchungen oder neue Wege zur Beurteilung der Branche und der

Konkurrenzlage des Unternehmens aufzeigen. All dies fällt unter die nachhaltigen Bemühungen um besseres Verständnis des Kräftespiels in der Branche und ihrer Bedeutung für das Unternehmen.

Zur Unterstützung dieser Prüfungen sollten genaue Daten über die Entwicklungstendenzen gesammelt werden, um die grundsätzlichen Informationen aus der strategischen Planungsphase zu ergänzen und auf dem Laufenden zu halten. Sind eindeutige Zahlen nicht verfügbar, müssen bestmögliche Schätzungen an ihre Stelle treten. Nachstehend sind einige Beispiele für Daten über Trends angeführt, die normalerweise immer wieder ergänzt werden müssen.

- Aufstieg (oder Rückgang) des Branchenumsatzes – nach Produkten und Teilmärkten
- Expansion und Fusion bei den Konkurrenten
- Das Verhältnis von Branchekapazität zur Nachfrage
- Die Kosten- und Preisentwicklung in der Branche
- Branchendurchschnittliche Rendite

Wichtig ist natürlich die Feststellung, ob und in welchem Maße die Branche wächst, da dies die Gewinnaussichten des Geschäftszweiges, der Konzernbereiche und der Gesamtunternehmung in erster Linie bestimmt.

Als nächstes muss die Wettbewerbsposition des Geschäftszweiges (oder der Unternehmung) analysiert werden. In diesem Abschnitt des Management-Programms sollten alle bedeutenden Entwicklungen in der inländischen und weltweiten Wettbewerbssituation beschrieben und festgehalten werden, soweit sie die Aussichten der Branche und/oder ihre Ertragslage berühren könnten. Einbezogen werden sollten wichtige Faktoren wie die folgenden:

- Trend im Marktanteil des Geschäftszweiges, möglichst weitgehend nach wesentlichen Produktgruppen und Teilmärkten gegliedert
- Stärken und Schwächen des Sortiments und Kundendienstes im Vergleich mit der Konkurrenz, einschließlich spezifischer Vorteile und Nachteile, die das Verhalten des Handels oder die Kaufentscheidungen der Abnehmer beeinflussen könnten
- Stärken und Schwächen der Preispolitik

Im Rahmen der Abnehmerstrategie sollte eine Bewertung des Produktsortiments beziehungsweise des Marktes unter Wettbewerbsgesichtspunkten unternommen werden. Bedeutsame Änderungen in der Haltung der Kundschaft mit möglichem Einfluss auf die Wettbewerbsposition des Unternehmens hinsichtlich der Leistungsfähigkeit der Erzeugnisse, des Kundendienstes, der Verkehrsgeltung der Marke und der Preispolitik müssen erfasst werden. Schwächen ebenso wie besondere Vorteile des Sortiments sollten herausgearbeitet werden.

Schließlich ist dieser Planungsabschnitt abzurunden durch eine schriftliche Zusammenfassung der wesentlichen Tatsachen über jeden Geschäftszweig und die Hervorhebung bedeutsamer Trends hinsichtlich 1) Marktsituation, Marktgröße und -Wachstum; 2) Umsatz, Kapazität und Kosten- und Leistungssituation des Geschäftszweiges auf allen wesentlichen Märkten im Vergleich mit der Konkurrenz und 3) langfristige Gewinnaussichten. Diese Zusammenfassung sollte auch auf besondere Vorteile und Schwächen der Konkurrenz hinweisen, damit diese genutzt beziehungsweise überwunden werden können. Anstatt lediglich Tatsachen anzuführen, sollte sie die Veränderungen und deren Bedeutung hervorheben.

# Nahziele

Auf der Grundlage einer Analyse der Branchenaussichten und der Wettbewerbslage des Unternehmens, des einzelnen Konzernbereiches oder Geschäftszweiges können quantitative Nahziele als Richtlinien oder Aufgaben für Management- und Durchführungsplanung aufgestellt werden.

Du Pont ist bekannt als bahnbrechend in der Festlegung von hohem Ertrag auf investiertes Kapital als erstes Nahziel für alle Betriebsbereiche oder »Branchenabteilungen«, wie sie dort genannt werden. Dieses Ziel ist eine echte Forderung an die Planung der Konzernbereiche, weil ihre Leitungen wissen, dass sie nach der geplanten Rendite und den tatsächlich erreichten Ergebnissen beurteilt werden. Vor einigen Jahren offenbarte ein Vorfall die Stärke dieses Verfahrens. Als ein anderes Unternehmen seinen Plan zum Bau einer neuen Rayon-Fabrik bekanntgab, kündigte Du Pont fast am gleichen Tage die Schließung einer ihrer Rayon-Fabriken an, weil diese konstant unter der geplanten Rendite blieb.

Jedoch sollten außer der Rendite auch noch andere Nahziele festgelegt werden. Diese können sein Marktanteil, wertmäßiger Umsatz, Kapitaleinsatz, Zuwachsrate des Gewinns, Steigerung des Kurswertes der Aktien und sogar des Verhältnisses zwischen Aktienkurs und Gewinn pro Aktie. Welche Ziele auch immer ins Auge gefasst werden, sie sollten hochgesteckt, jedoch erreichbar sein. Dazu sagte Frederick R. Kappel, Vorsitzender der American Telephone & Telegraph Co.:

»Ein Symptom nachlassender Vitalität ist der Verzicht auf die Definition neuer Ziele, die sowohl verständlich sind als auch hohe Anforderungen stellen.«[44]

---

[44] Frederick R. Kappel, »Vitality in a Business Enterprise« McKinsey Foundation Lectures, Columbia University, 1960.

Um die großen integrierenden und optimierenden Werte des Gewinn- und Verlustverfahrens voll zu nutzen (und zur Vermeidung fragmentarischen Managements), muss sich unter den Zielsetzungen für die Planung das Gewinnziel in irgendeiner Form befinden. Der Wert eines gewinnorientierten Ziels zeigt sich am Beispiel eines führenden Unternehmens, das ich viele Jahre hindurch beobachten konnte. Fast ein Jahrzehnt lang setzte ein Generaldirektor den Konzernbereichen die Umsatzsteigerung als Ziel, wobei er den Gewinn auf den zweiten Platz verwies. Sein Ziel war, vor seiner Pensionierung eine Milliarde Dollar umzusetzen – und er erreichte es auch. Sein Nachfolger setzte sich eine jährliche Erhöhung des Gewinns pro Aktie um 10 Prozent zum Ziel. Auch dieses Ziel wurde zehn Jahre lang erreicht.

Obwohl das vorherige Umsatzziel eine beträchtlich niedrigere Rendite bewirkte, war es nicht aus diesem Grunde falsch. Der Umsatz war angesichts der besonderen Struktur dieser Branche vor allem in jenem Zeitabschnitt für das Unternehmen äußerst wichtig. Die Verlagerung des Ziels auf Erhöhung des Gewinns führte auch beträchtliche Änderungen in der Unternehmensführung herbei: Die Konzernbereiche wetteiferten mit spezifischen Programmen zur Erhöhung ihres Marktanteils, Senkung der Herstellungskosten, Verringerung der Vertriebs- und Werbungskosten und Modernisierung des Verteilungssystems. Einige Produktgruppen wurden eliminiert, einige Geschäftszweige aufgegeben. Bei beschleunigtem Gewinnzuwachs verlangsamte sich die Steigerung des Umsatzes für einige Jahre, während die strategische Umstellung vollzogen wurde.

So wertvoll gewinnorientierte (das heißt finanzielle) Ziele auch sein mögen, operative Ziele dürfen deshalb nicht vernachlässigt werden.

Beispielsweise beobachten erfolgreiche Unternehmensleitungen die Entwicklung des Marktanteils sorgfältig und werden sich nicht mit einem kurzfristigen Gewinn auf Kosten eines sinkenden Marktanteils zufriedengeben. Im Allgemeinen ist es ratsam, vielfältige Ziele aufzustellen.

Die Wahl der Zielsetzung hängt natürlich von der besonderen Situation ab. Zum Beispiel sollte die Leitung eines an Kapital und Führungskräften knappen Unternehmens Ziele setzen, die Führungskräfte der mittleren und unteren Leitungsebene zu einer sorgfältigen Auswahl beim Einsatz der knappen Mittel zwingt.

Welche Kombination von Zielen den Erfolg des Unternehmens am besten gewährleistet und wie die Zielsetzungen angewandt werden sollen, sind Entscheidungen, welche die besten Fähigkeiten und die ganze Urteilskraft der Unternehmensleitung im Einsatz des Management-Systems erfordern. Die kritischen Entscheidungen hängen von der Branche und ihrer wirtschaftlichen Lage ab, ferner von der Wettbewerbsposition des Unternehmens, ihren strategischen Plänen und vielen anderen Faktoren.

Obwohl man hinsichtlich der Wahl von Unternehmenszielen nicht verallgemeinern sollte, möchte ich doch die folgenden Richtlinien nahelegen, die von den Erfahrungen führender Unternehmen bei der Zielsetzung abgeleitet sind.

- *Die Anwendung von Nahzielen.* Zielsetzungen dienen hauptsächlich als Richtlinien für die Aufstellung des Management-Programms und des Durchführungsplanes in den verschiedenen Geschäftszweigen und Konzernbereichen. Die von der Unternehmensleitung gesetzten kurzfristigen Ziele müssen erreichbar sein, bevor die Pläne genehmigt werden können. Diese Ziele orientieren sich an der Strategie und tragen zur Durchsetzung des langfristigen Gesamtziels eines Unternehmens bei. Kurzfristige Ziele bleiben gewöhnlich von Jahr zu Jahr grundsätzlich gleich, können aber für die Durchführung einer bestimmten Strategie geringfügig variiert werden. Zum Beispiel könnte während einiger Jahre das kurzfristige Ziel einer bestimmten Gewinnmarge zugunsten einer wesentlichen Erhöhung des Marktanteils verändert werden.

Die meisten Bereichsleiter *wollen,* dass die Konzernleitung Ziele setzt. Im Laufe der Jahre haben die Leiter von Geschäftsbereichen großer Unternehmen mir gegenüber folgende Beschwerde geäußert: »Wenn die Unternehmensleitung uns nur wissen lassen würde, was sie von uns erwartet, dann könnten wir entsprechend handeln. So aber entwickeln wir Pläne, die dann als unzureichend abgelehnt werden. Wir könnten viel Zeitverlust, Kopfschmerzen und Leerlauf vermeiden, wenn wir von oben wenigstens gewisse Richtlinien darüber erhielten, was als ausreichend angesehen wird. Ich glaube einfach nicht, dass die Unternehmensleitung ihre Aufgabe erfüllt.«

- *Analysen für die Zielsetzung.* Die Auswahl der Nahziele sollte nicht ohne sorgfältige Untersuchung der Branchenaussichten, der auf Gewinn bezogenen wirtschaftlichen Erfordernisse der Branche und des Unternehmens, der Wettbewerbslage des Unternehmens und der möglichen Auswirkungen vorgeschlagener Ziele auf die Planung und auf andere Entscheidungsprozesse im Rahmen der Ausführung der Strategie erfolgen. Ziele sind starke Aktivierungsfaktoren, und sie sollten erst dann aufgestellt werden, wenn die Unternehmensleitung sich genau darüber im Klaren ist, was sie erreichen will.
- *Die Anzahl der Ziele.* Ein Einzelziel – zum Beispiel die Rendite – hat den Vorteil, den Kernpunkt der Planung klar festzulegen. Es kann aber auch zu kurzfristiger Planung verleiten, besonders dann, wenn Vergütung und Beförderung des Managements von kurzfristigen

Ergebnissen stark beeinflusst werden. Operative Ziele als Ergänzung finanzieller Ziele könnten Steigerung des Umsatzes und/oder des Marktanteils, Ausdehnung in neue Abnehmerkreise, Einstellung von kritischen Arbeitskräften, erhöhte Arbeitsproduktivität oder Kostensenkung sein.

Derartige Ziele sollten ein Management dazu anhalten, hinter die finanziellen Kennziffern zu schauen, um zu gewährleisten, dass jede grundsätzliche Verschlechterung der Wettbewerbsposition oder der Leistungsfähigkeit eines Unternehmens, Konzernbereiches oder Geschäftszweiges erkannt wird. Zum Beispiel kombiniert die gewinnorientierte Geschäftsführung einer mir bekannten Unternehmung, welche verpackte Konsumgüter herstellt, ein Gewinnziel mit zwei anderen Zielen, die alle Konzernbereiche zwingen, ständig über die Marktgeltung jeder wesentlichen Produktgruppe zu wachen. Ein Zuviel an Zielen kann aber auch verwirren und ihren richtungsweisenden Effekt vermindern. Im Normalfall werden vielleicht zwei oder drei langfristige Ziele aufgestellt, die zur Unterstützung einer besonderen Strategie oder wegen besonderer Bedingungen von einem oder zwei kurzfristigen Zielen unterstützt werden.

– Realistische Zielsetzung. Ziele müssen Wirklichkeitsnähe mit hohen Anforderungen vereinen. Sie sollen zwar die Führungskraft stark beanspruchen, müssen aber erreichbar sein. Wenn sie nicht anspruchsvoll genug sind, werden sie bestehende Zustände kaum ändern. Deshalb ist es so wichtig, dass sie auf einer gründlichen Tatsachenanalyse der Branche und des Unternehmens, der Gewinnentwicklung, der Wettbewerbsbedingungen und der Mittel aufbauen, mit deren Hilfe strategische Plane am besten verwirklicht werden können.

Diese Hinweise mögen jedem Management helfen, Ziele zu setzen. Das zu diesem Zweck vom Management geforderte strategische Denken, seine Fähigkeit und Urteilskraft können allerdings durch keinerlei Richtlinien ersetzt werden.

## Wesentliche Probleme und Gelegenheiten

Jedes Unternehmen hat stets sowohl größere Probleme wie auch besondere Gelegenheiten, die aus den Kräften, die in der Umwelt des Unternehmens wirken, und aus den Gelegenheiten innerhalb der Firma erwachsen. Der Erfolg des Unternehmens hängt in hohem Maße davon ab, wie schnell und wirkungsvoll beide erkannt werden und danach gehandelt wird.

Entsprechend dieser Planungsverfahren hat das schriftliche Management-Programm Wege aufzuzeigen und zu spezifizieren, wie die wichtigsten Probleme gelöst und die besten Gelegenheiten wahrgenommen werden können. In den meisten Fällen sind sie den Führungskräften auf allen Ebenen bereits bekannt, und wahrscheinlich haben sie in formloser Weise dauernd damit zu tun. Der Grund für ihre Aufnahme in das Management-Programm ist sicherzustellen, dass sie in die Planung einbezogen und Maßnahmen ausgearbeitet werden, sie systematisch anzugehen, ohne erst eine Krise abzuwarten.

Es genügt nicht, die wesentlichen Probleme und Möglichkeiten einfach aufzuzählen und zu beschreiben. Jedes einzelne Problem und jede Chance muss quantitativ dargestellt werden, sodass dem Management eine Beurteilung ihrer relativen Bedeutung und der notwendigen Zuordnung von Kontrolle und Mitteln ermöglicht wird. Zum Beispiel könnte ein Problem folgendermaßen definiert werden:

Die Fabrik in Martinsburg hat eine Überkapazität, die einen Umsatz von drei Millionen Dollar (oder einer 20-prozentigen Umsatzerhöhung) entspricht. Für eine volle Nutzung der Kapazität ist eine Erhöhung der Personalkosten und anderer Aufwendungen (außer Materialkosten) um 750 000 Dollar notwendig.

Im Management-Programm eines Konzernbereiches wurden die Hauptprobleme wie folgt formuliert:

1. Der Umsatz muss zur Auslastung der Kapazität um etwa 30 Prozent gesteigert werden.
2. Die Herstellungskosten müssen um 15 Prozent gesenkt werden, um auf den hauptsächlichen Märkten wettbewerbsfähig zu sein und die Gewinnschwelle auf 50 Prozent Kapazitätsauslastung zu erniedrigen.
3. Die Lieferbedingungen müssen verbessert, die Lieferfristen um wenigstens 20 Prozent verkürzt werden, um auf dem Markt für Nutzfahrzeuge voll wettbewerbsfähig zu sein.
4. Ein Abbau des im Konzernbereich investierten Kapitals um 1,5 Millionen Dollar ist erforderlich, soll die zum Ziel gesetzte Rendite erreicht werden.

Die Forderung nach Ermittlung und Quantifizierung der Hauptprobleme und Möglichkeiten stellt in der Tat eine andere Art von Ziel dar. In einem aus mehreren Konzernbereichen bestehenden Unternehmen verlangt deshalb diese Planungsmethode, dass die Leitung des Konzernbereiches alle Probleme von wesentlicher Bedeutung und alle vorteilhaften Gelegenheiten, zusammmen mit einem Aktionsvorschlag, der Unternehmensleitung zur Kenntnis bringt. Dann können Programme zur Bewältigung dieser Probleme und zur Wahrnehmung der gegebenen Chancen innerhalb kürzester Frist aufgestellt werden. Auf diese Weise wird die Verständigung zwischen Konzernleitung und Konzernbereich konkret, sinnvoll und konstruktiv. Dies ist ein weiterer Weg, Planung »ins Blaue hinein« zu verhindern.

Die Unternehmensleitung kann ein methodisches Verfahren zur Identifizierung und Analyse von Problemen und Möglichkeiten sicherstellen, indem sie eine getrennte Prüfung der Abnehmerstrategie, der Gewinnstrategie und der Personalstrategie, wie in Kapitel 3 beschrieben, verlangt. Dann können die zwei oder drei kritischen Probleme und Chancen auf jedem Gebiet untersucht und die für die Gesamtstrategie kritischen Komplexe schließlich in das Management-Programm aufgenommen werden.

Einige Beispiele sollen den Wert dieser einfachen Problem/Chance-Eigenheit des Management-Programms erläutern.

- Das Management eines schnell wachsenden Unternehmens erkannte, dass mehr Betriebskapital benötigt wurde. Nachdem man entschieden hatte, keinen Kredit aufzunehmen oder zusätzliche Aktien zu emittieren, wurde ein intensives Programm zur besseren Disposition flüssiger Mittel durchgeführt. Im Ergebnis wurden die Warenbestände, das Bankguthaben und die Kassenbestände so kräftig abgebaut, dass mehrere Millionen Dollar für andere Zwecke frei wurden.
- Vor einigen Jahren veränderte ein scharfer Rückgang (von 5 bis 6 auf 2 bis 3 Prozent) der jährlichen Zuwachsrate in der Mineralölindustrie die wirtschaftliche Situation der Branche. Niedrige Raffinations- und Vertriebskosten wurden für den Erfolg ausschlaggebender als früher. Ein großes Unternehmen erkannte diese Vorgänge vor der Konkurrenz, untersuchte ihren Einfluss auf die Gewinnstrategie und führte ein umfassendes Programm zur Kostensenkung im gesamten Unternehmen ein. Hierdurch wurde mit nur einer kleinen Unterbrechung

die weitere kontinuierliche Steigerung der Gewinne pro Aktie ermöglicht. Die Konkurrenten hingegen mussten mehrere Jahre lang rückläufige Gewinne hinnehmen.

- Die Leitung einer neuen Art von Dienstleistungsunternehmen stellte fest, dass die erste Firma, die ein weltweites Netz von Niederlassungen aufbauen würde, in dieser Branche eine dominierende Wettbewerbsposition einnehmen könnte. Zur Wahrnehmung dieser Chance wurde für jedes Jahr die Eröffnung einer bestimmten Zahl neuer Niederlassungen zum Ziel gesetzt. Während dieser Aufbauzeit gab man sich mit geringeren Jahresgewinnen zufrieden. Als das Netz vollendet war, schossen die Gewinne in die Höhe, und die Führungsposition war auf einige Zeit gesichert.

## Aktionsprogramme

Der nächste Abschnitt des Management-Programms ist die schriftliche Fixierung umfassender jedoch spezifischer Aktionsprogramme zur Erreichung der festgelegten Nahziele, zur Bewältigung der identifizierten Probleme und zur Wahrnehmung ausgewählter Chancen. Diese Einzelprogramme legen gleichfalls die Verantwortlichkeiten und die Termine fest.

Diese Aktionsprogramme sind ein unerlässliches Element des Management-Programms. Durch sie unterscheidet sich ein Management-Programm von einer bloßen Prognose. Es ist Aufgabe und Zweck dieser Programme, Aktionen auszulösen. Dies ist – im Gegensatz zum »Laissez-faire« und dem anschließenden Versuch mit den Konsequenzen fertig zu werden – der eigentliche Kernpunkt jeder Führung.

In der Tat ist die grundsätzliche Verantwortung für die Führung eines Unternehmens in dieser Eigenschaft des Management-Programms konzentriert. Die einzelnen Programme legen im Einklang mit dem System fest, was getan werden soll, wer es zu tun hat, und welcher generelle Zeitplan einzuhalten ist. (Kurzfristige Terminpläne gehören – wie bereits erwähnt – in den jährlichen Durchführungsplan.)

Jedes Problem und jede Chance kann mehrere getrennte Programme erfordern. Zum Beispiel könnte eine zehnprozentige Senkung der Herstellkosten zur Ermöglichung wettbewerbsfähiger Preise drei separate Programme notwendig machen: 1) Intensivierung der Materialausnutzung, 2) Erhöhung der Produktivität der indirekten Arbeitsleistungen und 3) Verringerung der Selbstkosten. Jedes dieser Programme muss quantifiziert, die allgemeine Verantwortlichkeit zugeordnet und der Abschlusstermin festgelegt werden. Danach muss jedes Programm im Detail ausgearbeitet und in den Durchführungsplan übernommen werden.

Bei der Entwicklung von Programmen muss die Analyse tief genug gehen, um spezifischen Anforderungen zu entsprechen. Jede Möglichkeit sollte quantifiziert werden, das heißt definiert in Begriffen vorgegebener Einsparungen, an denen der Fortschritt gemessen werden kann. Schließlich sind die notwendigen Schritte zur Erreichung dieser Ergebnisse eingehend darzulegen.

Wenn immer möglich, sollten alternative Aktionsprogramme ausgearbeitet werden, um dem Management verschiedene Wege aufzuzeigen, wie ein Ziel erreicht, ein Problem gelöst oder eine Chance wahrgenommen werden kann. Für und Wider jeder Alternative müssen dabei so klar formuliert sein, dass die Unternehmensführung das ihr zur Einsichtnahme vorgelegte Programm oder die Reihe von Programmen eindeutig beurteilen kann.

Der Wert solcher spezifischer Planung ist offensichtlich. Aber nur wenige Unternehmen haben sie erfolgreich durchgeführt. Einige haben sich von den Einzelheiten abschrecken lassen; andere sind in ihnen steckengeblieben. Ohne Zweifel liegt der Schlüssel zum Erfolg im richtigen Ausgleich zwischen zu viel und zu wenig Detail. Ein Zuviel lässt die ganzen Bemühungen eventuell unter ihrem eigenen Gewicht zusammenbrechen; ein Zuwenig verhindert eine nützliche Richtungsweisung für die Aktion, die Möglichkeit einer genauen Beurteilung der Zulänglichkeit des Planes und der Ergebnismessung gegenüber dem Plan.

Um dieses Gleichgewicht zu gewährleisten, sollten lediglich soviel Informationen erfasst werden, dass damit fünf Fragen beantwortet werden können, Fragen, wie sie jede Unternehmensleitung bei der Prüfung eines Aktionsprogramms stellen muss:

- Warum und auf welche Weise wird uns das einzelne Programm zur Lösung der Probleme und Wahrnehmung der Chancen helfen?
- Welche unter den gebotenen Alternativen ist im Hinblick auf die vorliegenden Probleme und Gelegenheiten das beste Programm?
- Wie bedeutsam ist der Beitrag jedes Programms, das heißt was sind seine Auswirkungen auf den Gewinn?
- Welche wesentlichen Schritte müssen in welchen Schlüsselpositionen zur Durchführung jedes Aktionsprogramms unternommen werden?
- Wie schnell lässt sich jedes Aktionsprogramm ausführen?

Sind alle Manager und Vorgesetzten, die bei der Ausführung eines Programms zusammenarbeiten müssen, Angehörige der gleichen organisatorischen Einheit, so sind weniger Einzelheiten erforderlich. Die Unternehmensleitung benötigt lediglich ausreichende Details, um sich davon zu überzeugen, dass die Durchführung des gesamten Management-

Programms durchdacht ist und wirksam sein wird. Nur wenige Details sind notwendig, um ein Programm derart zu gestalten, dass es auch tatsächlich als Bemessungsgrundlage zu gebrauchen ist, es sei denn, dass man die quantifizierten Aufgaben und Zeitangaben (das eigentliche Herz eines Programms) als »Detail« ansieht.

Die ausführenden Mitarbeiter sind natürlich verantwortlich für die letzten zur Durchführung jedes Schrittes notwendigen Details; diese sind nicht Gegenstand des Management-Programms oder des Durchführungsplanes. In der Tat werden viele der letzten Einzelheiten der Aktion schriftlich überhaupt nie festgehalten.

Nur durch Erfahrung kann in jedem Konzernbereich oder Unternehmen das richtige Maß an Detaillierung des Management-Programms getroffen werden. Die Notwendigkeit, aus Erfahrung zu lernen, wie die Planungsverfahren entwickelt und vereinfacht werden können, ist ein Grund für die Langwierigkeit der Einführung eines wirksamen Planungsprogramms. Die Vorteile der Planung rechtfertigen jedoch, wie ich zeigen wollte, die Anstrengung. Keine Pionierleistung ist leicht.

## Finanzielle Folgerungen

Der letzte Abschnitt des Management-Programms fasst seine finanziellen Auswirkungen zusammen und misst ihren Beitrag zur Erreichung der gesteckten Ziele. Die in diesem Abschnitt zusammengefassten Informationen sollten die folgenden Fragen beantworten:

• Werden die Programme den gesteckten Zielen gerecht? Sind die Ziele angemessen? Sind die Ziele zu anspruchsvoll?

- Ist gegenüber der bisherigen Leistung eine wesentliche Gewinnerhöhung zu erwarten?
- Welche zusätzlichen Aufwendungen werden notwendig?

Das Finanzwesen – das heißt der Leiter des Rechnungs- und Finanzwesens – spielt in der Planung eine wesentliche Rolle; diese umfasst:

- Bereitstellung von Informationen über die finanziellen Auswirkungen des Management-Programms und des Durchführungsplanes. Dies sind Informationen, die andere für ihre eigene Planung benötigen.
- Ausarbeitung von Plänen für die Bereitstellung von Eigenmitteln oder Krediten zur Finanzierung der Management-Programme und der Durchführungspläne.
- Erstellung der Pläne für das Finanzwesen selbst, zum Beispiel die Rechnungsabteilung, Kreditabteilung und Steuerabteilung.
- Allgemeine Unterstützung aller Planungsabschnitte.

Das Finanzwesen versorgt die letzte Phase des Management-Programms mit vier Arten von Informationen:

*Gewinnprognosen:* Dies sind Projektionen von Gewinn und Verlust auf die nächsten zwei bis sechs Jahre auf der Grundlage der geplanten oder geschätzten Umsatzentwicklung. Für jede erwartete Veränderung der Gewinne oder der Kapital-Rendite, einschließlich der relativen Gewinnbedeutung einzelner Programme innerhalb des gesamten Management-Programms, sollten die Gründe genannt werden.

Wie bereits erwähnt, tut man gut daran, dass die Gewinn- und Verlustprojektionen nicht weiter in die Zukunft geplant werden, als es realistischerweise möglich und für die auszuführenden Pläne notwendig ist. Zum Beispiel kann ein umfangreiches Programm, das beträchtliche Investitionen mit sich bringt, eine Fünf-Jahres-Projektion des Kapitalbedarfs erfordern – was gewöhnlich in sinnvoller Weise getan werden kann.

*Daten über Trends:* Tabellen über die historischen und projizierten Trends der entscheidenden finanziellen Indikatoren wie Umsatz, Bestände, Herstellkosten, Betriebsgewinn, Zahl der Beschäftigten und Rendite sollten vorliegen.

*Kapitalbedarf:* Der für die nächsten fünf Jahre bekannte Kapitalbedarf sollte nach Arten untergliedert werden, wie zum Beispiel Fond für Expansion, Ersatzinvestitionen und Kostenreduktion. Nach zwei oder drei Jahren sollte eine Überprüfung aller durch wesentliche Investitionen erzielten Ergebnisse, untergliedert nach der Art der Investitionen, stattfinden.

*Daten über die Gewinnschwelle:* Es empfiehlt sich, die gegenwärtige Gewinnschwelle durch Darstellung der Auswirkung der Faktoren Umsatz, Preis und Sortimentsgestaltung auf den Gewinn aufzuzeichnen und mit einzubeziehen, weil dadurch jedem die Komponenten des Unternehmensgewinns verständlicher gemacht werden.

Dieser letzte Planungsabschnitt erleichtert der Unternehmensleitung eine Beurteilung der Aktionsprogramme im Rahmen des gesamten Management-Programms.

## Konstruktive Kritik der Programme und Pläne

Dieses Planungsverfahren ermöglicht der Unternehmensleitung, durch Teilnahme in den Anfangsphasen der Planung und durch Überprüfung und Genehmigung jeder folgenden Phase den Geschäftsbereich oder das Unternehmen im Voraus zu lenken und zu kontrollieren. So ist die Unternehmensleitung am Anfang für die Festlegung oder Billigung von Fern-

und Nahzielen sowie für die Genehmigung der Strategie verantwortlich. In den letzten Abschnitten der Planung schaltet sie sich wieder ein, um das Management-Programm, die Durchführungspläne und die Budgets zu überprüfen und festzustellen, ob diese die genehmigte Strategie ausführen und die gesteckten Ziele erreichen werden.

Dieses Vorgehen befreit die Konzernleitung aus der relativ hilflosen Position, nur ein einziges Budget erwägen zu müssen, das oft auch noch der qualitativen Untermauerung entbehrt. Natürlich kann die Unternehmensleitung die projektierten Ergebnisse ablehnen und das Budget zur Überarbeitung zurückgeben. Damit bringt sie sich aber in Opposition zu all denjenigen, die das Budget in dieser Form empfohlen haben.

Bessere Ergebnisse werden erzielt, wenn mit Hilfe der hier beschriebenen Planungsmethode ein Management-Programm in der Gestalt von verschiedenen Alternativen – oder doch zumindest untermauert durch ausreichende qualitative Informationen – vorgelegt wird, sodass die Unternehmensleitung nicht zu einer bestimmten Wahl gezwungen ist. Jede Alternative muss durchgerechnet sein, und ihre Auswirkungen auf Umsatz, Gewinn und Personal müssen quantitativ und qualitativ unterbaut werden. Selbstverständlich muss eine der Alternativen zum Vorschlag gebracht werden. Solange eindeutige Wahlmöglichkeiten vorliegen, kann die Unternehmensleitung tatsächlich an der Planung teilnehmen und eine wirksame Kontrolle im Voraus gewinnen.

Darüber hinaus stehen die Unternehmensleitung und die vorschlagenden Führungskräfte nicht mehr in Opposition zueinander, sondern sie können auf der Grundlage von Tatsachen gemeinsam entscheiden, was für das Unternehmen am besten ist. Nach Prüfung jeder Alternative kann die Geschäftsleitung eine genehmigen, eine Kombination aus zweien vorschlagen oder alle Vorschläge ablehnen und weitere Planungsarbeit verlangen.

Diese Methode funktioniert am besten, wenn sie sich auf das Management-Programm konzentriert. Ein genehmigtes Management-Programm ist eine akzeptierte Planungsgrundlage für die jährliche Durchführungsplanung. Damit wird bei der Überprüfung und Revision im späteren und detaillierten Planungsstadium viel Zeit gespart. Diese Art von Planung und Überprüfung ergibt nicht nur die besten Ergebnisse, sondern erzeugt auch das beste Betriebsklima. Die Konzernleitung kann wirkungsvoll partizipieren und anhand von Tatsachen entscheiden. Die vorschlagenden Führungskräfte befinden sich in einer angenehmeren Lage; sie versuchen nicht, ein Budget zu »verkaufen« oder es an der Unternehmensleitung »vorbeizuschleusen«. Wenn ihre Arbeit sorgfältig und auf Tatsachen gestützt ist und ihre Planungsvorschläge fundiert sind, kann sie eine Genehmigung der Unternehmensleitung nicht in eine exponierte Lage versetzen. Im Gegenteil, wenn sich die dem genehmigten Programm, Plan oder Budget zugrunde liegenden Tatsachen ändern, können sie der Konzernleitung ohne Bedenken einen neuen Plan vorlegen, der die veränderten Tatsachen berücksichtigt.

Auf diese Weise arbeitet die Unternehmensleitung mit den Führungskräften der unteren Leitungsebenen zusammen, um einen Aktionskurs festzulegen, der – entsprechend den externen und internen Gegebenheiten – die Zukunft des Unternehmens vorteilhaft beeinflussen kann. Die Unternehmensleitung wird dann nicht von plötzlichen neuen Ereignissen überrascht. Ebenso wenig wird sie dulden, dass das Unternehmen im Sog externer Kräfte dahintreibt.

# Der jährliche Durchführungsplan

Wenn das Management-Programm einmal genehmigt ist, fällt der restliche Planungsprozess (zum Beispiel Vorbereitung des jährlichen Durchführungsplanes und der Investitionsbudgets) erheblich leichter. Schließlich ist der jährliche Durchführungsplan nichts weiter als eine Detaillierung und zeitliche Gliederung jenes Teils des Management-Programms, der während des nächsten Geschäftsjahres durchgeführt werden muss. Infolgedessen ist ein gutes Management-Programm nicht nur das Fundament des jährlichen Durchführungsplanes, sondern enthält auch die meisten übrigen Informationen. Durchführungspläne haben gewöhnlich eine von zwei Formen:

- Die eine ähnelt dem Management-Programm, geht jedoch stärker ins Detail. Für jede Phase des Programms umfasst sie einen Zeitplan der Programmpunkte, gegliedert nach Abteilungen. In einem mir bekannten Unternehmen besteht ein Plan dieser Art aus einer Reihe von Abteilungsplänen. Jeder enthält Spalten mit folgenden Überschriften: »Beschreibung des Programms«, »Maßnahmen«, »Verantwortung und Termine«, »Gewinnauswirkungen« und »Verlauf«.

So kann jede Abteilung aus dem Management-Programm ableiten, wie ihre Aufgaben während des kommenden Jahres durchzuführen sind. Da sich die Gesamtstrategie gewöhnlich nur selten ändert, werden nur wenige Abteilungen wesentliche Richtungsänderungen in einem Jahr vornehmen. Die gesetzten Nahziele sollten jedoch von jeder Abteilung verlangen, Pläne zu entwickeln, aufgrund derer ihre Leistung in einer vorgegebenen Weise gesteigert werden kann. In einem anderen Unternehmen hat zum Beispiel jeder Vorgesetzte, vom Abteilungsleiter bis hinunter zum Meister, die Pflicht, spezifische Jahrespläne zur Leistungsverbesserung und Kostensenkung zu erarbeiten. Nachdem ein Durchführungsplan dieses Typs entwickelt ist, werden die einzelnen Pläne in das jährliche Kostenbudget und etwaige Investitionsbudgets umgewandelt. Schließlich werden der Durchführungsplan und die aus ihm hervorgehenden Budgets der Unternehmensleitung zur Begutachtung und Genehmigung vorgelegt.

- Die zweite Art von Durchführungsplanung enthält ebenfalls die für die Durchsetzung des Management-Programms notwendigen Maßnahmen, ist aber in eine andere Form gekleidet. Sie besteht nicht aus reiner Orientierung über das Programm, sondern aus einer Pyramide von Plänen der Abteilungen, Konzernbereiche und des Gesamtkonzerns sowie aus Plänen für die Geschäftszweige und/oder Produktgruppen – alle mit Terminplänen und quantitativen Daten detailliert. Diese einzelnen Pläne mit ihren unterstützenden Details spiegeln sich dann im jährlichen Kostenbudget und dem Investitionsbudget des Konzernbereiches oder des Gesamtunternehmens wider. Diese werden schließlich der Unternehmensführung zur Begutachtung und Genehmigung vorgelegt.

Was auch immer die Form des jährlichen Durchführungsplanes sein mag, die in ihm enthaltenen Zahlen für Umsatz und Gewinn sind Planziele und nicht Prognosen. Manager, die sie vorschlagen, verpflichten sich dadurch zur Erwirtschaftung dieser Ergebnisse, und ihre Pläne werden entsprechend gestaltet. Auf diese Weise begegnet ein Unternehmen dem Risiko, seiner Umwelt zum Opfer zu fallen. Wenn es sich selbst zur Erreichung bestimmter Ziele verpflichtet, gestaltet es die Zukunft selbst, anstatt sie bloß vorauszusagen.

Der jährliche Durchführungsplan muss verständlich, spezifisch und durchführbar sein, gleichzeitig aber viel verlangen. Auf die von mir beschriebene Weise vorbereitet, ist jede im Durchführungsplan aufgeführte Maßnahme mit der Abnehmer-, Gewinn- und Personalstrategie des Management-Programms abgestimmt.

Auf diese Weise enthält der Durchführungsplan das ganze Management-System für das kommende Jahr und sieht spezifische Ausführungsrichtlinien für die Abteilungen und Gruppen vor. Hierdurch integriert und aktiviert er das ganze System. Gleichzeitig leitet das Management-System selbst – durch Firmenleitbild, Grundsätze, Maßstäbe und organisatorische Zuordnung von Verantwortung und Vollmacht – die verantwortlichen Führungskräfte bei der Durchführung des Jahresplanes. Alle diese Komponenten erzeugen im Wechselspiel den multiplikativen Effekt einer systematischen Methode der Unternehmensführung.

## Der Planungsstab

Die Rolle eines Leiters der Konzernplanung (oder der Bereichsplanung) ist bereits erörtert worden, jedoch sind hier noch einige zusätzliche Bemerkungen über ihn und seinen Stab am Platze.

Ich bin der Ansicht, dass der Titel des Stabsstellenleiters den Zusatz »Konzern oder Bereich«, je nachdem, was in Frage kommen mag, haben sollte. So wird deutlich gemacht, dass dieser Stab mit der *Gesamt*planung des Konzerns oder der eines Konzernbereiches beauftragt ist. Dieser Punkt ist wichtig, weil *jede* Führungskraft planen muss. Der Planungsleiter der Konzernspitze kann ihm diese Verantwortung nicht abnehmen und sollte es auch gar nicht versuchen.

Der Planungsstab unterstützt die Linienmanager in allen Phasen der Planung: strategischer, Management- und Durchführungsplanung. Er sammelt und analysiert Tatsachen und stellt Probeprogramme und -pläne zur Begutachtung durch die Linien-Manager zusammen. Der Stab hält sich über die Tendenzen der Branche und die Wettbewerbsbedingungen auf dem Laufenden, da diese für die strategische und die Management-Planung den notwendigen Hintergrund bilden. Er sammelt und analysiert Informationen von außen ebenso wie von den leitenden Angestellten im Marketing, dem Finanzwesen und anderen Sektoren innerhalb des Unternehmens.

Der Planungsstab darf jedoch nicht die Planungsarbeit der Linien-Manager übernehmen. Er muss *mit* der Linie, nicht *für* die Linie arbeiten. Ein solches Verhältnis gibt dem Stab nicht nur die Möglichkeit, der Linie Planungsvorschläge zu machen, sondern auch konstruktive Kritik an den Annahmen und Schlussfolgerungen der Linien-Manager selbst zu üben.

## Lenkung und Kontrolle

Planung einerseits und Lenkung andererseits ergänzen einander wie Liebe und Ehe. In der Tat bezweifeln manche Management-Experten, dass sie getrennt werden können. Ich glaube, dass die Trennung nicht nur möglich, sondern sogar wünschenswert ist.

*Das Wesen von Lenkung und Kontrolle:* Vor einigen Jahren führte mich ein Direktor von Marks & Spencer, Englands größter Bekleidungs- und Nahrungsmittelkette, durch eine Ausstellung ihrer Londoner Hauptverwaltung. Es war eine Ausstellung unter dem Thema »Vorher und Nachher«, mit der gezeigt werden sollte, wie man das Kontrollsystem überholt hatte.

Vorher gab es Hunderte von umfangreichen Formularen zur Erfassung enormer Mengen von Daten und sonstigen Informationen bis ins kleinste Detail. Die Formulare waren so gruppiert und benannt, dass selbst ein oberflächlicher Blick offenbarte, wie umständlich, kostspielig und sogar unsinnig das ganze System gewesen war. Der »Nachher«-Teil der Ausstellung zeigte eine gewaltig verringerte Anzahl von Formularen. Jedes Formular des völlig neuen Systems war einfach und übermittelte nur offensichtlich notwendige und verwendbare Informationen.

Die Ausstellung sollte einen starken Eindruck hinterlassen und erreichte dieses Ziel. In einem Raum ausgebreitet lagen da die Formulare zur »Kontrolle« des Einkaufs und Verkaufs Tausender von Warenarten durch Hunderte von Läden; zur Errichtung von Läden; zur Einstellung, Beurteilung, Beförderung und Entlohnung Tausender von Männern und Frauen, vom Generaldirektor bis zum Verkäufer; und zur Durchführung aller anderen Aufgaben in einem ausgedehnten und schwierigen Geschäft. Alles, was diese Formulare bezweckten und bezwecken konnten, war die Wiedergabe von Informationen. Der Zweck dieser Informationen bestand zweifellos darin, Entscheidungen und Aktionen des Managements anzuregen und zu leiten. Wenn zum Beispiel die Informationen zu hohe Bestände zeigten, pflegte man den Einkauf zu bremsen, einen Ausverkauf zu veranstalten, oder aber bestehende Pläne auf andere Weise zu ändern. Zeigten die Informationen eine Verletzung von Vorschriften an, wurden korrigierende oder disziplinarische Maßnahmen ergriffen.

In diesem Sinne ist der Begriff Lenkung und Kontrolle eindeutig eine Informationskomponente. Die Information dient dem Zweck, Aktionen auszulösen. Jedoch folgt die Handlung der Information nicht automatisch. Wenn dem so wäre, würden keine fähigen Manager benötigt. Die Information beeinflusst lediglich Urteilskraft und Initiative im Management – und die Manager ergreifen genau die Maßnahmen, die sie unter den gegebenen Umständen für richtig halten. In gewissem Sinne enthalten diese beiden Tatbestände den gesamten Management-Prozess. Darum betrachte ich die Auslösung von Aktion als eine Komponente in sich selbst und werde sie im Kapitel 8 – dem nächsten und letzten Kapitel behandeln.

An sich ist der Begriff »Lenkung und Kontrolle« etwas irreführend, da er unterstellt, dass Menschen durch Lenkung und Kontrolle in einer bestimmten Art dazu bewegt werden, ihr Verhalten zu ändern. Deshalb glaube ich, dass es zweckmäßiger ist, die Vorstellung von »Lenkung und Kontrolle« als einer Komponente zugunsten der Vorstellung von zwei separaten Komponenten fallen zu lassen: Information des Managements und Aktivierung von Mitarbeitern. (In jedem Falle ist die klassische Auffassung der Kontrolle das genaue Gegenteil der verantwortungsbewussten Selbstkontrolle, wie ich in Kapitel 8 noch ausführen werde.)

Wir wollen zunächst das Konzept der Management-Information in den Vordergrund stellen, eine Aufgabe, die wir einfach und direkt in Angriff nehmen können. Was das Management zur Aktivierung und Reaktivierung der Mitarbeiter braucht, ist 1) Information als Grundlage für die Planung, 2) Leistungsmaßstäbe für die Mitarbeiter und 3) Rückmeldung tatsächlicher Ereignisse. Planungsinformation, Leistungsbemessung und Berichterstattung über Ergebnisse sind ein Informationskreislauf. Er ist die Ausgangsbasis für die Aktion – nicht aber die Aktion selbst.

*Ist der Titel »Controller«*[45] *angebracht?* Ich halte die Information des Managements zur Verwirklichung des Wil-

---

[45] *Anmerkung des Übersetzers:* Der »Controller« im U.S.-Unternehmen hat die Stabsfunktion, die Rechnungslegung zu überwachen und die Unternehmensleitung mit Informationen für Kontrollzwecke zu versorgen.

lens zu führen für so wichtig, dass mir die Stellenbezeichnung »Controller« fragwürdig erscheint, obwohl sie heute in amerikanischen Firmen allgemein üblich ist. Die Funktion des Controllers im landläufigen Sinne ist ohne Zweifel von großem Nutzen und hat zur Wirksamkeit des Managements einen bedeutenden Beitrag geleistet. Wie an anderer Stelle bemerkt, spielen »Treasurer and Controller« (das heißt das Finanz- und Rechnungswesen) im gesamten Planungsprozess eine besondere und wesentliche Rolle. Sie spielen eine ebenso wichtige Rolle bei der Aufgabe, die anderen Komponenten des Systems wirksam zu machen. Aber die mit dem Titel »Controller« verbundene Nebenbedeutung ist meiner Meinung nach unglücklich.

Der Controller sollte eben *nicht kontrollieren.* Natürlich besitzt er funktionale Weisungsbefugnis, um die Einhaltung der Methoden des Rechnungswesens und anderer Vorgänge sicherzustellen. Darüber hinaus besteht aber seine Aufgabe darin, der Unternehmensleitung Informationen bereitzustellen, diese Informationen zu analysieren und die Linie bezüglich angebrachter Maßnahmen zu beraten. Das jedoch ist weder Lenkung noch Kontrolle. In dem weiter oben definierten Sinn, gehört Lenkung und Kontrolle zur Aufgabe des Linien-Managers, die er durch Aktivierung seiner Mitarbeiter in der oder jener Form ausführt.

Wenn ein Controller über seine Informationsfunktion hinausgeht und tatsächlich Kontrolle ausübt – wie es einige tun –, so ist dies weder für das Unternehmen noch für die Beziehungen des Controllers zur Linie von Nutzen. Vielleicht ermuntert der Titel den Controller, seine Vollmachten zu überschreiten. Das mag der Grund sein, warum einige Gesellschaften (unter ihnen General Motors) noch die alte Dienstbezeichnung »Comptroller« beibehalten.

Jedenfalls glaube ich, dass die Bezeichnung »Leiter der Management-Information und Analyse« oder einfach »Leiter der Management-Information« eine zutreffendere Dienstbezeichnung für den Controller wäre. Eine derartige Bezeichnung würde den Inhaber der Position (wie auch alle anderen Mitarbeiter) daran erinnern, worin seine eigentliche Aufgabe besteht und wie er sie aufzufassen hat. Viele Controller konnten hierdurch zu einer Erhöhung ihres Leistungsbeitrages und damit ihres Wertes für das Unternehmen veranlasst werden.

*Das Vorgeben in der Erstellung von Management-Information:* Die Aufgabe eines Leiters der Management-Information besteht also darin, Manager und Vorgesetzte mit Informationen zu versorgen, die ihnen die Führung des Unternehmens im Einklang mit dem Management-System ermöglichen. Im Einzelnen werden Informationen für folgende Zwecke benötigt:

1. Aufstellung der langfristigen Zielsetzung, Entwicklung der Strategie und Errichtung kurzfristiger Ziele
2. Formulierung von Richtlinien und Vorschriften
3. Erstellung von Management-Programmen, Durchführungsplänen, Kosten- und Investitionsbudgets
4. Treffen von spezifischen Entscheidungen
5. Beurteilung der etwaigen Notwendigkeit, irgendeinen Aspekt des eben aufgeführten Materials zu ändern, oder aber Mitarbeiter zu veranlassen, ihre Arbeit auf der Grundlage neuer Tatsachen, neuer Beurteilungen, neuer Leistungsmaßstäbe und neuer Ergebnisberichte umzustellen.

Manager benötigen Informationen über die *tatsächliche* Leistung, sodass sie diese mit der *geplanten* Leistung vergleichen können – und um die Angemessenheit der Leistung und die Zweckdienlichkeit der ursprünglichen Zielsetzung, Strategie, kurzfristigen Ziele, Richtlinien, Vorschriften und Budgets zu ermitteln. Somit sind Ergebnisberichte und Leistungs-bemessungen notwendig, um dem Management anzuzeigen, ob etwa eine unzureichende Leistung auf den Plan oder auf den Mann zurückzuführen ist.

So gesehen gewinnt die Management-Information als Komponente des Systems klarere Umrisse. Überträgt man jedoch dieses Vorgehen auf die Lenkung und Kontrolle, muss eine Reihe von Punkten beachtet werden. Erstens, da Management-Informationen nur als Orientierungsmittel für Entscheidungen und Aktionen gesammelt werden, ist es verschwenderisch und frustrierend, mehr Informationen als nötig zu erstellen. Für die meisten Unternehmensleitungen dürfte die Vorbereitung einer Formular-Ausstellung wie bei Marks & Spencer ernüchternd sein. In Tausenden von Unternehmen werden Tonnen ungelesenen Papiers bearbeitet und in teuren Räumen aufbewahrt, nur um Hunderttausende von Managern und Vorgesetzten zu frustrieren, die zwar wünschten, sie hätten die Zeit zum Lesen, doch im Unterbe-wusstsein fühlen, dass es Zeitverschwendung ist.

Der Computer scheint berufen, die Manager vor dieser Sintflut von Papier zu retten. Die methodische Analyse, die der Computer-Programmierung vorausgeht, führt sehr oft von selbst zu nützlichen Vereinfachungen. Andererseits macht die enorme Kapazität eines Computers, Daten auszu-speien, es leicht, mehr zu verlangen – eine Versuchung, der man widerstehen muss.

Zweitens ist es der Zweck von Management-Informatio-nen, den Führungskräften Entscheidungen und die Aktivie-rung ihrer Untergebenen zu erleichtern. Deshalb müssen sie gegliedert nach organisatorischen Einheiten und Verantwor-tungsbereichen dargeboten werden. Allzu oft wird dieses allgemein feststehende Prinzip übersehen oder ignoriert. Der Computer kann in vielen Unternehmen dazu beitragen, dieses Prinzip zu verwirklichen.

Drittens lassen sich die anfallenden Mengen von Management-Informationen verringern und ihre Qualität verbessern, wenn sie jedem Manager und Vorgesetzten in Bezug auf die Schlüsselfaktoren geliefert werden, welche die erfolgreiche Ausführung der betreffenden Aufgabe bestimmen. Der Verkaufsleiter eines sehr großen und vielfältigen Distrikts in einer bekannten Unternehmung stellte fest, dass acht Schlüsselzahlen aus einem Computer, die mehr als 170 Formulare ersetzten, ihn mit allen notwendigen Informationen versorgen konnten. Management-Informationen müssen auf den Bedarf des einzelnen Empfängers zugeschnitten werden, das heißt auf die Art von Entscheidungen und Maßnahmen, die er tatsächlich treffen kann. Diese allein sollten den Inhalt und die Terminologie des Berichts, seinen zeitlichen Rahmen (den Berichtszeitraum), seine Häufigkeit, seine Verbreitung und Form (Bericht, Statistik oder Graphik) bestimmen.

Die Information zur Bemessung der Leistung an den Planzielen lässt sich noch weiter vereinfachen, wenn alle für die Schlüsselfaktoren irrelevanten Daten eliminiert werden. Die Schlüsselfaktoren sollten während des Planungsprozesses, vor allem bei der Entwicklung des Management-Programms, identifiziert und danach im Durchführungsplan als grundsätzliche Leistungsmaßstäbe angegeben werden.

Viertens muss das System der Management-Information den Grundsatz der Beschränkung auf Ausnahmefälle berücksichtigen. Lediglich positive oder negative Abweichungen von Durchführungsplan und Budget sollten den verantwortlichen Leitern mitgeteilt werden. Auch hier kann der Computer wesentlich zur Verwirklichung des Prinzips beitragen.

Fünftens für den Zweck, Entscheidungen zu treffen und Aktionen einzuleiten, sind rein finanzielle Daten, wenn auch durchaus notwendig, so doch meist weniger nützlich und aktuell als die Information über den Betriebsablauf als solchen. Finanzielle Informationen können in der Regel nicht so schnell erbracht werden. Auch bilden sie oft keine für Entscheidungen und Aktionen ausreichende Grundlage. Wiederum kann hier der Computer von Nutzen sein.

Sechstens muss das Computer-System grundsätzlich auf die Erstellung sowohl von Informationen über den Betriebsablauf als auch von finanziellen Informationen ausgerichtet sein. Einige Generaldirektoren haben deshalb die Gestaltung des Computer-Systems und sogar dessen Gebrauch dem »Treasurer« und »Controller« entzogen, weil diese in Kategorien des Finanz- und Rechnungswesens denkenden Führungskräfte auf den Bedarf der Linien-Manager an Betriebsablaufsdaten nicht genügend eingegangen sind. Der Computer ist ein so wertvolles Instrument für die Management-Information, dass es sich kein Unternehmen leisten kann, ihn nur für Buchhaltungszwecke einzusetzen.

Was die Festlegung von Verantwortungsbereichen und Vollmachten für die Leitung der elektronischen Datenverarbeitung anbelangt, ist die organisatorische Praxis noch im Entwicklungsstadium. Die beste organisatorische Lösung für diese Funktion ergibt sich zweifellos aus den in jedem Unternehmen unterschiedlich gegebenen Verhältnissen. Wichtig ist jedoch die Erkenntnis, dass es in jedem Falle um vier Arten von Verantwortungsbereichen geht: 1) Die Entscheidung über die Art der Information, die vom Computer geliefert werden soll, 2) die Entwicklung des hierfür geeigneten Computer-Systems, 3) die Programmierung und 4) der Betrieb der Datenverarbeitungsanlage.

Die beiden ersten Verantwortungsbereiche sind die wichtigsten. Sie müssen sehr sorgfältig zugeordnet werden, weil man an beide Aufgaben mit der Entschlossenheit herangehen muss, dafür zu sorgen, dass der Computer nützliche, zeitgerechte und verständliche Informationen für die Entscheidungsprozesse und Aktionen auf allen Leitungsebenen liefert.

Ein einfaches und grundlegendes Vorgehen bei der Erstellung der Unternehmensplanung und bei der Bereitstellung von Informationen für unternehmerische Entscheidungen und Aktionen ist selbst für die bestgeleiteten Firmen außerordentlich vielversprechend. Die Revolution in Planung und Management-Information befindet sich noch in den Anfängen. Die Beobachtung, dass der Computer diese revolutionäre Entwicklung explosiv beschleunigt, ist bereits alltäglich.

Planung und Management-Information in der hier dargestellten, einfachen, doch grundlegenden Form sollten wesentliche Bestandteile jedes erfolgreichen Management-Systems sein. Sie sind es, die das gesamte System antreiben, integrieren und den multiplikativen Effekt des Wechselspiels zwischen den verschiedenen Komponenten des Systems erzeugen.

Letzter Prüfstein jedes Management-Systems ist jedoch immer, wie wirkungsvoll Führungskräfte zur Entscheidung und Aktion veranlasst werden. Dieses letzte Kriterium eines wirksamen Management-Systems wird im nächsten und letzten Kapitel besprochen.

# 8 Das Aktivieren von Mitarbeitern: Die »Let's Go«-Komponente des Systems

Vor einigen Jahren beteiligte sich eine Vereinigung, der ich angehöre, an den Reisekosten einer Gruppe von Schweizer Erziehern, die durch die USA reisten, um das amerikanische Bildungswesen kennenzulernen. Nach ihrer Rückkehr schrieb uns ein Mitglied der Gruppe, der Direktor einer Schule, einen langen Dankesbrief. Unter anderem hieß es darin:

Die Begeisterung bei Ihnen in Amerika für industrielle Organisation ist keine Vergötterung des Reichtums, sondern Freude an der Leistung. Es macht Ihnen Freude, immer bessere und größere Dinge zu produzieren, immer praktischere Geräte zu erfinden und immer wieder neue Wege zu entdecken, sich die Natur nutzbar zu machen. Es ist deshalb kein Wunder, dass in Ihrem Land eine so enge Verbindung zwischen Industrie und Kultur besteht.

Auch unter Berücksichtigung der natürlichen. Neigung eines dankbaren Gastes zu freundlichen Worten glaube ich, dass der Schweizer Schulleiter etwas Wichtiges vom Geiste Amerikas erfasst hat. Den meisten Amerikanern wohnt in der Tat der Wille zur Arbeit inne und zwar zu produktiver Arbeit. Viele arbeiten allein schon aus Freude an der Leistung, wie es der Schuldirektor ausgedrückt hat. Die Mehrzahl jedoch braucht Motive anderer Art. Und selbst diejenigen, die aus sich selbst heraus arbeiten, müssen zweckentsprechend aktiviert werden.

# Aktivierung als Komponente des Systems

Um wirken zu können, muss der Wille zum Führen sich letzten Endes in sinnvollen und produktiven Handlungen der Menschen niederschlagen. Ein wirksames System zur Führung eines Unternehmens muss darum dessen Angehörige aktivieren, die notwendige Arbeit auf sinnvolle und produktive Weise zu erledigen.

Das Wort »aktivieren« klingt vielleicht etwas akademisch. Es bedeutet lediglich, »aktiv machen«, also Menschen in Bewegung setzen. Dies kann man auf verschiedenste Weise bewerkstelligen: Man kann befehlen, tadeln, raten, ermuntern, Furcht einjagen, antreiben, anführen, inspirieren, belohnen oder auf andere Weise anspornen. Die beste Methode ist jedoch, Menschen zu selbstständigem Handeln zu bringen, das heißt Eigeninitiative und Selbstkontrolle zu wecken. Um seinen Willen zur Führung durchzusetzen, muss jeder Manager je nach der Situation alle diese Mittel, wenn auch in ganz verschiedenen Kombinationen und Relationen, einsetzen. Kein anderes Wort als »aktivieren« scheint alle von ihnen einzuschließen.

Ich bin davon überzeugt, dass dieses »Aktivierungsprogramm« seine höchste Wirksamkeit erreicht, wenn es als Bestandteil des Management-Systems arbeitet. In der Tat unterstreichen die Wechselbeziehungen und die gegenseitige Abhängigkeit der verschiedenen Aktivierungsmittel den Wert eines systemorientierten Vorgehens in der Führung. Mit anderen Worten: wenn einzelne Aktivierungsmethoden wesentliche Bestandteile eines Gesamtsystems sind, unterstützen sie sich gegenseitig und werden noch von anderen Komponenten des Systems verstärkt. Kurzum, in ihrer Gesamtheit macht die Wechselwirkung die Aufgabe des Aktivierens sowohl leichter als auch wirksamer.

Ich habe bereits an anderer Stelle die *Führungsverfahren,* mit deren Hilfe der Einzelne zu produktiver Leistung angespornt werden kann, erörtert. Diese Verfahren bestehen darin, den Mitarbeiter durch wirkliche Delegation von Vollmachten das volle Gewicht persönlicher Verantwortung spüren zu lassen, ihm zu verstehen zu geben, woran er ist und wie er eingeschätzt wird, ihm offen mitzuteilen, wie er seine Leistung verbessern kann, ihm Aufstiegsmöglichkeiten zu sichern und eine angemessene Vergütung zu gewährleisten. Es gibt acht hauptsächliche *Mittel,* durch die ein Mensch angehalten werden kann, produktiv im Rahmen eines Management-Systems zu arbeiten:

1. Anordnungen
2. Disziplinarische Maßnahmen
3. Ratschläge
4. Konstruktive Einstellung zur Arbeit
5. Belohnungen
6. Persönliche Hingabe
7. Selbstverantwortlichkeit
8. Führung

Die ersten sieben dieser Mittel bilden eine Skala, die von strenger Disziplin bis zu eigenverantwortlichem Handeln reicht. Das achte Mittel – Führung – ergänzt sie alle. Es beschränkt die Notwendigkeit von Anordnungen und disziplinarischen Maßnahmen auf ein Minimum, erzeugt konstruktive Einstellung zur Arbeit, gebraucht Belohnungen, fördert persönliche Verbundenheit mit dem Zweck und Leitbild des Unternehmens und weckt Verantwortungsgefühl.

Da ich glaube, dass ein Maximum an Selbstverantwortlichkeit Menschen zu maximaler Leistung aktiviert, sei jene zuerst erörtert. Danach werde ich auf die anderen Möglichkeiten zurückkommen, Mitarbeiter »in Bewegung zu setzen«. Abschließend werde ich aufzeigen, wie eine Führungskraft jedes dieser Mittel als Teil des Management-Systems nutzen kann, um zweckvolles und produktives Handeln zu erzielen.

## Selbstverantwortlichkeit

Ärzte, Pastoren, Lehrer, Künstler, Schriftsteller und andere freie Berufe handeln notwendigerweise selbstverantwortlich, und sie sind entsprechend erfolgreich oder versagen. Die Besten unter ihnen arbeiten mit großer Hingabe und Produktivität – sei es ein Leonardo da Vinci, ein Hemingway, oder ein Thomas Edison. In ähnlicher Weise muss sich der einzelne Unternehmer selbst regieren. Je stärker er sich einsetzt, desto größer wird – normalerweise – sein Erfolg sein. Bei der Führung von Gruppen besteht die wesentliche Aufgabe darin, die gleiche Art von Produktivität zu entwickeln. Dies geschieht, wenn für jeden Inhaber einer Schlüsselposition in der Organisation eine Situation geschaffen wird, die derjenigen des eigenverantwortlichen Unternehmers ähnelt.

In den besten Anwaltskanzleien ist diese Situation im Wesentlichen erreicht und die Selbstverantwortlichkeit praktisch verwirklicht. Die jungen Anwälte, welche die führenden Kanzleien einstellen, sind sorgfältig ausgewählte Juristen von hohem Format. Selbstdiszipliniert können sie ihre Klienten auf dem Gebiet der Rechte beraten. Sie fühlen sich zu juristischer Arbeit berufen und suchen beruflichen Erfolg in hervorragender Leistung für ihre Klienten. Wenn ein junger Anwalt in eine solche Firma eintritt, lernt er schnell, dass die Prinzipien seiner Kanzlei von ihm hohe ethische und berufliche Maßstäbe und absolute Hingabe an die Interessen seiner Klienten verlangen.

So haben die führenden Anwaltskanzleien eine Art automatisches, ein gewissermaßen eingebautes Management-System, wenn sie es auch nicht so bezeichnen. Einige Komponenten des Systems werden im Laufe des juristischen Studiums entwickelt und beim Eintritt in die Firma mitgebracht. Die anderen Komponenten des Systems sind größtenteils Bestandteile des Leitbilds der Kanzlei. Da jeder Anwalt Klienten gewinnt oder Aufgaben zugewiesen bekommt, ist verantwortliches Handeln die natürliche Folge. Die dienstälteren Anwälte stehen mit Rat, Kritik und (gelegentlicher) Anerkennung zur Seite. Der Anreiz der Aufgabe selbst und die Befriedigung, einem Klienten geholfen zu haben und dies anerkannt zu finden, sind immer vorhanden.

Darüber hinaus wirken Bestätigung in der Gruppe und der Bonus am Jahresende, sei er klein oder groß, als ständiger Ansporn. Spezifische *negative* Anreize sind mögliche Missbilligung durch die älteren Kollegen und die allgegenwärtige, doch nie erwähnte Regel des »nach oben oder hinaus«, wonach man sich von einem Mann trennen muss, der nicht innerhalb einer allgemein anerkannten Frist oder unter bestimmten Voraussetzungen zum Partner befördert wird.

In einer großen Anwaltskanzlei werden nur selten Anordnungen erteilt. Niemand treibt den Anwalt an, außer er sich selbst. Die Leistungsmaßstäbe, die er sich selbst setzt, liegen typischerweise weit höher als die, welche ein anderer auch nur erwägen würde, ihm aufzuerlegen. Führerschaft heißt nicht, mit der Faust auf den Tisch zu schlagen; sie wird vornehmlich durch das eigene Beispiel ausgeübt. Die älteren Kollegen sind gewöhnlich außerhalb und innerhalb der Kanzlei so angesehen, dass die jungen Anwälte deren Methoden sorgfältig beobachten und nachzuahmen suchen.

Ich will nicht behaupten, dass große Anwaltskanzleien nicht besser geführt werden könnten. Aber ich habe beobachtet, dass freie Berufe, die sich zu einer Gewinngemeinschaft zusammenschließen – Anwälte, Wirtschaftsprüfer und Unternehmensberater – produktiver als Geschäftsleute arbeiten, abgesehen von jenen, die ihre eigenen Firmen leiten, und einigen Spitzenmanagern der erfolgreichsten Unternehmen. Ganz gewiss arbeitet ein freiberuflich Tätiger, der weitgehend durch Eigenverantwortung und Selbstkontrolle angespornt wird, produktiver als die durchschnittliche Führungskraft eines Unternehmens.

Als Produktivität bezeichne ich dabei nicht harte Arbeit im Sinne von Überstunden. Der typische amerikanische Manager kennt keine Dienstzeiten im Büro; er verlegt abends lediglich in der vollgepfropften Aktentasche seine Arbeitsstätte vom Büro nach Hause. Ich beziehe mich auf »produktiv« im Sinne von Leistung: zweckgerechte, wirkungsvolle und befriedigende Arbeit in der Ausführung der Strategie des Unternehmens und in anderweitigem Beitrag zu dessen Erfolg (gemessen am Umsatz, am Marktanteil, an der Rendite und der Kontinuität wirksamen Managements).

Als genauer Beobachter von freiberuflichen Firmen und Industrieunternehmen glaube ich, dass jedes Unternehmen die Produktivität einer freiberuflichen Partnerschaft erreichen kann, wenn es ein ihm entsprechendes eigenes Management-System aufbaut und nutzt – ein System, das die Mitarbeiter durch größere Selbstverantwortlichkeit zu höherer Leistung anspornt.

Hier kann man natürlich mit Recht einwenden, dass der kleinere Rahmen einer freiberuflichen Partnerschaft mehr Selbstverantwortlichkeit ermöglicht. Dennoch behaupte ich, dass ein gut entwickeltes Management-System – konsequent durch gute, nicht einmal unbedingt brillante Führerschaft unterstützt – Unternehmen jeder Größenordnung in die Lage versetzt, einen hohen Grad von Selbststeuerung und Selbstkontrolle zu erreichen. Und das Unternehmen, welches sich auf Selbstverantwortlichkeit stützt, um seine Mitarbeiter zu aktivieren, wird erheblich erfolgreicher sein als jenes, das sich hauptsächlich auf andere Mittel verlässt. Dies mag schwer zu beweisen sein, aber ich bin fest davon überzeugt.

Selbstverantwortliches Handeln ist natürlich besonders wichtig für Manager und Vorgesetzte. Je höher die Position einer Führungskraft, desto mehr Selbstverantwortlichkeit sollte man von ihr erwarten. Aber Erfahrung hat auch gezeigt, dass in einer gutgeführten Unternehmung selbst Gruppen von Schreibkräften besser arbeiten und mehr leisten, wenn sie mehr durch Selbstkontrolle als durch straffe Disziplin und bis in alle Einzelheiten gehende Anweisungen geleitet werden. Das Gleiche, von gewerkschaftlichen Regelungen abgesehen, trifft auf Arbeiter einer Fabrik zu.

Die meisten Menschen wollen von sich aus produktiv arbeiten oder können dazu überredet werden. Viele vertrauliche Unterhaltungen im Laufe der Jahre haben mich davon überzeugt, dass die meisten Menschen, selbst auf unteren Leitungsebenen, tatsächlich gerne arbeiten. Die meisten Manager und Vorgesetzten sehen ihre Arbeit als eine Quelle der Befriedigung an.

Führungskräfte in Unternehmen werden ebenso wie freie Berufe mehr leisten, wenn man ihnen für das Erreichen von Fern- und Nahzielen, zu denen sie sich verpflichtet fühlen, mehr Eigenverantwortlichkeit und Selbstkontrolle gestattet. Voraussetzung dafür ist jedoch, dass sie die Tätigkeit des Unternehmens als nützlich ansehen und verstehen, dass ihre eigenen Anstrengungen unmittelbar zu den Leistungen des Unternehmens beitragen. Meine Gespräche mit Fuhrungskräften in zahlreichen Unternehmen haben mich überzeugt, dass die meisten Menschen in verantwortlichen Positionen das ihnen innewohnende Potential – oft zu ihrer eigenen Enttäuschung – selten voll ausschöpfen. Sie würden gerne mehr Verantwortung auf sich nehmen und einen größeren Teil ihrer Kapazität auf analytische und schöpferische Arbeit verwenden, wenn die Management-Methoden ihnen dies nur *erlaubten* – oder, noch besser, wenn Management-Methoden, Arbeitsklima und Maßnahmen der Unternehmensführung sie darin *unterstützen* würden.

Ich bin der Ansicht, dass jedes Unternehmen mehr Erfolg haben wird, wenn seine Management-Prozesse und die Maßnahmen der Leitung auf diesen Grundsätzen beruhen.

Die Notwendigkeit persönlicher Freiheit im Unternehmen ist weit und breit anerkannt. Während des Wahlkampfes von 1964 in England sagte Premier Sir Alec Douglas-Home in einer Rede:

Jetzt, da unser Leben als Nation davon abhängt, in einem Zeitalter der Wissenschaft und Technik Schritt zu halten, ist es äußerst wichtig, dem Einzelnen jede Möglichkeit zur Ausnutzung seiner Begabung zu geben. Die junge Generation wird sich einer ihr gegebenen Chance gewachsen zeigen, aber durch Anweisung und Befehl werden wir niemals das Beste aus ihnen herausholen.

Crawford Greenewalt, Vorsitzender von Du Pont, bezog sich auf die Notwendigkeit persönlicher Freiheit in noch weiterem Sinne, als er anlässlich des 150-jährigen Bestehens der J. P. Stevens & Co. sagte:

Wenn man den Menschen ein Maximum an Freiheit und Leistungsanreiz gibt, werden die Leistungen des einzelnen sich mit der Leistung der Institution vereinigen. Ich glaube, dass der Erfolg der Stevens Co. während so vieler Jahre fraglos darauf beruht, die gleichen Regeln, die unser Wesen als Nation ausmachen, auch auf die Bedürfnisse einer industriellen Organisation angewendet zu haben: maximale Freiheit, maximaler Leistungsanreiz und damit Umweltbedingungen, in denen der Einzelne sein Bestes gibt.

Die Unternehmensführung muss aber den Handlungsspielraum festlegen, bevor sie die Mitarbeiter sich selbst überlassen kann. Ein Management-System erstellt einen solchen Rahmen, und Führung sorgt für allen notwendigen zusätzlichen Ansporn. Wirksames selbstverantwortliches Handeln erfordert somit genau die Elemente, welche ein Management-System enthält:

- Eindeutig formulierte strategische Pläne, die jedem die Ziele des Unternehmens und die Strategien, um sie zu erreichen, verständlich machen
- Ein Firmenleitbild, das überzeugend darlegt, »wie es bei uns gemacht wird«
- Einen Organisationsplan, der die zu erfüllenden Aufgaben und die zu ihrer Verrichtung notwendigen Vollmachten festlegt
- Grundsätze, Maßstäbe und Verfahren, welche Richtlinien für die Ausführung der Strategie erstellen
- Durchführungspläne sowie Lenkungs- und Kontrollverfahren zur Beschaffung von Informationen als Grundlage von Entscheidungen und für die Steuerung aller Aktionen in die produktivsten und gewinnbringendsten Richtungen
- Aktivierung, in dem erforderlichen Ausmaß, um zweckvollen und produktiven Einsatz der Mitarbeiter zu gewährleisten.

Ein solcher Rahmen, der weder zu detailliert noch zu restriktiv gestaltet sein darf, dirigiert nicht, sondern führt. Der Spielraum für individuelle Entscheidungen und Handlungen ist weit; Selbstverantwortlichkeit und Selbstkontrolle haben hinreichend freie Bahn. Nur ein Minimum von Anweisungen und disziplinarischen Maßnahmen ist notwendig. Motivation beruht weitgehend auf dem Ansporn und der Befriedigung, die eine gut ausgeführte Aufgabe bewirkt. Führerschaft kann sich im Wesentlichen darauf beschränken, die Fern- und Nahziele deutlich zu machen, ein gutes Beispiel zu geben und ein anregendes Arbeitsklima aufrechtzuerhalten.

Völlige Selbstverantwortlichkeit in der Wirtschaft ist zugegebenermaßen eine Idealvorstellung. In der wirtschaftlichen Wirklichkeit kann sie in einigen Unternehmen nur bis zu einem gewissen Grad und in anderen nur auf Teilgebieten erreicht werden. Ich glaube jedoch, dass Selbstverantwortung in beträchtlichem Umfang in jedem Unternehmen durchaus praktisch möglich ist. Und ein hohes Maß an selbstverantwortlichem Handeln trägt so wertvolle Früchte, dass es sich wohl lohnt, darauf hinzuarbeiten.

Im Vergleich mit europäischen Unternehmen nimmt selbstverantwortliches Handeln in den meisten amerikanischen Gesellschaften einen breiteren Raum ein. Wie Mr. Greenewalt einmal erklärte, geben wahrscheinlich unsere Geschäftsmethoden bis zu einem gewissen Grad den Geist der amerikanischen Revolution wieder, wie er sich in der Unabhängigkeitserklärung und in der Verfassung widerspiegelt. Erinnert sei auch an die ausdrückliche Bezugnahme auf ein »demokratisches System« in der Definition von Management-Grundsätzen bei Jersey Standard, die an anderer Stelle zitiert wurden.

Jedenfalls enthält die Praxis in europäischen Unternehmen meist strengere Kontrollen und eingehendere Anweisungen von oben. Mit der zunehmenden Größe und Vielfalt dieser Unternehmen unter dem Einfluss des Gemeinsamen Marktes wird der Wettbewerbskampf die Größeren unter ihnen zweifellos dazu zwingen, Management-Methoden zu entwickeln, die mehr Selbstständigkeit zulassen und fördern. Detaillierte Anweisungen von der Spitze können in Großunternehmen niemals dermaßen wirksame und gewinnbringende Ergebnisse hervorbringen wie Management-Methoden, die zu Selbstständigkeit und Selbstkontrolle anregen.

Innerhalb und außerhalb des Unternehmens ziehen Menschen instinktiv Freiheit vor. Die meisten Menschen akzeptieren Verantwortung und gebrauchen Initiative und Einbildungskraft, wenn man ihnen innerhalb eines richtungweisenden Gesamtrahmens, verbunden mit guter Führung, Freiheit gewährt. Sie werden sich selbst hohe Maßstäbe setzen und werden härter, länger und produktiver arbeiten, um diesen Maßstäben gerecht zu werden.

Fortschrittliche Firmen in England und auf dem Kontinent zeigen ein lebhaftes Interesse, amerikanische Management-Methoden zu übernehmen. Ein wesentlicher Teil dieser Anpassung wird durch die Übernahme amerikanischer Unternehmensverfahren – wie Konzernaufgliederung, weitgehendere Delegation und weniger unmittelbare Kontrolle – zwangsläufig auf größere Selbstverantwortung des Einzelnen hinauslaufen.

Der vielleicht anschaulichste Beweis der Zweckmäßigkeit selbstständigen Handelns ist die Verbreitung der so genannten »consultative« oder »participative« Methode in der amerikanischen Unternehmensführung.[46] Immer häufiger werden Mitarbeiter in amerikanischen Unternehmen von ihren Vorgesetzten aufgefordert, die Vorschriften, Pläne und Programme zur Regelung ihrer eigenen Handlungen mitzugestalten. Dies kommt nicht nur der Qualität der Vorschriften, Pläne und Programme zugute, sondern regt auch die Mitarbeiter an, jene wirkungsvoller und williger auszuführen. Ich würde deshalb jedem Unternehmen dringend raten, sich die Heranbildung persönlicher Selbstverantwortung zum Ziel zu setzen. Auch wenn sich dies Ziel, wie es normalerwei-

---

[46] Der erste dieser Begriffe heißt schlechthin »beratend« – und zwar in diesem Zusammenhang bezogen auf Führung, die sich im Wesentlichen auf Beratung, im Gegensatz zu direkter Anweisung, der ausführenden Organe beschränkt. Der zweite Begriff heißt »teilnehmend« und drückt das Prinzip der maximalen aktiven Teilnahme untergeordneter Stellen am Führungsprozess aus.

se der Fall ist, nicht ganz realisieren lässt, wird allein schon die entsprechende Anstrengung dem Unternehmen mehr Erfolg und mehr Gewinn einbringen.

Nehmen wir ein anderes Beispiel: Nach dem unerwarteten Tode eines Firmenchefs, einer außerordentlich starken Persönlichkeit, wurde ein relativ junges Vorstandsmitglied an die Spitze des Unternehmens berufen, das in einer von starkem Wettbewerb gekennzeichneten Industrie eine bedeutende Rolle spielt. Während der nächsten beiden Jahre blieb die allgemeine Wirtschaftslage stabil, und das Unternehmen traf keine bedeutenden Änderungen bezüglich Produktionsstruktur, Preisen, Fabriken, Marketing-Methoden oder Management. Dennoch wurde die Wettbewerbslage des Unternehmens gestärkt; sein Umsatz und Marktanteil wuchsen; der Gewinn pro Aktie verdoppelte sich.

Auf meine Frage, wie das zu erklären sei, sagte der neue Generaldirektor: »Ich habe einfach den Leuten ihren Willen gelassen.« Genau so war es gewesen. Er hatte ihnen weniger Anweisungen als sein Vorgänger gegeben, und er hatte sie weniger streng kontrolliert. Auf allen Ebenen hatten die Leute mehr Freiheit, das zu tun, was sie schon immer hatten tun wollen. Die gleichen Mitarbeiter arbeiteten ganz einfach wirkungsvoller – und mit mehr Begeisterung – an der Durchführung des gleichen betrieblichen Programms unter dem gleichen Organisationsplan. Während der Aufsichtsrat vorher einen Verkauf des Unternehmens erwogen hatte, stellte er jetzt fest, dass das Unternehmen über Führungskräfte verfügte, welche die erfolgreiche Übernahme anderer Firmen ermöglichte.

G. K. Chesterton sagte einmal: »Das christliche Ideal ist nicht erst versucht und dann als unzulänglich erkannt worden. Es ist als schwierig erkannt und gar nicht erst versucht worden.« Das Gleiche gilt für Selbstverantwortung im Unternehmen. Man hat sie ebenfalls weitgehend unversucht gelassen. Aber wo auch immer man es auf einen Versuch hat ankommen lassen, hat sie nicht enttäuscht.

Da kein Ideal voll erreichbar ist, muss jeder Manager sich auch der anderen wesentlichen Mittel zur Aktivierung der Mitarbeiter zu produktiver Arbeit in einer systematisch geführten Unternehmung bedienen. Sie sollen jetzt der Reihe nach behandelt werden.

## Anordnungen

Die Reaktion auf eine Anordnung – das heißt die Ausführung eines von einem Vorgesetzten erteilten Befehls – ist von allen Mitteln zur Aktivierung das genaue Gegenteil des selbstverantwortlichen und selbstständigen Handelns. Im Wirtschaftsleben begegnet man dem militärischen Ausdruck »Befehl« selten. Führungskräfte verkleiden ihre »Befehle« lieber in Aufforderungen oder Vorschlägen, die als Anordnungen aufgefasst und entsprechend befolgt werden.

Mangels eines Management-Systems, das die Notwendigkeit zu direkten Anweisungen verringert, werden die meisten Unternehmen heute mehr durch von oben auferlegte Disziplin geführt und können sich weniger auf selbstverantwortliches Handeln stützen. Sie erinnern sich wahrscheinlich an mein Beispiel vom Generaldirektor, der so dominierend war und eine so strenge Disziplin ausübte, dass seine Mitarbeiter immer schon seine Wünsche zu erraten und zu befolgen suchten. Ich weiß aus meinen Gesprächen mit Führungskraften aller Ebenen in dieser Firma, dass sie mit mehr Freiheit zu selbstständigem Denken und Handeln bedeutend produktiver hätten sein können. Sie hätten mehr Initiative und Ideen entwickelt, hätten sich selbst höhere Leistungsmaßstäbe gesetzt und schlechthin härter gearbeitet, wenn sie nicht dauernd auf Anweisungen hätten warten müssen.

Hier noch einige weitere Beispiele, wie sehr zu strenge Disziplin die Initiative der Mitarbeiter hemmt:

- Ein sehr auf Disziplin eingestelltes Unternehmen hat erhebliche Schwierigkeiten, junge Nachwuchskräfte aus den Graduate Business Schools zu bekommen. Ein oder zwei von jeder Universität treten ein und gehen nach einigen Jahren wieder. Für die nächsten zwei oder drei Jahre dann erweisen sich weitere Anwerbungsversuche dieser Firma als erfolglos. Der Grund liegt darin, dass an den Universitäten Gerüchte kursieren, etwa des Inhalts: »Geht nicht dorthin, es sei denn, Ihr wollt nur Befehlsempfänger sein.«

- In einem ähnlich streng disziplinierten Unternehmen wagen sogar die leitenden Angestellten nicht, anderer Meinung als die Unternehmensführung zu sein; stattdessen führen sie Programme aus, an die sie nicht glauben. Ein Vizepräsident dieser Firma sagte einmal zu mir: »Ich habe keine Lust, mir die Finger zu verbrennen.« Die Unternehmensführung bringt sich auf diese Weise selbst um den Wert zusätzlicher Tatsachen und des kritischen Urteils hochqualifizierter Mitarbeiter. Gleichzeitig wird sie durch höhere Kosten und durch weniger wirksame Durchführung derjenigen Programme benachteiligt, die skeptisch betrachtet werden.

- Vor dem Wechsel des Generaldirektors einer großen, auf der Grundlage eiserner Disziplin geführten Einzelhandelskette mussten die Filialleiter überall im Lande Waren führen, die sich, wie sie wussten, schlecht verkaufen ließen. Desgleichen wandten sie Verkaufsmethoden an, die wie ihnen ebenfalls bekannt war, nicht der Situation ihrer jeweiligen Filialen entsprachen. Ihre Begründung: »Ich möchte nicht zusammengestaucht werden. Die sollen selbst herausfinden, dass das Zeug unverkäuflich ist.«

• Die leitenden Angestellten eines großen metallverarbeitenden Unternehmens warten gegenwärtig auf die Pensionierung ihres gebieterischen Generaldirektors, in der Hoffnung, wieder mehr Freizügigkeit zu bekommen. Stünde seine Pensionierung nicht unmittelbar bevor, würden sicher viele fähige Führungskräfte dem Beispiel eines Kollegen folgen, der vor kurzem die Firma mit der Bemerkung verließ: »Ich kann das nicht mehr aushalten, auch nicht für ein paar Jahre.«

Die Führungskräfte eines befehlsmäßig geführten Unternehmens gleichen den Truppen in Tennysous »Charge of the Light Brigade«:

»Theirs not to reason why, Theirs but to do and die.«

Wenn immer ein Manager oder Vorgesetzter sich so verhält, müssen die Gewinne notwendigerweise darunter leiden. Tatsachen werden entweder unterdrückt oder dem entscheidenden Vorgesetzten nicht mitgeteilt. Die Initiative wird abgewürgt. Der Unternehmensführung geht der Nutzen von Ideen und schöpferischer Kraft der den Tagesereignissen näherstehenden Mitarbeiter verloren. Die Leute arbeiten nur nach den auferlegten Maßstäben und tun lediglich, was sie tun müssen. Nur spärlich und langsam werden Informationen von unten nach oben weitergegeben, um Fehler in der Politik des Unternehmens und in seinen Verfahren und Programmen zu korrigieren. Es fehlt an Begeisterung und dem Geist, die Leistungen steigern und Kosten senken. Die Freude an der Arbeit, die jeden hochqualifizierten Mann anspornt, ist nicht vorhanden.

Natürlich erfordert jede Situation, wenn sie nicht gerade ideal ist, von Zeit zu Zeit Dienstanweisungen. Die Versuchung jedoch, sich zu sehr auf diese zu stützen, ist immer groß, weil der Befehl für jeden Vorgesetzten ein so einfach anwendbares Führungsinstrument ist; es genügt, den Befehl auszusprechen. Meine Untersuchungen und Beobachtungen haben mich jedoch überzeugt, dass Dienstanweisungen zumindest in der Wirtschaft so knapp und so geschickt erteilt werden sollten, dass sie dem Empfänger stets sachliche oder auch nur intuitive Einwände gestatten. Dienstanweisungen dürfen auch nicht so unwiderruflich, willkürlich oder eindringlich erteilt werden, dass sie den Enthusiasmus der Empfänger dämpfen oder die Weitergabe von Informationen nach oben behindern. Mit einem Management-Programm werden gute Führungskräfte nur selten Dienstanweisungen erteilen müssen.

## Disziplinarische Maßnahmen

Kein Management-System kann ohne disziplinarische Maßnahmen, seien sie auferlegt oder nur angedroht, wirksam funktionieren. Ihre Androhung steht selbst bei weitgehend verwirklichter Selbstständigkeit immer im Hintergrund, sei es auch nur in der Form, dass man das Prinzip selbstständigen Handelns wieder aufgeben würde, sollte es sich als unwirksam erweisen. In einem nach System geführten Unternehmen werden disziplinarische Maßnahmen jedoch recht selten notwendig und die Wirkung der wenigen, die auferlegt werden müssen, wird durch das System noch verstärkt. Schon die mögliche Missbilligung seitens einer Gruppe stellt einen wirksamen Ansporn dar.

Daneben gibt es in einer systematisch geführten Unternehmung – in der Reihenfolge zunehmender Schärfe – die folgenden hauptsächlichen disziplinarischen Maßnahmen: Tadel, Kürzung oder Wegfall zusätzlicher Vergütungen, Aufschub von Beförderung und, bei anhaltend schlechter Leistung, Kündigung. Einige Unternehmen gebrauchen auch das Druckmittel vorzeitiger Pensionierung mit entsprechend verminderter Pensionszahlung.

Angesichts menschlicher Unzulänglichkeit muss dem Management als letzte Maßnahme auch die Kündigung zur Verfügung stehen. Frühzeitige Entlassung von leistungsschwachen Mitarbeitern stärkt das System wesentlich und ist auch durchaus fair. Ich habe oft beobachtet, dass man ungeeignete Leute trotzdem in wichtigen Positionen belassen hat. Dies ist nicht nur für das Unternehmen, sondern auch für den Betroffenen tragisch, da er vielleicht woanders Erfolg gehabt hätte – wäre er so frühzeitig entlassen worden, dass er noch eine andere leitende Stellung hätte bekommen können.

Mit Fairness und Überlegung angewandt, sind disziplinarische Maßnahmen in jedem Unternehmen ein wesentliches Mittel zur Aktivierung. Ein fähiger Unternehmensführer wird sie zwar sparsam, doch wenn erforderlich ohne Zögern gebrauchen. Eine glasklare Personalpolitik bestärkt tüchtige Mitarbeiter in ihrer Loyalität. Die faire Anwendung einer solchen Politik unter den richtigen Umständen erhöht die Moral der besten Kräfte im Unternehmen.

Ein systematisch geführtes Unternehmen erfordert selten disziplinarische Maßnahmen, weil das Zusammenwirken von Richtlinien und Komponenten des Systems ein geringeres Maß persönlicher Aktivierung durch Manager und Vorgesetzte erfordert. Aber trotz aller Selbstverantwortlichkeit und Selbstkontrolle muss man bereit sein, falls notwendig, sich zunächst zu kleineren disziplinarischen Maßnahmen und schließlich auch zur Kündigung eines Mannes zu entschließen.

Als Vizepräsident von General Motors und Leiter der Chevrolet-Division hielt Semon E. Knudsen vor Studenten der Graduate School of Business Administration der Michigan University einen Vortrag. Unter anderem sagte er:

Im Unternehmen arbeiten Drohung und Anreiz Hand in Hand, um einen Mann auf seinem höchsten Leistungsniveau zu halten.

Die Drohung ist in der Chance verschleiert. Jemand soll seine Aufgabe auf seine Weise so lange verrichten, wie er erfolgreich ist; versagt er, muss man die Härte besitzen, ihn abzulösen.[47]

## Ratschläge

Ratschläge und Anregungen werden natürlich ausgiebig zur Aktivierung der Mitarbeiter eingesetzt. In einem Management-System wird ein Hinweis oder Ratschlag nicht als Befehl aufgefasst. Ein Rat ist stets angenehmer als eine Anweisung, weil sich der Empfänger frei fühlt, ihn anzunehmen oder abzulehnen. Da Ratschläge dem Grundsatz der Selbstverantwortlichkeit mehr entsprechen als Anweisungen, sind jene ein besseres Mittel zur Aktivierung.

Das Management-System gestattet den Gebrauch von Ratschlägen in mindestens drei organisatorischen Beziehungen:

1. Jeder Vorgesetzte gibt seinen Untergebenen Ratschläge. Diese müssen sich jedoch deutlich von Dienstanweisungen unterscheiden, damit sie nur als Rat aufgefasst werden. Das ist das wichtigste und geläufigste Beratungsverhältnis.

2. Funktionelle (das heißt für Fachbereiche verantwortliche) Führungskräfte machen Vorschläge, die eindeutig keinen funktionellen Weisungscharakter haben.

---

[47] Semon E. Knudsen, »The Change Seekers«, *Michigan Business Review,* November 1964.

3. Die Stäbe haben ausschließlich die Aufgabe, Ratschläge auszuarbeiten und vorzubringen, es sei denn, es werden an sie gelegentlich von einem Linienvorgesetzten bestimmte Vollmachten delegiert.

Soll diese Form der Beratung in einem Unternehmen gedeihen und in entsprechendem Handeln relevant werden, so ist eine aufgeschlossene Geisteshaltung unerlässlich. Eine Firmenpolitik, welche tatsachenorientierte Verfahren für Entscheidungen festlegt und eine Atmosphäre der Sachlichkeit schafft, wird diese Aufgeschlossenheit wesentlich stärken.

Ein geschickter Ratgeber erfasst alle Nuancen der Situation und berücksichtigt die Sensibilitäten desjenigen, den er berät. Er hat nicht nur ein Gefühl für die normalen Ansichten, Vorurteile und Verfahrensweise des anderen, sondern auch für die Besonderheiten seiner persönlichen Situation zu dem in Frage kommenden Zeitpunkt: seine Stärken und Schwächen, seine persönliche »politische« Position und andere Faktoren, die seine Bereitschaft und Fähigkeit zur Befolgung des Rates beeinflussen. Ein geschickter Ratgeber wird Sorge tragen, dass sein Rat auch als solcher aufgefasst wird.

Ratschläge und Hinweise sind ein nützliches Aktivierungsinstrument. In einer mit System geführten Unternehmung können sie Dienstanweisungen ersetzen und die selbstverantwortliche Leistung erhöhen.

## Konstruktive Einstellung zur Arbeit

Die konstruktive Einstellung zur Arbeit als Voraussetzung für maximale produktive Einzelleistung ist weitgehend von der Art der Unternehmensführung abhängig. Die wichtigsten

Faktoren für diese Einstellung sind bereits erörtert worden. Aber das Verständnis der spezifischen Gründe, warum Menschen ihre berufliche Tätigkeit gern oder ungern ausüben, wird dem Manager helfen, die Produktivität der individuellen Arbeitsleistung zu erhöhen.

Unter der Voraussetzung gerechter Entlohnung ergibt sich eine konstruktive Einstellung zur Arbeit hauptsächlich aus folgenden drei Vorbedingungen: 1) Freiheit des Einzelnen zu selbstständigem Handeln, 2) Gelegenheit zum Vorwärtskommen durch Leistung und 3) das Gefühl der persönlichen Leistung.

*1) Die Freiheit, selbstständig zu handeln:* In einem Vortrag vor Studenten der Betriebswirtschaft an der Michigan University sagte Semon Knudsen, als er die Haltung von Führungskräften erörterte:

Der Geschäftserfolg steht in direktem Verhältnis zur geistigen Handlungsfreiheit, die den Führungskräften in einer Organisation gewährt wird. Unter keinen Umständen möchte ich jedoch Individualität über den organisatorischen Zweck setzen. Die Organisationsstruktur mag beständig sein – und muss dauerhaft bleiben –, aber ihre Funktion besteht aus Hunderten von einzelnen Aufgaben. Es ist die erfolgreiche Durchführung dieser einzelnen Aufgaben und nicht die Technik ihrer Lösung, die als Maßstab dienen sollte. Verantwortung, Vollmacht und das Recht auf Anwendung individueller Methoden müssen Hand in Hand gehen … Wichtig für die Organisation ist, dass jeder Gelegenheit erhält, seine Fähigkeiten in der Weise zu nutzen, die seiner Persönlichkeit am besten entspricht.

Hier sehen wir den Einfluss des Management-Systems, wenn es darum geht, eine konstruktive Einstellung zur Arbeit zu schaffen: Die Organisationsstruktur legt den Verantwortungsbereich fest, die Delegation von Vollmachten gewährleistet Freiheit. Diese beiden Management-Prozesse ermöglichen vereint »individuelle Methoden« zur Ausführung des »organisatorischen Zwecks«.

Knudsens Beobachtung, dass ein »Recht auf Anwendung individueller Methoden« für die konstruktive Einstellung von fundamentaler Bedeutung ist, wird in vielen Kommentaren der Teilnehmer in meiner Studie über hochqualifizierte Kräfte bestätigt (siehe Kapitel 6). Hier sind einige ihrer Antworten auf meine Fragen »Warum sind Sie bei Ihrer gegenwärtigen Firma geblieben?«:

»Eine Atmosphäre, die den fähigen Mitarbeiter fühlen lässt, dass er sein eigener Herr ist.«

»Ausgesprochen gute Schulung – verbunden mit der ausgeprägten Neigung des Unternehmens, den einzelnen Mitarbeiter seine Aufgaben auf seine Weise durchführen zu lassen.«

»Klarer Verantwortungsbereich, vielfältige Aufgaben, große Freiheit in der Planung und Durchführung meiner Arbeit, Gelegenheit zu schöpferischer Tätigkeit.« »Der Einzelne hat Vollmacht und ist für die Durchführung seiner Aufgabe bis zum Schluss verantwortlich, ohne dass er wegen der kleinsten Angelegenheit von seinen Vorgesetzten eine Genehmigung einholen muss … Wenn Spitzenkräfte dazu gezwungen werden, sich an eine Unmenge von Richtlinien zu halten, die ihnen albern erscheinen, dann werden sie sich mit dem Unternehmen schlagen, anstatt für es zu arbeiten.«

Als Gründe für einen Stellenwechsel wurden unter anderen folgende angeführt:

»Zu viel und zu genaue Überwachung. Die Vorgesetzten haben ihre Untergebenen ständig getrieben, harter und schneller zu arbeiten; zu viele Überstunden; ein Großteil der Arbeit war reine Schreiberei.«

»Eine Ein-Mann-Veranstaltung – in Vergangenheit, Gegenwart und Zukunft. Meine Überzeugungen und persönlichen Interessen waren mit der Gesamtausrichtung der Führung nicht vereinbar.«

»Das Unternehmen war praktisch eine Ein-Mann-Organisation, das heißt keine Delegation von Vollmachten.«

Es ist offensichtlich, dass konstruktive Einstellung zur Arbeit in direktem Verhältnis zur persönlichen Handlungsfreiheit steht. Aber der organisatorische Zweck kann nicht ohne Disziplin erreicht werden. Folglich kann man Freiheit zum Handeln nicht direkt gewähren. Sie muss sich aus dem Management-System ergeben.

Mit zunehmender Größe unserer Wirtschaftsorganisationen sind die Beschränkungen der persönlichen Freiheit ein nationales Anliegen geworden. Dazu sagt John Gardner in seinem Buch »Selbsterneuerung«:

Jeder denkende Mensch macht sich heutzutage Sorgen über die neuartigen und subtilen Beschränkungen, denen der Einzelne in modernen Großunternehmen ausgesetzt ist ... Die moderne Gesellschaft ist durch komplexe Organisation gekennzeichnet – und das muss auch so sein. Es gibt keine Wahl. Wir müssen nach bestem Vermögen mit den Belastungen, welche die Großorganisation auf den Einzelnen ausübt, fertig werden.[48]

Ich bin der Ansicht, dass der beste Weg, mit diesen Belastungen des Einzelnen fertig zu werden, darin besteht, sie mit Hilfe eines Systems zu meistern. Die richtige Art von System wird den fähigen (nicht unbedingt brillanten) Führern großer Organisationen erlauben, den Einzelnen zum selbstständigen Handeln anzuhalten – und dabei dennoch die Strategie des Unternehmens zur Erreichung ihrer Ziele zu verfolgen.

---

[48] John W. Gardner, Self-Renewal: The Individual and the Innovative Society, Harper & Row, New York, 1963, S. 55.

*2) Gelegenheit zum Aufstieg aufgrund von Leistung:* Wie
wir gesehen haben, ist die Gelegenheit zum Aufstieg aufgrund von Leistung (was unterstellt, dass Wachstum ein
Unternehmensziel ist) ein mächtiges Mittel, leitende Kräfte
anzuspornen: mehr Geld, mehr Prestige, mehr Freiheit zu
selbstständigem Handeln. Nachstehend gebe ich einige
Kommentare von Teilnehmern an meiner Erhebung wieder,
die dieses Motiv herausstellen:

»Der Aufstieg des Einzelnen ist der Schlüssel zur Leistungsfähigkeit und zum Erfolg des Unternehmens. Deshalb muss
die Beförderung von eindeutigen Faktoren abhängen, wie
Können, Fähigkeiten und Ergebnisse – nicht von persönlichen
Verbindungen, Nepotismus und Sitzfleisch. Politische Mani-
pulationen sind nützlich in den Beziehungen nach außen,
nicht aber in internen Angelegenheiten.«

»Ein tüchtiger Mann verlässt seine Firma gewöhnlich
aus zwei Gründen: Abwechslung und Aufstieg. Wird diesen
beiden Beweggründen in der eigenen Firma regelmäßig Rechnung getragen, wird er nicht gehen.«

»Ich habe mich für ein Unternehmen entschlossen, das zu
den hervorragendsten der Branche zählt. Es gibt sowohl in
den Staaten als auch in den ausländischen Niederlassungen
zahlreiche Möglichkeiten zum Aufstieg.«

»Die Möglichkeiten zum Aufstieg für begabte Leute sind
enorm. Das Unternehmen ist psychologisch darauf eingestellt, moderne Management-Techniken zu übernehmen und
anzuwenden. Damit wird das Potential der einzelnen Stellungen noch weiter ausgebaut.«

Die in den Antworten genannten Gründe für die Tren-
nung von einem früheren Arbeitgeber bezogen sich auf
Nepotismus, mangelnde Aufstiegsmöglichkeiten in einem
Familienunternehmen, zu viele gute Leute, die auf Beförde-
rung warten, und »Beamten-Atmosphäre« – kurzum, ein
Mangel an Gelegenheit zum Aufstieg.

*3) Gefühl der persönlichen Leistung:* »Die stärkste Antriebskraft im Wesen eines Menschen ist, abgesehen vom Selbsterhaltungstrieb, der Stolz auf die eigene Leistung.« Diese Feststellung wurde nicht von einem Psychologen oder Philosophen – sondern von Ben D. Mills, Vizepräsident der Motor Company, getroffen.[49]

Meine Untersuchungen haben Mills' Ansicht bestätigt. Auf die Frage nach den Gründen, die sie hauptsächlich zum Bleiben in dem gegenwärtigen Unternehmen veranlassen, kreuzten 83 Prozent der Befragten die Aussage an: »Meine Tätigkeit ist interessant und anspruchsvoll.« Unter denen, die ihren Arbeitsplatz gewechselt hatten, nannten 53 Prozent mangelnde Anforderungen als Grund, während nur 46 Prozent gewechselt hatten, um ein höheres Einkommen zu erreichen.

Aus meinen Gesprächen mit vielen Menschen, deren Einstellung ihrer Berufstätigkeit gegenüber von echter Begeisterung bis zu völliger Unzufriedenheit reichte, habe ich gelernt, dass eine qualifizierte Kraft auf die Dauer selten eine Tätigkeit ausüben wird, die uninteressant und anspruchslos ist. In der amerikanischen Wirtschaft mit ihrer großen Freizügigkeit (vor allem auch was den Wechsel der Arbeitsstelle anbelangt) wird ein überdurchschnittlicher Mann, wie ihn die Unternehmen zur Sicherung der Kontinuität im Management brauchen, nicht lange in einer langweiligen Routinetätigkeit ausharren, noch dazu, wenn er weiß, dass die Arbeit, die man von ihm verlangt, unwichtig ist.

Viele mir bekannte Führungskräfte sträuben sich gegen diese Wirklichkeit, indem sie über das lamentieren, was sie schlechthin als Abneigung der Nachwuchskräfte von heute ansehen, sich in ihre Stellungen zu fügen. Anstatt sich nur über dieses Problem zu beklagen, sollten diese Manager

---

[49] Ben D. Mills, »Management without Meddling«, *Think* (IBM), Oktober 1958.

lieber etwas dagegen tun. Andernfalls werden ihre Unternehmen bei der gegenwärtigen großen Jagd nach den Managern von morgen unterliegen. 33 Prozent der noch ziemlich jungen Befragten hatten bereits Positionen in zwei Unternehmen bekleidet; 13 Prozent waren in drei und 6 Prozent in vier oder mehr Gesellschaften tätig gewesen. Nachstehend einige Kommentare derjenigen, die ihre Firma gewechselt haben:

»Ich konnte jeden Auftrag erledigen, ohne mich zeitlich oder sachlich besonders anstrengen zu müssen. Ich bin zu einem größeren Unternehmen gegangen, weil ich härter arbeiten und entsprechend besser bezahlt werden wollte.«

»Die Stellung verlangte nicht den vollen Einsatz meiner Fähigkeiten und hätte dies auch in Zukunft nicht getan.«

»Meine erste Stellung bestand aus zu viel Routine und war ein bequemer, leichter, sicherer, aber langweiliger Job.«

»Die Arbeit war frustrierend; sie füllte mich nicht aus.«

»Ich hatte das Gefühl, dass ich mein Gehalt gar nicht verdiente, da ich nicht in der Lage war, meine Ausbildung und mein Wissen voll einzusetzen.«

David C. McClelland, ein Psychologe der Harvard Universität, hat sich mit dem Phänomen des persönlichen Erfolges und dessen Trägern intensiv beschäftigt. In einem Artikel im *Harvard Business Review* berichtet er unter Bezugnahme auf sein Buch »The Achieving Society« (Die erfolgreiche Gesellschaft), dass »nicht der Gewinn an sich den Geschäftsmann antreibt, sondern ein ausgeprägtes Leistungsstreben und der Wille, eine gestellte Aufgabe gut zu erfüllen.«[50] Das ist, wie Sie sich erinnern werden, die gleiche Schlussfolgerung, die der Schweizer Schulleiter nach seinem Besuch in den USA zog.

---

[50] David C. McClelland, »Business Drive and National Achievement«, *Harvard Business Review*, Juli/August 1962.

Das Gefühl der persönlichen Leistung kann nur voll befriedigt werden, wenn sie dem Einzelnen selbst klar erkennbar ist. Ein kluger Unternehmer hat mir einmal gesagt, dass die überdurchschnittliche Führungskraft »Leistungsmaßstäbe wünscht, die ihr die Meilensteine auf dem Weg zum Erfolg zeigen«. Aufstieg und mehr Geld sind zwei sehr konkrete Meilensteine; aber auch Lob und Anerkennung sind es.

Es ist klar, dass der fähige Mann eine Tätigkeit aufgeben wird, die ihm wenig Leistungsbewusstsein vermittelt. Und selbst verlockende Pensionen, Bonusse und Sonderbezugsrechte für Aktien werden hochqualifizierte Mitarbeiter nicht halten können. Das ist gut für die Wirtschaft, weil es bedeutet, dass sich unsere beste menschliche Arbeitskraft solchen Stätten zuwendet, an denen sie am produktivsten eingesetzt wird. Die Konsequenz hieraus sollte für jedes Management, das den Willen hat, das Unternehmen zum Erfolg zu führen, ersichtlich sein. Daher glaube ich, dass das Management-System eine spezifische Strategie für die Ausbildung von Führungskräften einschließen muss. Diese Strategie sollte den Forderungen des Unternehmens nach Führungskräften und deren Verhaltensweisen gerecht werden.

## Belohnungen

Finanzielle Belohnung ist ein so offensichtliches Mittel der Aktivierung, dass ich sie nur erwähne, um sie in die richtige Perspektive zu rücken. Viele Unternehmensleitungen neigen meiner Meinung nach zur Überschätzung des Geldes als Motivationsmittel für einen Mann in Führungsposition. Selbst wenn finanzielle Vergütungen irgendwelcher Art (Gehalt, Bonus, Vorzugsaktien, Pensionsvergünstigungen oder andere zusätzliche Leistungen) einen Mitarbeiter zum Verbleib im Unternehmen bewegen, so veranlassen sie ihn doch nicht unbedingt, auch tatsächlich produktiv zu arbeiten. Langjährige Beobachtung und viele vertrauliche Unterhaltungen haben mich davon überzeugt, dass fast ausnahmslos hochwertige Leute gut bezahlt werden wollen; andernfalls gehen sie. Sie schätzen ihr Gehalt nicht nur in Bezug auf seine Kaufkraft, sondern auch als Anerkennung für Leistung und als Maßstab des Erfolges. Im Rahmen eines Management-Systems genutzt, wird die Motivationskraft des finanziellen Entgelts durch das Zusammenwirken von Management-Verfahren und anderen Arten der Befriedigung in der Arbeit erhöht.

Selbst wenn er weiß, dass er woanders 20 Prozent mehr bekommen kann, ist es für einen hochqualifizierten Mitarbeiter bezeichnend, in einer gut geführten Unternehmung zu bleiben und produktiv zu arbeiten, vorausgesetzt, dass ihm seine Tätigkeit die Freiheit zu selbstständigem Handeln, Gelegenheit zum Aufstieg aufgrund tatsächlicher Verdienste und ein Gefühl für die eigene Leistung bietet. Umgekehrt muss das finanzielle Entgelt unverhältnismäßig hoch sein, soll es einen fähigen Mann in einem schlecht geführten Unternehmen oder auf einem Arbeitsplatz halten, wo keine Freiheit zu selbstständigem Handeln gewährt wird, nur begrenzte Möglichkeiten zum Aufstieg aufgrund tatsächlicher Verdienste bestehen und wenig Befriedigung durch Leistung zu erreichen ist. Selbst wenn das höhere finanzielle Entgelt den Mann hält, wird er unter solchen Umständen das ihm innewohnende Potential nicht voll entfalten.

Zu seinem 70. Geburtstag im Jahre 1961 wurde Sidney Weinberg aus der Firma Goldman Sachs & Co., einer der erfolgreichsten Finanziers der Wall Street, von einem Berichterstatter der *New York Herald Tribune* interviewt. Als er gefragt wurde, welchen Wert er dem Geld zubillige, sagte Mr. Weinberg: »Arbeiten Sie nie für Geld allein. Arbeiten Sie aus Stolz auf die Leistung. Wenn man mit diesem Ziel arbeitet, wird man auch genug Geld verdienen ...«[51]

Finanzielle Belohnung sollte also stets in der richtigen Perspektive gesehen werden. Wird diese Belohnung im Verein mit anderen Motivationsmitteln des Systems herangezogen, ist ihre Wirksamkeit umso größer.

Andere nicht finanzielle Arten des Entgelts gewinnen natürlich ebenfalls an Motivationskraft, wenn sie als integrale Teile eines Gesamtsystems in Erscheinung treten. Die wichtigsten sind Zustimmung oder Ablehnung einer Gruppe. Mehr Geld und Kündigung können dann als Belohnung beziehungsweise Bestrafung hinzugefügt werden. Mr. Mills von Ford stimmt mit Mr. Knudsen von General Motors überein, wenn er sagt: »Bei guter Leistung bekommt der Mann auch entsprechende Anerkennung. Ist sie durchweg schlecht, dann sollte er durch einen Fähigeren ersetzt werden.«

## Persönliche Hingabe

Vor einigen Jahren gab einer unserer Nachbarn seine Stellung bei einem großen New Yorker Unternehmen auf, um eine Autogarage zu kaufen. Als Geschäftsführer, Meister und härtester Arbeiter seiner kleinen Belegschaft ist er schon an der Arbeit, wenn wir anderen morgens in den Vorortzug steigen; er ist noch am Wirken, wenn uns die Züge abends nach Hause bringen. Dennoch empfindet er nichts als Mitleid für seine Freunde, die täglich mit dem Vorortzug zu einer Bürotätigkeit in die Stadt fahren müssen. Was bei ihm lediglich als Interesse begann, reifte bald zu einer persönlichen Bindung und erblühte in der Hingabe an sein kleines Geschäft. Sein Erfolg hat es ihm ermöglicht, mehre-

---

[51] *The New York Herald Tribune,* 13. Oktober 1961.

re andere kleine Betriebe aufzukaufen. Er ist ein glänzendes Beispiel für die zweckgerichtete Produktivität des individuellen Unternehmers, auf die ich mich weiter oben bezog – eine Produktivität, der Interesse, Engagement und Hingabe (in dieser Reihenfolge der Intensität) entspringen.

Wer an seiner Arbeit interessiert ist, leistet natürlich mehr als der, dem es nur um den Lebensunterhalt geht. Wer sich mit seiner Firma und/oder seiner Aufgabe verbunden fühlt, wird noch produktiver sein, weil er allmählich in seiner Arbeit aufgeht – weil er die Arbeit um ihrer selbst willen als befriedigend empfindet, nicht nur als Quelle des Lebensunterhalts. Wer sich aber seinem Unternehmen und/oder seiner Aufgabe ganz hingibt, nähert sich der zweckvollen Produktivität des Anwalts in einer großen Kanzlei und des Inhabers eines kleinen Geschäfts. Er ist der Produktivste von allen.

Die Aufgabe des Großunternehmens besteht darin, das Interesse der leitenden Angestellten an ihrer Arbeit und am Unternehmen selbst bis zu dem Grad zu steigern, an dem ihre Leistung die Produktivität, Begeisterung und Hingabe des typischen Einzelunternehmers erreicht. Während Interesse an der Arbeit, wie wir gesehen haben, zur Bindung eines hochwertigen Mannes an das Unternehmen selbst notwendig ist, kann geschickte und wirksame Unternehmensführung bei einigen ihr Interesse in persönliche Verbundenheit wandeln – und bei einigen Wenigen bis zur völligen Hingabe steigern.

Das Ziel der persönlichen Verbundenheit und sogar der Hingabe ist keineswegs utopisch. Überall in der amerikanischen Wirtschaft machen zahllose Manager unzählige Überstunden, unter großen personlichen und familiären Opfern, und leisten bedeutend mehr, als von ihnen erwartet wird. Was bewegt sie dazu? Und wie kann eine Unternehmensleitung die Voraussetzungen schaffen, die einen ähnlichen Ausstoß an produktiver Leistung herbeiführen?

Eine derartige Verbundenheit oder Hingabe kann nur in einem gut geführten Unternehmen erzielt werden, welches ein zweckbezogenes Leitbild hat, ein angemessenes Maß an persönlicher Freiheit und die Chance zum Aufstieg durch Leistung bietet, sowie ein Gefühl der Befriedigung in der vollendeten Aufgabe erzeugt. Aber auch das ist nicht genug; drei weitere Bedingungen sollten erfüllt werden. Der Einzelne muss an den Wert der Arbeit des Unternehmens glauben, er muss ein Gefühl der Zugehörigkeit haben, und er muss die Bedeutung seines eigenen Beitrages zur Gesamtleistung des Unternehmens begreifen. Andere Bedingungen wie Respekt und Zuneigung gegenüber seinen Kollegen im Management werden ebenfalls zu seiner persönlichen Verbundenheit und Hingabe beitragen, doch sind jene die wesentlichen Voraussetzungen.

In einer Wettbewerbswirtschaft kann selbst ein geringes Mehr an Verbundenheit oder Hingabe des leitenden Personals einen hervorragenden Erfolg des Unternehmens herbeiführen. Tatsächlich ist Verbundenheit oder Hingabe bei nur einigen Managern ein Zeichen dafür, dass das Unternehmen Voraussetzungen geschaffen hat, unter denen die meisten anderen Manager produktiver sein werden. Und dies läuft auf einen enormen Vorsprung im Wettbewerb hinaus.

*Wert der Arbeit:* »Es ist wichtig, dass das Verlangen des Menschen nach Hingabe auf wertvolle Ziele gelenkt wird«, sagt John Gardner in »Self-Renewal« (Selbsterneuerung). »Der sich selbst erneuernde Mensch weiß, dass, wenn er nicht vom Wert seiner Aufgabe überzeugt ist, er lieber nach etwas anderem suchen sollte, wofür er sich bewusst einsetzen kann. Offensichtlich können wir nicht all die uns zur Verfügung stehende Zeit auf das Verfolgen unserer zutiefst empfundenen Überzeugungen verwenden. Dennoch sollte sich jeder Mensch mit etwas beschäftigen, sei es im Beruf oder in der Freizeit, in dem er voll und ganz aufgehen kann. Und soll er über die Grenzen seines Selbst hinauswachsen, so muss es etwas sein, das im Grunde nicht egozentrischer Natur ist.«[52]

In einer Rede über seine bevorstehende Pensionierung als Generaldirektor von General Motors sagte John F. Gordon im Rahmen der jährlichen Weihnachtsfeier für Angestellte 1964: »Ich glaube fest, dass Sie und ich auf unsere täglichen Leistungsbeiträge für die Gesellschaft, in der wir leben, stolz sein können.« Als Manager von großer Hingabe wusste Mr. Gordon, was es jedem hochwertigen Menschen bedeutet, zum Allgemeinwohl beizutragen, und er erfüllte eine seiner Führungsaufgaben, als er diesen Gedanken den Angestellten mitteilte und ihre Arbeit mit ihm in Zusammenhang brachte.

Will die Wirtschaft gute Leute aus den höheren Lehranstalten an sich ziehen – und am Ende aus ihnen produktive Manager machen – muss jeder Unternehmensführer beweisen, dass seine eigene Firma und auch andere tatsächlich zum Gemeinwohl beitragen, dass also in der Wirtschaft nicht nur Geld verdient wird. Wie kann er das bewerkstelligen?

Erstens sollte er in seinem Unternehmen die Vorstellung durchsetzen, dass in einer freien Marktwirtschaft der Gewinn ein Nebenprodukt sinnvoller Leistung ist. Da Produkte oder Dienstleistungen, wie profan sie auch sein mögen, nur fortbestehen können, wenn sie der Gesellschaft dienen, kann beinahe für jedes Produkt – wenn diese Voraussetzung erfüllt ist – eine realistische und durchschlagende Rechtfertigung gefunden werden. (Zugegeben: die Wertvorstellung, die sich die Öffentlichkeit von manchen Produkten und Dienstleistungen macht, ist so schwer zu ergründen, dass

[52] John W. Gardner, *Self-Renewal: The Individual and the Innovative Society,* Harper & Row, New York, 1963, S. 99 u. Sn. 16-17.

8   Das Aktivieren von Mitarbeitern

kaum zu verstehen ist, wie ihre Hersteller auch nur daran denken können, damit qualifizierte Leute anzuziehen.)

Zweitens sollte jeder Unternehmensführer das überzeugende und den Tatsachen entsprechende Argument anführen, dass ein erfolgreiches Unternehmen Arbeitsplätze schafft. Genau genommen sind diese ein Nebenprodukt wirtschaftlicher Tätigkeit. Doch wird in zunehmendem Maße die psychische Bedeutung der Arbeit für jedermann anerkannt.

Drittens ist sich ein fähiger Mann über die Bedeutung positiver Handels- und Zahlungsbilanzen unserer Gesamtwirtschaft im Klaren. Die Stärke des Dollars ist nicht nur wesentlich für unsere eigene Gesellschaft, sondern auch für andere Nationen in der Welt. Die Fähigkeit der USA, ihren Beitrag zur Stärkung des Westens zu leisten, hängt von der Führerschaft der amerikanischen Wirtschaft ab.

Viertens versteht ein fähiger Mann die Bedeutung einer erfolgreichen Wirtschaftsstruktur für den Schutz der Vereinigten Staaten und der gesamten freien Welt vor der Aggression des internationalen Kommunismus. Die amerikanische Wirtschaft muss nicht nur Waffen für die Verteidigung und Mittel für die Entwicklungshilfe bereitstellen, sondern auch die kommunistische Welt daran hindern, uns wirtschaftlich zu »begraben«.

Als direkter Beobachter vieler Unternehmen kann ich den enormen Beitrag der Wirtschaft zur menschlichen Gesellschaft leicht ermessen. Ich glaube jedoch, dass die Wirtschaft diese Leistungsbeiträge deutlicher nachweisen und stärker akzentuieren muss, wenn sie fähige Leute anziehen will, und insbesondere, wenn einem einzelnen Unternehmen daran gelegen ist, bei seinem leitenden Personal die persönliche Verbundenheit und Hingabe zu entfalten, die für die Maximierung des Erfolges notwendig sind. Hochwertige Leute wollen zwar Wesentliches zum Allgemeinwohl beitragen, doch viele von ihnen erkennen nur in unzureichendem

Maße, wieweit eine Aufgabe in der Wirtschaft – oder eine bestimmte Position in einem bestimmten Unternehmen – sie dazu befähigt.

*Gefühl der Zugehörigkeit.* Management-Experten, beratende Wirtschaftspsychologen, in der Praxis stehende Führer besonders erfolgreicher Unternehmen und Manager allgemein stimmen überein, dass hohe Produktivität, persönliche Verbundenheit und Hingabe ein Gefühl der Zugehörigkeit voraussetzen. Tatsächlich besteht der grundlegende Unterschied zwischen einer Menschenmasse und einer Organisation von Menschen in den Zielen und Anschauungen, die von den Mitgliedern der Organisation geteilt werden. Der Grad ihrer persönlichen Identifizierung mit den Zielen und Anschauungen der Organisation und das Maß, in dem sie diese teilen, bestimmen ihr Gefühl der Zugehörigkeit.

Dementsprechend sind leitende Führungskräfte dabei, zu lernen, dass einer der besten Wege zur Entwicklung des Zugehörigkeitsgefühls darin besteht, die Mitarbeiter zur Teilnahme an kurz- und langfristiger Zielsetzung zu ermuntern. Dies ist eine der Führungsmethoden, die Floyd Hall gebrauchte, um aus der unlängst fast absinkenden Eastern Airlines wieder ein dynamisches und gewinnbringendes Unternehmen zu machen. Der fähige Manager hält seine Leute nicht nur deshalb zur Teilnahme an, um zu verhindern, dass sie sich nur wie Rädchen in einer Maschine fühlen, sondern um ihre zweckgerichtete Produktivität zu steigern.

Bei der Erörterung seiner Anwendung des Führungsprinzips durch Zielsetzung berichtet Ben Mills auch über seine Zusammenkünfte mit Abteilungsleitern, um deren Fern- und Nahziele zu diskutieren. Er sagt: »Natürlich ist es eine unbedingte Voraussetzung, dass jeder Einzelne die Ziele klar versteht. Niemand kann sich mit dem Erreichen des Ziels einer Unternehmung identifizieren, wenn er es nicht begreift. Und identifiziert er sich nicht persönlich mit der

Zielsetzung, hat er keine Grundlage, persönlichen Stolz auf die vollbrachte Leistung zu empfinden.«

Ein zweiter Weg zur Entwicklung eines Zugehörigkeitsgefühls besteht in der Erläuterung der Ziele und ihrer Bedeutung für das Unternehmen. Die neue Geschäftsleitung bei Eastern Airlines hat dies mit Hilfe von Konferenzen, Zusammenkünften, Schriften, Werbung und sogar einem Farbfilm, der 100.000 Dollar kostete, zuwege gebracht.

In einer Rede vor der University of Chicago erklärte Frederick R. Kappel, Vorsitzender der American Telephone & Telegraph Company: »Das dringendste Erfordernis für jedes Managements ist die Fähigkeit, Ziele zu formulieren und zu verdeutlichen, dass die Leute sich angesprochen und verpflichtet fühlen, sie zu erreichen. Die richtigen Fragen zu stellen, andere an der Suche nach den richtigen Antworten zu beteiligen, Planziele zu setzen und zu erläutern – darin besteht die große Aufgabe unternehmerischer Führung ...

Sie müssen darauf bestehen, dass Ihre Mitarbeiter ein Risiko eingehen, doch Sie müssen es auch mit ihnen teilen ... Sie müssen anleiten, aber auch lernen; Sie müssen auffordern, aber auch zuhören; mitteilen, aber auch Antwort stehen ... Durch diesen Prozess gewinnen Sie andere Menschen, Ihre Zweckvorstellungen zu teilen und mit Ihnen auf diese hinzuarbeiten.«[53]

Einer der Befragten bei meiner Erhebung über hochqualifizierte Kräfte schrieb, dass er bei seinem Unternehmen geblieben sei, weil »hier eine ungewöhnliche Atmosphäre der Zusammengehörigkeit und Teilnahme herrscht. Wir haben das Glück gehabt, auf allen Ebenen der Organisation eine großartige Gruppe junger, modern denkender Manager an uns gezogen zu haben«. Ein anderer schrieb: »Erstklassiges

---

[53] Frederick R. Kappel, »Management, Computers, and Learning Power«, anlässlich der Thirteenth Annual Management Conference of the Executive Program Club and the Graduate School of Business of the University of Chicago, 17. März 1965.

Unternehmen, guter Personalbestand mit ausgezeichnetem Management. Aggressive Organisation, die in einer Branche mit starker Konkurrenz den Forderungen des Tages gerecht wird. Bin froh, dem Unternehmen anzugehören.« Ein dritter: »Wirkliches Gefühl der Zugehörigkeit.« Und noch ein vierter: »Die Unternehmensleitung weiß, wer ich bin, wo ich bin und was ich tue.«

*Die Beziehung der eigenen Arbeit zur Gesamtleistung:* Um die persönliche Verbundenheit und Hingabe eines Managers an das Unternehmen zu gewinnen, ist es wichtig, ihm ein Verständnis dafür zu vermitteln, in welcher Weise seine eigene Arbeit zum Unternehmenszweck beiträgt und warum seine Tätigkeit für den Erfolg des Unternehmens bedeutsam ist. David H. Dawson, Vorstandsmitglied von Du Pont, drückte das so aus: »Es ist von größter Wichtigkeit und wird in Zukunft noch wichtiger, darauf zu achten, dass jeder Einzelne aus seiner Aufgabe persönliche Befriedigung und die Überzeugung gewinnt, dass er seinen Beitrag zu der gemeinschaftlichen Leistung ständig erhöht.«[54] Jedermann will wissen, wo *er* in die Anordnung der Dinge hineinpasst.

Indem er die Notwendigkeit von Großunternehmen anerkennt, akzeptiert der fähige Mitarbeiter, dass er, realistisch gesehen, irgendwie doch ein Rädchen in der Maschine sein muss. Aber er verlangt als Preis für seine Verbundenheit und Hingabe die Gewissheit, dass sein Unternehmen wertvolle Leistungen vollbringt, dass er zu ihm gehört, und dass er einen wichtigen Beitrag leistet. Die Führung eines Unternehmens, das hochwertige Leute anzuwerben und bei sich zu halten sucht, ist dafür verantwortlich, dass diese und andere Wünsche des wirklich Fähigen erfüllt werden.

---

[54] D. H. Dawson, »Management Techniques and Personnel Development«, anlässlich des Symposium on Development of Chemical Management, Division of Industrial and Engineering Chemistry, American Chemical Society, Boston, Massachusetts, 9. April 1959.

# Führung

Das beste Mittel, Menschen zu aktivieren, ist natürlich die Führung selbst. Ein bestimmtes Maß an Führungsgeschick ist in jedem Unternehmen, das auf maximalen Erfolg hinarbeitet, unerlässlich.

Glücklicherweise sind Wesen und notwendige Instrumente der Unternehmensführung für deren breitfundierte Entwicklung so geartet, dass diesem Erfordernis in einem systematisch geleiteten Unternehmen besser nachgekommen werden kann. Ein solches Unternehmen kann bei einem gegebenen Maß an Führungskapazität erfolgreicher sein. Und wo der Führungswille vorhanden ist, neigt ein Management-System fast automatisch dazu, die Entwicklung jener Kapazität zu fördern. Diese Feststellung sei kurz erläutert.

*Das Ausmaß der Notwendigkeit:* Da selbst ein geringfügiger Vorteil im Wettbewerb es einem Unternehmen ermöglicht, wesentliche Erfolge zu erzielen, braucht eine Strategie nicht unbedingt darauf ausgerichtet zu sein, eine so überragende Stellung zu erreichen, wie zum Beispiel die von General Motors. Eine solche Überlegenheit im Wettbewerb ist nicht häufig anzutreffen und ist auch nicht notwendig. Im Übrigen baute selbst General Motors seinen gegenwärtigen Marktanteil auf einem anfänglich geringen Wettbewerbsvorsprung auf, den es anschließend durch systematisierte Geschäftsführung vervielfachte.

Die Ursprünge des unternehmerischen Erfolges sind vielfältig, und viele Unternehmen erzielen Erfolg auch ohne Führungskapazität auf breiter Grundlage. Dennoch ist es in jedem Falle ratsam, sich, was die Entwicklung dieser Kapazität anbetrifft, hohe Ziele zu stecken; denn je breiter sie in einem Unternehmen gestreut ist, desto höher wird dessen Erfolg sein.

Positive Führung erscheint auf allen Ebenen eines Unternehmens wünschenswert, aber beim Generaldirektor und seinen nächsten Mitarbeitern ist sie unerlässlich. In keinem Unternehmen gibt es sehr viele Schlüsselstellungen, in denen Führungsgeschick absolut ausschlaggebend ist. In der Tat erweist sich der Anteil dieser Stellungen selbst in Großunternehmen oft als relativ gering.

*Das Wesen der Unternehmensführung:* Wenn wir uns mit Führung im abstrakten Sinne befassen, neigen wir dazu, an Staatsmänner wie Lincoln oder Churchill zu denken – an jemanden, der seine Mitmenschen zu großen Leistungen anspornen kann, indem er ihre Fähigkeiten und Beweggründe durchschaut, die zu erreichenden Ziele herausstellt und die zu deren Realisierung notwendigen Anstrengungen und Opfer inspiriert. So aufgefasst erscheint Führung irgendwie mystisch – und für den gewöhnlichen Sterblichen unerreichbar.

Ich glaube jedoch, dass *Unternehmensführung* – und nur mit dieser befassen wir uns hier – keine ungeheuer großen oder ungewöhnlichen Fähigkeiten voraussetzt, besonders nicht in einem systematisch geleiteten Unternehmen. Solange im ersten Mann der Geschäftsleitung der Führungswille vorhanden ist, können die meisten systematisch geführten Unternehmen einen angemessenen Anteil hochqualifizierter Leute an sich ziehen und unter ihnen die Führungspersönlichkeiten auswählen und heranbilden, die für den Erfolg des Unternehmens Voraussetzung sind. Das geschieht nicht automatisch, ist jedoch mit großer Wahrscheinlichkeit zu erreichen, wenn einmal das System befolgt wird.

Ich habe zwei Gründe für diese Überzeugung. Erstens hängt ein mit System geführtes Unternehmen nicht völlig von persönlicher und mitreißender Führung ab, wie wünschenswert diese auch immer sein mag. Die verschiedenen Komponenten des Systems geben den Menschen im Unternehmen Richtlinien für ihr Handeln. Das materielle und psychologische Eigeninteresse des Einzelnen wird ihn zur Befolgung dieser Richtlinien anhalten, selbst wenn er nicht zusätzlich durch hochgradige Führung angespornt wird. Da er weiß, worum es geht, wird Selbstdisziplin und Selbstverantwortung im Rahmen des Systems ihn veranlassen, zweckmäßig zu handeln. Und die Wechselwirkungen der verschiedenen Komponenten des Systems werden seine Leistung noch steigern.

Zweitens sind die Erfordernisse der Unternehmensführung weniger anspruchsvoll als die, denen ein großer Staatsmann gerecht zu werden hat. Er muss Menschen zu Außergewöhnlichem begeistern können; der Unternehmensführer braucht sie lediglich zu bewegen, in Aufgaben erfolgreich zu sein, mit denen sie ihren Lebensunterhalt verdienen. Dies heißt nicht etwa, dass die Wirtschaft keine Opfer verlangt: Ich weiß von einem 47-jährigen Manager eines großen Unternehmens, der mit seiner Familie 28-mal umgezogen ist. Aber persönlichen Opfern in der Wirtschaft wohnt meist mehr fühlbares Eigeninteresse inne als in Fällen, wo vom Staatsbürger Opfer verlangt werden. Tatsächlich ist es im Staatswesen ein Zeichen wahrer Führungskunst, wenn der einzelne Bürger dazu bewogen wird, sein eigenes Interesse hintanzusetzen. Demgegenüber braucht Unternehmensführung nur selten solchen Ansprüchen zu genügen, obwohl sie – wie wir gesehen haben – ebenfalls an höhere Motive im Menschen appelliert.

Weiterhin zeigt ein Blick auf die Eigenschaften, die Unternehmensführer besitzen müssen, dass Männer, die über sie verfügen, mit großer Wahrscheinlichkeit in einem mit System geleiteten Unternehmen zu finden sind.

Jede grundlegende Analyse des Phänomens der Führung betont die Bedeutung der Integrität. Wie Pearl S. Buck, die einzige amerikanische Nobelpreisträgerin für Literatur, sagte: »Integrität ist Ehrlichkeit, die durch alle Fasern des Seins und durch den ganzen Geist in Gedanken und Handlungen hineingetragen wird, sodass die Person in ihrer Ehrlichkeit vollkommen ist. Diese Art der Integrität stelle ich über alles andere als eine Voraussetzung der Führerschaft.«[55]

Ein Unternehmensführer muss einen klaren, aber nicht unbedingt brillanten Kopf haben; einen angemessenen Grad an Vorstellungskraft, Initiative und Stehvermögen; den inneren Drang, etwas zu leisten und ein ausreichendes Maß von Fähigkeit, die Lage und Meinung des anderen zu verstehen. Diese Grundeigenschaften sind unter den Menschen weithin vorhanden.

Das bedeutet, dass zahllose Personen alle Voraussetzungen der Unternehmensführung in sich vereinigen. Dennoch führen sie schlecht, wenn überhaupt, weil sie nicht wissen, wie sie es anstellen sollen. Als Manager mit Autorität ausgestattet, lassen sie es bei Anweisungen und Disziplin bewenden. Sie versäumen es, in ihren Untergebenen eine konstruktive Einstellung gegenüber der Arbeit zu erzeugen. Durch solche Manager geht das Unternehmen der großen potentiellen Vorteile der Selbstverantwortung und Selbstkontrolle verlustig.

1. *Kräfte, welche die Entwicklung von Unternehmensführern begünstigen:* Drei primäre Kräfte, die in unserer Gesellschaft am Werk sind, begünstigen die Entwicklung von Führereigenschaften in der amerikanischen Wirtschaft von heute.
2. *Eine freie Gesellschaft:* Jeder kann in den USA jede Ebene der Unternehmensführung anstreben, für die ihn persönliche Fähigkeiten und Ehrgeiz qualifizieren.

---

[55] Pearl S. Buck, »Principles of Leadership«, Second Annual Gandhi Memorial Lecture at Howard University, Washington, D. C. (Abdruck in *The American Review,* Oktober 1961).

8 Das Aktivieren von Mitarbeitern

Das Gleiche gilt für Führungspositionen in der Regierung oder auf jedem anderen Gebiet. Unter solchen Umständen ist eine Beförderungspolitik auf Leistungsgrundlage tatsächlich von Nutzen, indem sie den Mitarbeitern den Anreiz bietet, hohe Leistungen zu vollbringen und sich nicht nur zu Managern, sondern auch zu Führerpersönlichkeiten zu entwickeln.

3. *Allgemeinbildung:* Der allgemein akzeptierte Nachdruck, den wir auf ein möglichst hohes Bildungsniveau legen, und die Chance, die in unserer Gesellschaft jedem fähigen und ehrgeizigen Menschen geboten wird, eine Hochschulausbildung zu erhalten, tragen zur Entwicklung von Führereigenschaften für die Wirtschaft und andere Gebiete bei.

4. *Das System der freien Marktwirtschaft:* Das Gewinn- und Verlustsystem im freien Wettbewerb ist dem Führungspersonal auf jeder Ebene eines Unternehmens eine wesentliche Hilfe. Glücklicherweise überwiegt zumindest in den USA die Auffassung, dass der Gewinn der einzige Maßstab des unternehmerischen Erfolges ist, welcher Angestellten, Aktionären und der Öffentlichkeit gleichermaßen zugute kommt. Deshalb wird Unternehmensführung schon dadurch gefördert, dass jeder Mitarbeiter klar erkennt, inwieweit langfristiger Gewinn der beste Maßstab des Unternehmenserfolges und das nützlichste Kriterium für den Entscheidungsprozess und das Handeln ist. Tatsächlich trägt das Gewinn- und Verlustsystem nicht nur zur Heranbildung von Führerschaft bei, sondern es verringert auch den Bedarf an diesen Eigenschaften, indem es Richtlinien für aktive Selbstverantwortung und aktive Selbstkontrolle gibt.

Dennoch überrascht es, zu sehen, wie oft Unternehmensführer versäumen, dieses wunderbare Instrument der Administration und Führung voll auszunutzen. Beispielsweise bevorzugen viele den Umsatz, die Größe des Unternehmens oder das Prestige als Maßstäbe des Erfolges. Wieder andere versäumen einfach, den Gewinnmaßstab richtig zu nutzen. Dennoch ist dieser ein starkes und wirkungsvolles Instrument, das jedem Unternehmensführer zur Verfügung steht.

Abgesehen von diesen allgemeinen Faktoren, welche die Entwicklung von Führungseigenschaften in der amerikanischen Wirtschaft begünstigen, genießt ein *systematisch* geleitetes Unternehmen zwei weitere Vorteile. Ein Management-System verringert erstens den *Bedarf* an Führungsgeschick und erleichtert zweitens sein *Erlernen* und seine wirksame Anwendung.

*Wie das System den Bedarf an Führerschaft verringert:* In seiner Erörterung des Führungsbegriffs sagte Semon Knudsen von General Motors, ein Führer sei »ein Mann mit einer Mission«. In einem systematisch geleiteten Unternehmen ist die Mission klar, weil Ziele und Strategie bestimmte Elemente der Unternehmensführung sind. Nicht nur die Unternehmensleitung, sondern Manager auf allen Ebenen arbeiten auf der Grundlage strategischer Pläne. Die Mission hängt nicht von einem Einzelnen ab, weil das auf System aufgebaute Verfahren das Denken vieler auf die Ziele des Unternehmens konzentriert, die in Umsatzsteigerung, höherem Marktanteil, größeren Gewinnen und in der Gewährleistung der Kontinuität wirksamen Managements bestehen.

Das Gleiche trifft auf die anderen Management-Prozesse zu. Da das System alle erforderlichen Richtlinien gibt, wissen die Mitarbeiter, was sie zu tun haben und kommen mit ihrer Aufgabe voran. Die Notwendigkeit für Anweisungen, Strafen und Ratschläge ist auf ein Mindestmaß reduziert, und das Unternehmen nähert sich im Spektrum der Aktivierungsmittel der Selbstverantwortlichkeit.

Ein mit Hilfe eines Systems geleitetes Unternehmen befindet sich ständig auf der Suche nach fähigen Kräften und betreibt ein fortlaufendes Programm für deren Entwicklung und Motivation. Je besser die Kräfte sind, desto weniger Ansporn von außen benötigen sie. Unter den Richtlinien, welche das System aufstellt, sind Selbstverantwortung und Selbstkontrolle zweckgebunden und produktiv.

Schließlich unterstützen sich die verschiedenen Management-Prozesse des Systems durch ihr Wechselspiel, wodurch der Bedarf an Anreizen durch Führerschaft verringert wird. Wenn zum Beispiel das Leitbild Entscheidungen verlangt, die auf Tatsachen beruhen, fühlen sich die Manager auf allen Ebenen zur Änderung ihrer Pläne und Programme berechtigt, sobald die Umstände sich ändern und neue Tatsachen offenbar werden. Unter feststehenden Verhaltensregeln und klar delegierter Vollmacht können sie Entscheidungen treffen, ohne auf Anweisungen oder Führung von oben warten zu müssen.

Auf diese Weise überschneiden sich innerhalb des Systems Handlungen im Rahmen des einen Management-Prozesses mit Handlungen im Rahmen anderer Prozesse, wodurch alle betroffenen Maßnahmen und Prozesse gefestigt werden. Darüber hinaus verlassen sich die Mitarbeiter in höherem Maße auf das *System* und weniger auf persönliche Anweisungen, Haltungen und Autorität. Wenn das System einmal eingeführt und von allen Mitarbeitern verstanden ist, lässt sich ein durch System geleitetes Unternehmen tatsächlich leichter führen.

*Wie das System zur Entwicklung von Führungseigenschaften beiträgt:* Obgleich ein systematisch geleitetes Unternehmen weniger Führungsbegabung für den Erfolg benötigt, fördert das System dennoch die Ausbildung solcher Eigenschaften. Der Leiter eines systematisch geführten Unternehmens weiß nämlich besser, was zum Führen gehört.

Der Führungsprozess einer systematisch geleiteten Unternehmung birgt nichts Geheimnisvolles. Auf jeder Ebene unternimmt das führende Personal lediglich die Schritte, die zum Aufbau, zur Erläuterung, zur Stützung und zur Durchführung des Systems notwendig sind. Diese Schritte stellen in sich selbst hinreichende Führung zum unternehmerischen Erfolg dar. Was immer der Führer darüber hinaus durch Brillanz seiner Strategie, der Risiken, die er eingeht, seiner Verwaltung oder der Anregung seiner Mitarbeiter tut, wird nur von seinen eigenen Fähigkeiten und seinem Ehrgeiz beschränkt. Das System wird den ihm gegebenen Fähigkeiten Hebelkraft geben. Im Rahmen einer vorhandenen Anzahl von Ideen und Maßnahmen wird es ihm mehr Produktivität verleihen. Kurzum, es wird seine Chancen vergrößern, ein Carnegie, Ford, Firestone, Sloan oder Watson zu werden.

Nachstehend sei noch einmal zusammengefasst, wie ein auf System ausgerichtetes Management der Unternehmensführung Orientierung und Hebelkraft vermittelt:

1. *Der Entschluss zur Systematisierung:* Eine Entscheidung des Leiters eines Unternehmens, eines Konzernteiles oder einer Abteilung zur Systematisierung des Unternehmens ist in sich selbst ein Akt der Führung. Doch ist dieser Schritt allein leicht zu unternehmen: er zeigt einen konkreten Weg, dem Willen zur Führung, zum Erfolg des Unternehmens Wirksamkeit zu verleihen.

Mit der Entscheidung zur Systematisierung seines Unternehmens engagiert sich der Manager auf zweierlei Weise: Einmal, den Willen zur Führung beizubehalten; zum anderen, einen großen Teil seiner Zeit auf die Errichtung, Erhaltung, Erklärung und Unterstützung des Systems zu verwenden und ihm in der Praxis zum Durchbruch zu verhelfen. Daraus folgt, dass ihm für die tagtäglichen Entscheidungen weniger Zeit verbleiben wird. Er wird sich vor Details hüten müssen. Er wird zur Führerschaft gezwungen.

2. *Das Leitbild des Unternehmens:* Konzeption und Ausbau eines unternehmerischen Leitbildes, das bestimmt, »wie wir es hier bei uns machen« ist ebenfalls ein Akt der Führung. Er umfasst die Gestaltung einer auf Tatsachen gegründeten Methodik der Entscheidungen und die Entwicklung eines stärkeren Empfindens für die Dringlichkeit wettbewerblicher Anforderungen.

3. *Strategische und Management-Planung:* Führung durch Ideen, die Umsatz und Markanteil steigern, ist gewährleistet, wenn verlangt wird, dass konkrete strategische und Management-Pläne entwickelt werden, die spezifische Antworten auf folgende Fragen vermitteln: Womit sollte sich unser Unternehmen beschäftigen? Warum sollen unsere Produkte oder Dienstleistungen gekauft werden? Welche Probleme müssen gelöst werden? Welche Gelegenheiten können wir wahrnehmen?

Ideen stellen einen der wenigen Wege dar, mit denen ein wirklicher Vorsprung im Wettbewerb zu gewinnen ist, doch der leitende Angestellte braucht die Ideen nicht unbedingt selbst zu haben. Er kann die Konzeption von Ideen durch andere anregen, indem er sie zur Entwicklung von Alternativen, Zielen und Strategien auffordert und darauf besteht, dass sie sich mit jedem Problem beschäftigen, das sich aus Verschiebungen im Kräfteverhältnis der Umwelt des Unternehmens ergibt.

4. *Richtlinien für das Handeln:* Der Aufbau des Systems erfordert die Formulierung vieler Richtlinien für das

Handeln: einen Organisationsplan, Verhaltensregeln, Normen, Arbeitsverfahren, Pläne und Informationen für die Leitung des Unternehmens. Diese Richtlinien stellen gewiss konkrete Wege dar, Führung zu gewährleisten. In dem Maße, in dem sie verstanden und angewandt werden, erleichtern sie die Selbstverwaltung.

5. *Personalführung:* Jeder Leiter einer organisatorischen Einheit kann eine wichtige Führungsrolle übernehmen, indem er sich bei der Suche nach hochqualifizierten Mitarbeitern an die Spitze stellt. Weiterhin kann er darauf achten, dass Pläne und Programme entworfen werden, durch welche diese Mitarbeiter fortgebildet und angespornt werden, höhere Stellungen einzunehmen und sich für weitere Beförderungen zu qualifizieren.

Hochwertige Männer, die mit dem Leitbild und Management-System des Unternehmens vertraut sind und sich als Manager bewährt haben, können jedem Unternehmen einen Vorsprung im Wettbewerb verschaffen, der schwer einzuholen ist. Durch den Aufwand beträchtlicher Zeit auf diese Komponente des Systems verleihen die Spitzenkräfte eines Unternehmens diesem Führung.

6. *Die Artikulation des Systems:* Sobald das System eingeführt wird, müssen mindestens die leitenden Angestellten und andere in vorgesetzter Stellung, vorzugsweise aber jeder im Unternehmen, damit vertraut gemacht werden. Der Führer darf nicht unterlassen, das System mündlich mit seinen Mitarbeitern in Schlüsselpositionen zu besprechen, um sicherzustellen, dass sie alle Bestandteile und deren Zusammenhänge verstehen. Soll es Menschen anleiten, muss ein System den zu leitenden Menschen bekannt sein und von ihnen verstanden werden. Daher sollte ein Führer alle Komponenten des

Systems schriftlich fixieren – vielleicht in Form einer Broschüre, in der das gesamte System und seine Komponenten unter Betonung ihrer relativen Bedeutung und unter klarer Beschreibung ihrer Wechselbeziehungen vorgestellt werden.

7. Aber die allgemeine Bekanntmachung ist nur der Anfang der Artikulation. Anschließend sollte jede Mitteilung der Unternehmensleitung, ob mündlich oder schriftlich, die entsprechende Maßnahme mit dem System in Zusammenhang bringen. Keine Anweisungen, Ratschläge, disziplinarischen Schritte, Belohnungen oder andere anspornenden oder motivierenden Maßnahmen sollten ergriffen werden, solange sie nicht klar ins System eingeordnet werden können.

Ein einmal errichtetes System wird erst dann von Nutzen sein oder zusammenhalten, wenn es bewusst und vertrauensvoll angewandt wird. Der Führer muss in seinen schriftlichen und mündlichen Erklärungen ständig rekapitulieren, worin das System besteht, wie es funktioniert und warum es die Aufgabe der Unternehmensleitung erleichtert. Der Wille zur Führung durch ein System erfordert den Willen zum Bau eines wirksamen Systems und die Entschlossenheit, es ständig zu erläutern.

8. *Die Stützung des Systems:* Der beste Weg, ein Management-System zu zerstören, ist, dagegen zu verstoßen. Der zweitbeste Weg besteht darin, es zu ignorieren. Also muss der Führer das System stützen, indem er es selbst befolgt und andere anhält beziehungsweise von ihnen verlangt, ein Gleiches zu tun.

Stützung und Artikulation gehen Hand in Hand. Indem er das System selbst befolgt und den Mitarbeitern klar macht, was dadurch erreicht wird, setzt der Führer ein Beispiel und verdeutlicht damit das System aufs Wirksamste. Und indem er seine Untergebenen lehrt, sich dieselbe Einstellung zu Eigen zu machen, kann er der Führung einen Impuls verleihen, der sowohl zur Führerschaft anregt, wie auch gleichzeitig ihre Notwendigkeit auf ein Mindestmaß herabsetzt.

Eine hervorragende Beschreibung des Wertes einer auf System fundierten Unternehmensführung findet sich in einer Feststellung, die John F. Gordon kurz vor seiner Pensionierung als Generaldirektor von General Motors vor der Hauptversammlung im Jahre 1965 traf:

»Es waren die Mitarbeiter von General Motors, die persönlichen und gemeinschaftlichen Beiträge Tausender von Männern und Frauen während all der Jahre, die für das ständig hervorragende Abschneiden des Unternehmens verantwortlich waren.

Lassen Sie mich klarstellen, dass ich nicht behaupte, die Männer und Frauen bei General Motors seien von Natur aus besser als andere. Als Einzelpersonen schließen sie wahrscheinlich ein ebenso weites Spektrum von Fähigkeiten ein, wie man es in den meisten großen Unternehmen findet.

Der Unterschied liegt in der Art, in der man sie zusammenfügt. Das Wesentlichste ist eben nicht die Stärke der einzelnen Bestandteile, sondern die Leistungsfähigkeit des Ganzen. General Motors ist eine überaus leistungsstarke Mischung vieler verschiedener Ingredienzien ... Die grundlegende Organisation des Unternehmens trägt dieser Vielfalt der Komponenten Rechnung. Ihre dezentralisierten Operationen und Verantwortungen im Zusammenspiel mit zentralen Leitsätzen und koordinierter Kontrolle ermöglichen es, Probleme wie persönliche Initiative und Handlungsfreiheit einerseits mit Führung und Zurückhaltung andererseits im Gleichgewicht zu halten.

In einer solchen Organisation handeln die Menschen nicht nur individuell, sondern sie reagieren positiv aufeinander. Jeder Mitarbeiter hat die Möglichkeit, seine eigene Produktivität und die seiner Kollegen zu erhöhen – was auch in der Regel geschieht – und dadurch wird ihre Gesamtleistung erheblich höher als die Summe der einzelnen Handlungen.

Es waren keine außergewöhnlichen Männer und Frauen, die aus vielen Gründen Außergewöhnliches leisteten: dank persönlicher Anerkennung, finanzieller Belohnung, Aufstiegsgelegenheiten und persönlicher Befriedigung; auch wegen des inneren Drangs zum Hervorstechen und zu erfolgreichem Wettbewerb, aus Loyalität zum Unternehmen und zu ihren Kollegen – und aus jeder denkbaren Kombination dieser und anderer Motive.«

9. *Konstruktive Einstellung zur Arbeit:* Teil der Kommunikations- und Ausbildungsarbeit ist es, in jedem den Glauben an den Wert des Beitrages der Unternehmung zum Allgemeinwohl zu stärken, ihm einen Sinn für Zugehörigkeit und Teilnahme einzuflößen und – zumindest von der Ebene des Abteilungsleiters an aufwärts – ein Verständnis für ihren Leistungsbeitrag zur Gesamtheit des Unternehmens zu vermitteln. Das ist ein unsichtbarer Akt der Führung, aber auch hier leistet das System wesentliche Hilfe.

10. *Gelegenheiten und Probleme:* Ein wirksames Management-System wird Gelegenheiten, die wahrgenommen werden können und Probleme, die zu lösen sind, offenbaren. Leitet das System die angezeigten Maßnahmen nicht von selbst in die Wege, muss der Führer eingreifen. Er sollte besonders darauf achten, dass die Personalprobleme rechtzeitig, fair und durchgreifend gelöst werden.

11. *Das Handhaben von extremen Situationen:* Wenn das System – wie es manchmal der Fall sein wird – schlecht

funktioniert, muss der Führer zum persönlichen Eingreifen bereit sein, wobei er die der Situation angemessensten Mittel der Anspornung und Motivierung zu wählen hat. Auch hier wird das System seinen Maßnahmen Hebelkraft verleihen.

Sogar wenn das System gut funktioniert – wie es meistens der Fall sein sollte – kann der Manager Weitsicht, Hingabe, Inspiration, Ermahnung oder Brillanz in jeder Weise und jedem Grade hinzufügen. Greift er dabei nicht zu sehr in das System ein, wird er zum Erfolg seines Unternehmens beitragen. Aber Führerschaft in einem durch System geleiteten Unternehmen erfordert nur selten solche ungewöhnlichen Fähigkeiten.

Wenn Sie dieses Buch zuklappen, wird Ihr Wille zur Führung – wie ich hoffe – gestärkt sein. Ich hoffe ebenfalls, dass Sie inzwischen meine Meinung teilen, dass ein Management-System das beste Mittel ist, den Willen zur Führung in die Tat umzusetzen: der beste Weg zur Erhöhung von Umsatz und Marktanteil Ihres Unternehmens, zur Steigerung seiner langfristigen Gewinne und zur Gewährleistung der Kontinuität wirksamer Unternehmensführung. In Handlung umgesetzt, können dieser Wille und diese Überzeugung jedem Unternehmen wesentliche Vorteile bringen. Und aus den Leistungssteigerungen in vielen Unternehmen wird die gesamte Wirtschaft außerordentlichen Vorteil ziehen.